大飞机出版工程

总主编 顾诵芬

飞行器优化设计
理论与方法

Aircraft Optimal Design
Theory and Method

周 奇 王 楚 胡杰翔 编著

上海交通大学出版社
SHANGHAI JIAO TONG UNIVERSITY PRESS

内容提要

　　航空航天领域,对飞行性能等要求非常苛刻,现代优化设计技术因此得到广泛应用,飞行器优化设计理论与方法也已成为高等院校飞行器设计与工程专业课程体系的核心组成。本书的主要内容有飞行器优化设计的基本概念、优化设计的数学基础、一维搜索、坐标轮换法、鲍威尔法、梯度法、牛顿法与阻尼牛顿法、共轭梯度法及变尺度法等经典无约束优化方法、随机方向法、可行方向法、惩罚函数法、增广乘子法及序列二次规划法等经典约束优化方法、遗传算法、粒子群算法、差分进化算法等智能优化方法及飞行器设计实例。

　　本书可作为国内高等院校航空航天、机械工程、船舶与海洋工程等相关专业的本科生、研究生教材,也可为相关领域科研人员及工业部门技术人员提供参考。

图书在版编目(CIP)数据

　　飞行器优化设计理论与方法 / 周奇,王楚,胡杰翔编著. —上海:上海交通大学出版社,2023.8
　　大飞机出版工程
　　ISBN 978 - 7 - 313 - 29108 - 0

　　Ⅰ. ①飞… Ⅱ. ①周… ②王… ③胡… Ⅲ. ①飞行器－最优设计 Ⅳ. ①V47

　　中国国家版本馆 CIP 数据核字(2023)第 134555 号

飞行器优化设计理论与方法
FEIXINGQI YOUHUA SHEJI LILUN YU FANGFA

编　著:周　奇　王　楚　胡杰翔

出版发行:上海交通大学出版社　　　　　　　　地　　址:上海市番禺路 951 号
邮政编码:200030　　　　　　　　　　　　　　电　　话:021 - 64071208
印　　制:上海颛辉印刷厂有限公司　　　　　　经　　销:全国新华书店
开　　本:710 mm×1000 mm　1/16　　　　　　印　　张:17.75
字　　数:306 千字
版　　次:2023 年 8 月第 1 版　　　　　　　　印　　次:2023 年 8 月第 1 次印刷
书　　号:ISBN 978 - 7 - 313 - 29108 - 0
定　　价:98.00 元

前　　言

　　飞行器优化设计理论与方法是飞行器设计课程体系的关键内容与核心组成之一，其目的是面向国家航空航天科技和产业发展对创新型人才的需求，以培养学生卓越的飞行器设计工程实践能力，锤炼坚实的飞行器优化理论基础为着力点，使学生熟练掌握先进的优化设计方法，具备针对典型飞行器工程设计问题，建立其优化设计数学模型，选择合理优化算法进行求解的能力。通过建立系统优化设计的思维，了解工匠精神的基本内涵，明晰优化方向（"选择"）和步长（"努力"）在大国利器系统设计中的关键作用。

　　本书共6章：第1章和第2章，分别介绍优化设计问题的基本概念及优化的数学基础；第3章，介绍经典的无约束优化方法，包括一维搜索、坐标轮换法、鲍威尔法、梯度法、牛顿法、阻尼牛顿法、共轭梯度法及变尺度法；第4章，介绍经典的约束优化方法，包括随机方向法、可行方向法、惩罚函数法、增广乘子法及序列二次规划；第5章，介绍智能优化方法，包括单目标遗传算法、单目标粒子群算法、单目标差分进化算法、多目标遗传算法及多目标粒子群算法；第6章，以飞行器优化设计实例阐述优化设计求解的全流程，包括火箭发射喷气速度优化、飞机起落架优化设计、飞机升阻比和质量优化设计及机翼阻力系数优化四个典型优化设计案例。

　　本书的主要特色在于一重基础：力求阐明优化设计基本的数学原理及先进方法，贯彻"授人以鱼，不如授之以渔"的原则；二重编程：针对每种优化方法，给予数值例子的Python算法实现过程，一步、一图、一代码的形式呈现每一段程序的作用及效果，让读者身临其境，体会算法之美，进而能动手编制相关程序；三重理论与工程结合：通过典型飞行器优化设计案例，对飞行器优化有立体的认识,通过数学原理的掌握,数值例子的推导消化,再到工程案例上的实施,理论与工程结合,更好地适应当代飞行器设计与工程专业需求。

本书在编写中,除了参考作者本人曾经编写的著作外,还广泛参考和引用了国内外同行的论著和相关教材,大都在参考文献中列出,在此谨向相关作者致谢。本教材的出版得到了华中科技大学"《飞行器结构优化设计理论与方法》教材建设"教学研究项目经费的资助及国家自然科学基金项目(52175231,52105254)的部分资助。感谢课题组毛义军教授、刘华坪教授、金朋副教授、王胜一副教授、郑建国副教授的指导与支持,也感谢吴金红、李保平、金正龙、林泉、查志坚、龚林涛研究生对本教材工作的协助,特别感谢上海交通大学出版社给予的支持和帮助。

由于作者水平有限,书中难免存在不妥之处,敬请广大读者提出宝贵意见,以便进一步提高教材质量。

目　　录

第1章 绪 论

1.1 概述

飞行器系统包含多个存在复杂耦合关系的部件或子系统,涉及气动、结构、控制、制导、传热、振动等多个学科,其设计本质是多学科优化设计问题。传统飞行器系统多学科优化设计按经验-分析-试验的工作顺序进行。当后续的分析与前面的设计发生矛盾时,以前的设计就被否定,整个过程又得重新进行,因而设计效率较低,并且严重依赖研究人员的设计经验。随着计算机和人工智能技术的飞速发展和应用,研究人员逐步将优化设计的思想用于飞行器设计,飞行器的设计由经验化设计发展到科学化设计。类似飞行器这类复杂工程系统的科学化设计思路,即通过在初始方案或基准方案的基础上,在设计变量、设计空间和约束空间范围内不断迭代寻优,逐渐向最佳性能逼近。在设计过程中,除了用到相关的专业知识及系统工程方法外,优化设计理论与方法是其中的重要一环,为复杂系统的设计提供了关键的支撑。

飞行器优化设计任务可以简单描述为寻找一组最优设计参数,在满足一系列约束条件下,使得设计目标达到最优。应用优化方法解决飞行器优化设计问题的过程一般可分为如下三个步骤:

(1) 分析优化问题,建立优化问题的数学模型,即将飞行器优化设计问题抽象为数学模型,确定设计变量、约束条件和目标函数,明确设计问题为单目标还是多目标优化问题。

(2) 求解数学模型,获得最优设计方案,即选择合适的优化方法对数学模型进行求解。

(3) 最优解的验证:通过数值仿真或物理实验对最优解的性能进行验证。

优化算法有很多,但在求解具体优化设计问题时,需要根据问题本身的特点选择合适的方法,不存在一种算法适用于所有问题。以常用的几种优化算法为例,梯度法初始迭代速度较快,但在极值点附近的迭代速度较慢,且需计算一阶偏导数;牛顿法具有二次收敛性,在极值点附近迭代速度较快,但需计算二阶导数及黑塞(Hessian)矩阵,对计算量和存储空间要求较大;鲍威尔法无须求解目标函数的导数,具有二次收敛性,收敛速度较快,适用于中小型问题。

以上传统优化算法计算效率较高,但对工程设计问题的数学模型依赖很大,对初始点的选取要求也较高。传统优化算法往往是从一个初始点开始最优化的迭代搜索过程,仅依靠单个搜索点提供的搜索效率和信息较低,有时容易陷入局部最优解而无法跳出,对于复杂的问题很难达到全局最优解。而群体智能优化算法能够很好地解决这些问题,降低了优化算法对于数学模型的要求,对问题具有很强的适应性和鲁棒性,但其计算量和复杂度对于飞行器优化设计又带来了新的挑战。

充分掌握各种算法的原理和特点,针对不同优化问题,因地制宜地采用各类优化算法,对提高飞行器优化设计能力和质量具有切实意义。

1.2 飞行器优化设计案例

为了对飞行器优化设计有具体的认识,现以飞行器翼面结构优化设计为例进行说明,从中了解优化的具体过程以及优化问题的一些基本概念。

在飞行器设计中,通常需要在满足自身结构刚度、强度和稳定性的前提下,尽可能地降低结构自身的质量,从而提升飞机的装载。作为飞行器结构设计中的一环,机翼结构的设计尤为重要。由于机翼需要承受巨大的载荷,因此为了降低机翼的质量,机翼通常采用镂空结构,同时在翼面设计梁结构,以增强抗弯矩能力。翼面结构优化设计举例如图1-1所示,其中图1-1(a)所示为翼面典型结构,现需确定前梁和后梁的位置,使机翼的质量最轻,但机翼所受的剪应力需小于抗剪强度。

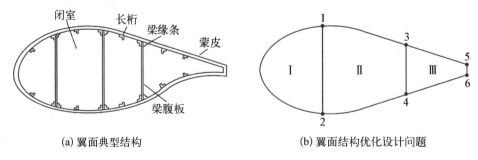

(a) 翼面典型结构　　　　　　　(b) 翼面结构优化设计问题

图1-1　翼面结构优化设计举例

根据以上问题的描述,可以采用优化算法解决图 1-1(b)所示的翼面结构优化设计问题。假设机翼承受扭矩为 T,抗剪强度为 $[\varepsilon]_n$,长度为 L,尾缘厚度为 δ,蒙皮厚度为 t,剪切模量为 G_1,梁的剪切模量为 G_2,翼面形状为 $f(x)$。设计变量为前梁位置 x_1、后梁位置 x_2、梁的宽度 x_3,优化目标为结构质量 m 最小,结构质量可描述为

$$m(x) = W_{\text{wing}} + 2\rho x_3 [f(x_1) + f(x_2)] \qquad (1-1)$$

式中:W_{wing} 为翼面的质量;ρ 为密度;$f(x)$ 为 x 处的梁的长度,可由机翼的形状函数求出。约束条件为所受剪应力小于抗剪强度。各薄壁参数如表 1-1 所示。

表 1-1 各薄壁参数

薄壁	长度/mm	厚度/mm	剪切模量/(N/mm²)	腔体面积
12°	$l_{12°} = 2\displaystyle\int_0^{x_1} \sqrt{1+[f'(x)]^2}\,\mathrm{d}x$	t	G_1	
12ⁱ	$l_{12^i} = 2f(x_1)$	x_3	G_2	$A_{\mathrm{I}} = 2\displaystyle\int_0^{x_1} f(x)\,\mathrm{d}x$
13, 24	$l_{13} = l_{24} = 2\displaystyle\int_{x_1}^{x_2} \sqrt{1+[f'(x)]^2}\,\mathrm{d}x$	t	G_1	$A_{\mathrm{II}} = 2\displaystyle\int_{x_1}^{x_2} f(x)\,\mathrm{d}x$
34	$l_{34} = 2f(x_2)$	x_3	G_2	$A_{\mathrm{III}} = 2\displaystyle\int_{x_2}^{L} f(x)\,\mathrm{d}x$
35, 46	$l_{35} = l_{46} = 2\displaystyle\int_{x_2}^{L} \sqrt{1+[f'(x)]^2}\,\mathrm{d}x$	t	G_1	
56	δ	t	G_1	

注:符号°和 i 分别表示两点之间逆时针和顺时针连线。

根据薄壁梁计算公式,选择参考剪切模量为 G_1,则

$$t_{12^i}^* = t_{34}^* = \frac{G_2}{G_1} x_3 \qquad (1-2)$$

$$\delta_{12°} = \int_{12°} \frac{\mathrm{d}s}{t^*} = \frac{l_{12°}}{t_{12°}^*} \qquad (1-3)$$

同理,

$$\delta_{12^i} = \frac{l_{12^i}}{x_3}, \ \delta_{13} = \delta_{24} = \frac{l_{13}}{t}, \ \delta_{34} = \frac{l_{34}}{t_{34}^*}, \ \delta_{35} = \delta_{46} = \frac{l_{35}}{t}, \ \delta_{56} = \frac{\delta}{t} \qquad (1-4)$$

对于腔室 I，其变形协调方程为

$$\frac{\mathrm{d}\theta}{\mathrm{d}z} = \frac{1}{2A_{\mathrm{I}}G_{1}}\left[q_{\mathrm{I}}(\delta_{12^{\circ}} + \delta_{12^{\mathrm{i}}}) - \delta_{12^{\mathrm{i}}}q_{\mathrm{II}}\right] \tag{1-5}$$

对于腔室 II，其变形协调方程为

$$\frac{\mathrm{d}\theta}{\mathrm{d}z} = \frac{1}{2A_{\mathrm{II}}G_{1}}\left[-\delta_{12^{\mathrm{i}}}q_{\mathrm{I}} + q_{\mathrm{II}}(\delta_{12^{\mathrm{i}}} + \delta_{13} + \delta_{24} + \delta_{34}) - \delta_{34}q_{\mathrm{III}}\right] \tag{1-6}$$

对于腔室 III，其变形协调方程为

$$\frac{\mathrm{d}\theta}{\mathrm{d}z} = \frac{1}{2A_{\mathrm{III}}G_{1}}\left[-\delta_{34}q_{\mathrm{II}} + q_{\mathrm{III}}(\delta_{34} + \delta_{35} + \delta_{46} + \delta_{56})\right] \tag{1-7}$$

力学平衡方程为

$$T = 2(A_{\mathrm{I}}q_{\mathrm{I}} + A_{\mathrm{II}}q_{\mathrm{II}} + A_{\mathrm{III}}q_{\mathrm{III}}) \tag{1-8}$$

由式(1-1)～式(1-8)可求得

$$q_{12^{\circ}} = q_{\mathrm{I}}, \ q_{12^{\mathrm{i}}} = q_{\mathrm{I}} - q_{\mathrm{II}}, \ q_{13} = q_{24} = q_{\mathrm{II}},$$
$$q_{34} = q_{\mathrm{II}} - q_{\mathrm{III}}, \ q_{35} = q_{46} = q_{56} = q_{\mathrm{III}} \tag{1-9}$$

在确定设计变量、设计空间、目标函数和约束条件之后，可将上述问题转化为如下数学模型：

obj：min $m(x)$

s. t.：$0 < x_1 < x_2 < L$，$0 < x_3$

$q_{12^{\circ}} < [\tau]_n$，$q_{12^{\mathrm{i}}} < [\tau]_n$，$q_{13} < [\tau]_n$，$q_{24} < [\tau]_n$

$q_{34} < [\tau]_n$，$q_{35} < [\tau]_n$，$q_{35} < [\tau]_n$，$q_{46} < [\tau]_n$，$q_{56} < [\tau]_n$

$$\tag{1-10}$$

对于上述模型的求解，由于目标函数计算较为简单，因此可采用带约束的共轭梯度法等方法求解，具体算法将在后续章节中予以详细介绍。在求得使目标函数最优的设计变量之后，即可得到前后梁位置、梁厚度。在该翼面结构优化设计问题中，目标函数及约束值可通过解析法求解。但当面对复杂的飞行器优化设计问题时，如三维机翼的气动外形设计，无法采用解析的方式求得目标函数与约束值。工程上常采用有限元方法，或结合代理模型得到给定设计点处的响应值，进而采用优化算法求解。在求解完成后，可将最优值进一步验证与实施。

1.3 优化设计问题的数学模型

在了解飞行器优化设计背景和飞行器设计领域优化示例后,本节对一般优化设计问题的基本要素和几何描述进行说明,着重介绍优化设计问题的数学模型,作为后继章节介绍具体优化算法的基础。

1.3.1 优化问题的基本要素

开展工程优化设计的前提是要建立能够刻画工程物理问题本质、满足既定设计条件、便于操作和运算的数学模型。以飞行器设计为代表的工程优化本质上是一个复杂的系统设计问题。求解优化问题的过程,就需要从工程系统中抽象出具体的设计变量,这些设计变量在满足系统中必要约束条件的情况下,决定了系统的关键性能。因此,从工程优化问题大量的变量中选出影响性能的关键变量作为设计变量,并确定基于这些设计变量要求解的目标函数(往往来自关键系统功能指标),最后确定这些设计变量需要满足工程系统中的特定约束条件。以上三个要素确定下来后,即确定了完整的优化设计数学模型,再选择合适的优化方法对该数学模型进行求解可得到该工程优化问题的最优解。因此,设计变量、约束条件和目标函数是一个优化设计问题数学模型的基本组成元素。下面详细介绍优化设计的这三个要素。

1.3.1.1 设计变量

优化设计问题的一个可行设计方案可以由一组矢量表征的一组数值表示。这些矢量在不同维度上代表不同类型的参数物理量,如支撑杆间距、机身高度、机翼弦长、翼展等尺寸距离类物理量,机身载荷、机身重力、惯性矩、气动力等力或力矩类物理量。对于一个工程系统中的所有参数,并非都要构成优化问题的设计变量。有些参数是随着工程系统确定后就被固定下来的,依据实际需求和经验预先确定好,如机身长度、飞行时间等总体结构、工艺要求方面的基本参数,以及某些工作性能的参数。对于该系统中任意一个设计方案,这些参数都作为设计常数。除此之外的其他参数,则需要结合优化目标的情况不断调整,处于动态变化的状态,这些参数称为设计变量,又称优化参数。

所有的设计变量组合在一起可以构成一组变量,用列矢量 $X = \begin{bmatrix} x_1 & x_2 & \cdots & x_n \end{bmatrix}^T$ 表示,X 称为设计变量矢量。不同于一般矢量中的元素按照特定的次序排列,设计变量矢量中的次序是任意的,可以按照使用和读取的方便进行选取。

这些设计变量既可以是飞行器结构尺寸参数的组合，也可以是火箭燃料化学成分的含量组合等。只要规定了一种矢量的组成，即确定了一个设计空间，则其中任意一个矢量组合都是一个设计方案，对应于设计空间中的一个点。因此，设计空间中的一个点表征了一个设计方案，称作设计点。用设计点和矢量组合的方式表示设计方案的方式，是后继优化算法进行最优值求解的基础。

1.3.1.2　约束条件

设计空间是所有设计方案组成的集合，理论上对于任何一个优化目标都可以在这个设计空间中找到至少一个设计点。若该点相对于其他设计点能达到更优的优化目标，则该点即为设计空间内的最优设计点，也就是最优设计方案。然而在实际工程系统中，这样的设计方案有些时候并非是可行的（如长度取负值）。如果一个设计方案满足工程系统对它所有的限制要求，则该设计方案为一个可行设计；反之，则是不可行设计。只有当最优设计方案是可行设计方案时，才有被工程采用的价值。

一个可行的设计方案必须依据工程系统对它提出的要求，满足具体的限制条件，这些限制条件称为约束条件。约束条件存在的意义是使对象能够正常使用或满足所规定的某些限制。对于不同类型变量的约束可分为两类：状态约束和边界约束。

状态约束是关于状态变量的限制，又称性能约束。状态变量用来表征研究对象特征，如位移、应力、频率等。具体地，状态变量是一种外界环境参数（如结构形式、几何模式、载荷）和设计变量的函数关系。这样的函数关系是由工程系统自身决定的，设计者无法自由选择和改变。比如重力 G，是由物体自身质量 m 和重力加速度 g 所决定的一个函数（$G=mg$）。当对重力提出约束要求（如重力不超过 1×10^5 N），此时重力作为状态变量受到的约束限制就是状态约束。还比如某些结构必须满足一定强度、刚度、稳定性的设计要求。对于具体的工程问题，状态约束是关于设计变量的显式或隐式函数。

边界约束是对设计变量变化范围的限制，又称侧面约束。这类约束并不针对某项特定的性能加以限制，而是针对设计变量的取值范围加以限制。比如机身长度、起落架中的桁架尺寸等。

约束的类型可以按照其数学形式分为等式约束和不等式约束两种类型。等式约束的表达形式为

$$l_k(X) = 0 \ (k = 1, 2, \cdots, K) \tag{1-11}$$

等式约束要求设计点落在 K 个 n 维设计空间的曲面上,是一种对设计问题较为严格的约束形式。

不等式约束的表达形式为

$$g_j(X) \leqslant 0 \ (j = 1, 2, \cdots, J) \tag{1-12}$$

不等式约束要求设计点在设计空间内,落在 J 个 n 维设计空间内的曲面 $g_j(X) = 0 \ (j = 1, 2, \cdots, J)$ 的一侧或者曲面上,这是一个由多个约束曲面所形成的 n 维子空间。

对于等式约束 $l_k(X) = 0 \ (k = 1, 2, \cdots, K)$,也可看作是同时满足 $l_k(X) \leqslant 0$ 和 $l_k(X) \geqslant 0$ 两个不等式约束。

综上来看,约束是对设计点在设计空间中的取值范围所添加的限制。对于满足约束条件的设计点称作可行解,所有可行解构成的区域称作可行域。约束的形式既可以是确定的显式函数,也可以是基于有限元仿真计算或建立数学模型通过复杂的非线性映射关系得到的隐式表达。在设计优化问题的过程中,需要根据工程系统的实际情况,选择合理且具备可计算性的约束条件。

1.3.1.3 目标函数

目标函数用于量化评价设计方案的优劣。在可行域中,一个设计方案优于另一个设计方案,除了定性分析的判断标准外,需要有可以量化的评价方案,评估某个设计具有更好的性质。这些"更好的性质"如果可以表示为一个由设计变量显式(或隐式)表达的可计算的函数,则可直接用于优化问题的求解准则,判断哪个设计方案更优。因此,这个用来使优化设计过程可以按照一定依据不断调整最优解的函数为目标函数。

目标函数的确定,是整个关键性能设计问题的基础。根据工程系统优化指标的数量,可以将优化问题分为单目标优化问题和多目标优化问题。两种优化问题的目标函数数量不同,优化过程及优化解的形式也不同。

1) 单目标优化问题

单目标优化问题由一个目标函数表征设计方案的优劣,最优解使目标函数达到最优。优化的目的往往是针对工程系统中某一性能特定的要求,建立优化目标函数,运用优化算法得到较好的优化方案。单目标下的目标优化函数可表示为由设计变量组合成的函数表达式,以最小化目标函数为例,

$$\min f(X) \quad X = [x_1 \quad x_2 \quad \cdots \quad x_n] \qquad (1-13)$$

设计变量 X 的取值应该在满足约束条件的可行域内,使目标函数 $f(X)$ 取得最小值的设计点为优化问题的最优解。

2) 多目标优化问题

多目标优化问题有多个目标函数表征设计方案的优劣,当工程系统中有两个或两个以上的指标需要优化时,就是一个多目标优化问题。多目标优化与单目标优化问题的本质不同:前者是一个矢量函数的优化,相比于后者标量值的优化更复杂。在单目标优化问题中,可以对任意两个设计方案对应的目标值进行对比并判断解的优劣,故是完全有序的。而对于多目标问题,两个解的优劣性难以直接得出,常常存在一个设计方案在部分目标上有较优的取值,而在其余目标上的取值较差,无法达到"绝对最优",这种情况称为半有序。

例如对客机的结构优化设计就是一个多目标问题,设计者希望客机的巡航升阻和有效载荷系数均较大,其中前者可有效降低燃料消耗率,后者可提升飞机的运载量并带来更大的经济效益。因此,在客机的工程结构优化问题中,这两个优化指标常常被同时提出,用于指导客机的结构参数设计。有的设计方案可以实现更大的巡航升阻比,但有效载荷系数较小;而有的设计方案可以实现更大的有效载荷系数,但巡航升阻比较小。此时难以寻求一个设计方案达到绝对最优,因此这类优化问题的最优设计方案是一组解,对不同的目标各有侧重,能够实现在不同目标上分别达到最优。

多目标下的目标函数可表示为由设计变量之间组合得到的 m 个目标函数的函数集合:

$$F(X) = \begin{cases} \min/\max f_1(X_1) \\ \min/\max f_2(X_2) \\ \cdots \\ \min/\max f_i(X_i) \\ \cdots \\ \min/\max f_m(X_m) \end{cases} \quad X_i \subseteq X, \ X = [x_1 \quad x_2 \quad \cdots \quad x_n] \in D$$

$$(1-14)$$

式中:D 表示优化问题的可行设计空间;$f_i(X_i)$ 表示任意一个优化目标函数,其中用到的设计变量 X_i 应该是总体设计变量 X 的子集,即并非每个目标函数都需要涉及该工程系统所有的设计变量。由于多目标优化问题涉及多个目标函数的最大化或最小化,不同于单目标问题能够得到一个最优解,因此多目标问题往往是求得一个有效解解集,又称非劣解[帕雷托(Pareto)解]。所谓非劣解,指对于 m 个目标函数 $f_i(X_i)(i=1, 2, \cdots, m)$,要求在 $(m-1)$ 个目标值不变差的情况下,无法找到一个 X 使对于剩下的一个目标值有 $f(X)$ 比 $f(X^*)$ 取值更优,此时 X^* 即为一个非劣解。

对于非劣解,下面以 m 个多目标极小化问题组成的多目标优化问题为例,分析其可能在多目标问题中存在的情况。

(1) 若 $X^* \in D$,对任意的 $X \in D$,都有 $f_i(X) > f_i(X^*)(i=1, 2, \cdots, m)$,则 X^* 是多目标优化问题的绝对最优解,即 X^* 这一设计方案(点)确保了在所有目标函数均达到最优的目的。

(2) 若 $X^* \in D$,存在 $X \in D$,有 $f_i(X^*) \geqslant f_i(X)(i=1, 2, \cdots, m)$,即在设计空间内存在这样一个设计点 X,其对应的目标值矢量在每一个分量上都优于 X^* 所对应的目标值矢量的每一个相应的分量,则 X^* 是多目标问题的劣解。

(3) 若 $X^* \in D$,不存在 $X \in D$,使 $f_i(X^*) \geqslant f_i(X)(i=1, 2, \cdots, m)$,则 X^* 为非劣解。非劣解的定义说明了在可行域范围内无法找到一个设计点,使其对应的 $f(X)$ 中的每一个目标函数分量都小于 $f(X^*)$ 中的每一个分量。同时在 $f(X)$ 中至少存在一个目标函数分量的值比 $f(X^*)$ 中对应的分量小,即确保 X^* 并非绝对最优解。

(4) 若 $X^* \in D$,且不存在 $X \in D$,使 $f(X) < f(X^*)$,则 X^* 为弱非劣解。

显然,在多目标优化问题中,难以计算得到绝对最优解,大部分情况下绝对最优解并不存在。因此有意义的做法如下:计算得到一个非劣解集或弱非劣解集,在此基础上按照设计的进一步实际需求,如要求多目标中的某些目标优先达到最优,某些目标次之,即设计者人为提供目标的层级信息(优先级),使原本半无序的多目标非劣解集转换为有序解,该解可作为工程系统的一个可行的最优设计方案。

1.3.1.4 优化问题的数学模型

建立工程优化问题的数学模型,本质上是将工程系统依据优化问题的三要素抽象为数学表达,下面给出优化设计问题的一般数学形式。

对于设计变量 $X = [x_1 \quad x_2 \quad \cdots \quad x_n]^T$,使目标函数 $f(X)$ 在满足约束条件

$$l_k(X)=0, k=1, 2, \cdots, K$$
$$g_j(X)\leqslant 0, j=1, 2, \cdots, J$$

(1-15)

情况下的极小值 $\min f(X)$[或极大值 $\max f(X)$]。

在实际优化问题中,目标函数既可以极小化也可以极大化。极大化目标函数时,在目标函数前添加负号即可将极大化问题转化为极小化问题,因此两种类型的优化问题在数学求解上的本质是等价的。

以上我们得到了一个完整的优化问题的数学模型。对于目标函数 $f(X)$,无论是单目标问题,还是多目标问题,都可以归纳成一个总的目标函数,单目标用标量表达,多目标用矢量的形式分别表达成目标函数分量形式。

1.3.2 优化问题的几何解释

优化问题按照有、无约束条件,可分为无约束优化问题和约束优化问题。无约束优化问题要求在设计变量没有任何约束条件的情况下,求解目标函数的极值。因此目标域是分布在整个设计空间上的,并可以通过等值面的形式直观地呈现。等值面的中心就是无约束优化问题最优点,如图 1-2 所示的单目标极小化问题,设计变量为二维变量,全局最优值即为该无约束优化问题的极小点。

约束优化问题相比于无约束的情况,新增可行域的限制,即寻找的最优目标值并非在整个设计空间内,而是在满足约束的区间范围内,称为可行域。如图 1-3 所示,优化问题受两个约束函数 $g_1(x)$、$g_2(x)$ 的限制,可行域为阴影部分区域。此时优化问题的最优解不再是目标函数等值面的中心点,考虑可行域后极值点落在等值线与可行域的切点位置。

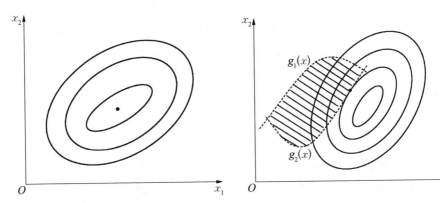

图 1-2 无约束优化问题目标空间等值面　　图 1-3 约束优化问题可行域与等值面

习题

1-1 建立优化问题的数学模型。

某服务部门一周中每天需要不同数目的雇员：周一到周四每天至少需要 50 人，周五需要 80 人，周六和周日需要 90 人。现规定应聘者需连续工作 5 天。试确定聘用方案，即周一到周五每天聘用多少人，使得在满足需要的前提下聘用人数最少？

1-2 建立优化问题的数学模型。

某工厂在一个计划期内生产 A、B、C 三种药品，各药品都要消耗甲、乙、丙三种资源。每种药品对资源的单位消耗、各种资源的限量以及各药品的单位利润和所造成的单位污染如表 1-2 所示。假定药品能全部销售出去，且药品 A 产量不少于药品 B，问每期怎样安排生产，才能使利润最大且造成的污染最小？

表 1-2 药品生产信息

项 目	A	B	C	资源限量
资源甲单位消耗	9	4	3	100
资源乙单位消耗	4	5	7	200
资源丙单位消耗	3	10	8	300
单位药品的利润	50	100	70	
单位药品的污染	2	5	4	

第 2 章　优化设计的数学基础

2.1　导数与梯度

2.1.1　概述

　　导数(derivative),也叫导函数值,是微积分中的重要基础概念。导数的本质是通过极限的概念对函数进行局部的线性逼近,例如在运动学中,物体的位移对于时间的导数就是物体的瞬时速度。当函数 $y = f(x)$ 的自变量 x 在一点 x_0 上产生一个增量 Δx 时,如果函数输出值的增量 Δy 与自变量增量 Δx 的比值在 Δx 趋于 0 时的极限存在,即为在 x_0 处的导数,记作 $f'(x_0)$ 或 $\left.\dfrac{\mathrm{d}f}{\mathrm{d}x}\right|_{x=x_0}$。

　　导数是函数的局部性质。一个函数在某一点的导数描述了函数在该点附近的变化率。若函数的自变量和取值均为实数,则函数在某一点的导数就是该函数所代表的曲线在该点切线的斜率。并非所有的函数都存在导数,一个函数也不一定在所有的点上都存在导数。若某函数在某一点的导数存在,则称其在这一点可导(可微分),否则称为不可导(不可微分)。可导的函数一定连续,不连续的函数一定不可导。

　　对于可导的函数 $f(x)$, $x \to f'(x)$ 也是一个函数,称为 $f(x)$ 的导函数。寻找已知的函数在某点的导数或其导函数的过程称为求导。

　　梯度是一种关于多元导数的概念。多元函数的梯度是矢量值函数,记为 ∇f 或 **grad** f,表示某一函数在该点处的方向导数沿该方向取得最大值(模长),即函数在该点处沿着梯度方向变化最快。梯度方向与函数的等值线垂直。

2.1.2　数学定义

1) 一元函数导数

设函数 $y = f(x)$ 是定义在区间 (a, b) 内的函数,$x_0 \in (a, b)$,任给非零

实数 Δx，当 $x_0 + \Delta x \in (a, b)$ 时令 $\Delta y = f(x_0 + \Delta x) - f(x_0)$，若极限 $l = \lim\limits_{\Delta x \to 0} \dfrac{\Delta y}{\Delta x}$ 存在，则称函数 $y = f(x)$ 在 x_0 处可导，并称 l 为 $f(x)$ 在点 x_0 的导数，记作① $f'(x_0)$；② $y'\big|_{x=x_0}$；③ $\dfrac{\mathrm{d}y}{\mathrm{d}x}\Big|_{x=x_0}$，即

$$f'(x_0) = \lim_{\Delta x \to 0} \frac{f(x_0 + \Delta x) - f(x_0)}{\Delta x} \tag{2-1}$$

如果极限 l 不存在，那么函数 $y = f(x)$ 在 x_0 处不可导。

2）多元函数偏导数

设 D 是 n 维空间中一区域，函数 $z = f(x_1, x_2, \cdots, x_n)$ 在 D 上有定义，点 $P_0(x_1^{(0)}, x_2^{(0)}, \cdots, x_n^{(0)}) \in D$。若关于 x_1 的函数 $f(x_1, x_2^{(0)}, \cdots, x_n^{(0)})$ 在 $x_1^{(0)}$ 可导，则称其导数为 $f(x_1, x_2, \cdots, x_n)$ 在点 $P_0(x_1^{(0)}, x_2^{(0)}, \cdots, x_n^{(0)})$ 对 x_1 的偏导数，记作 $f_{x_1}(x_1^{(0)}, x_2^{(0)}, \cdots, x_n^{(0)})$，即

$$
\begin{aligned}
&f_{x_1}(x_1^{(0)}, x_2^{(0)}, \cdots, x_n^{(0)}) \\
&= \frac{\mathrm{d}}{\mathrm{d}x} f(x_1, x_2^{(0)}, \cdots, x_n^{(0)})\bigg|_{x_1 = x_1^{(0)}} \\
&= \lim_{\Delta x \to 0} \frac{f(x_1^{(0)} + \Delta x, x_2^{(0)}, \cdots, x_n^{(0)}) - f(x_1^{(0)}, x_2^{(0)}, \cdots, x_n^{(0)})}{\Delta x}
\end{aligned} \tag{2-2}
$$

对 $x_i(i = 2, 3, \cdots, n)$ 的偏导数 $f_{x_i}(x_1^{(0)}, x_2^{(0)}, \cdots, x_n^{(0)})$ 可类似定义。

对于 $f_{x_1}(x_1^{(0)}, x_2^{(0)}, \cdots, x_n^{(0)})$，还可使用以下记号：

$$
\begin{aligned}
&z_{x_1}(x_1^{(0)}, x_2^{(0)}, \cdots, x_n^{(0)}),\ \frac{\partial f(x_1^{(0)}, x_2^{(0)}, \cdots, x_n^{(0)})}{\partial x_1}, \\
&\frac{\partial z(x_1^{(0)}, x_2^{(0)}, \cdots, x_n^{(0)})}{\partial x_1},\ \frac{\partial f}{\partial x}\bigg|_{x_1 = x_1^{(0)},\, x_2 = x_2^{(0)},\, \cdots}
\end{aligned} \tag{2-3}
$$

式中：点 $(x_1^{(0)}, x_2^{(0)}, \cdots, x_n^{(0)})$ 可写成 P_0，如 $\partial f(P_0)/\partial x$，若对每点 $(x_1, x_2, \cdots, x_n) \in D$，偏导数 $f_{x_1}(x_1, x_2, \cdots, x_n)$ 存在，则 $f_{x_1}(x_1, x_2, \cdots, x_n)$ 是 D 上的 n 元函数，对这个函数可使用以下记号：

$$f_{x_1},\ z_{x_1},\ \frac{\partial f}{\partial x_1},\ \frac{\partial z}{\partial x_1} \tag{2-4}$$

注意：$f_{x_1}(x_1, x_2, \cdots, x_n)$ 实际上是将除 x_1 外的其他自变量看作常量而

对 x_1 求的导数,因而本质上是一元函数的导数。所谓偏导数指求导运算针对某个变量,而将其他变量看作常数。

3) 梯度

偏导数刻画了当某个自变量变化,其他自变量不变时函数值的变化。如果让所有自变量均按照某个比例关系变动,所引起的函数值的变化率则称为方向导数。

设函数 $z = f(x_1, x_2, \cdots, x_n)$ 在点 $P_0(x_1^{(0)}, x_2^{(0)}, \cdots, x_n^{(0)})$ 的某个邻域内有定义,$\boldsymbol{n} = \{a_1, a_2, \cdots, a_n\}$ 是一非零矢量,l 是从点 P_0 出发且沿方向 $\boldsymbol{n}$ 的射线,$P(x_1^{(0)} + sa_1, x_2^{(0)} + sa_2, \cdots, x_n^{(0)} + sa_n)$ $(s > 0)$ 为 l 上的点,$\rho = |P_0P|$,若极限

$$\lim_{\rho \to 0} \frac{f(P) - f(P_0)}{\rho} \tag{2-5}$$

存在,则称其为 $f(x_1, x_2, \cdots, x_n)$ 在点 P_0 沿方向 $\boldsymbol{n}$ 的方向导数,记作 $\partial f(P_0)/\partial \boldsymbol{n}$ 或 $\partial z(P_0)/\partial \boldsymbol{n}$,即

$$\frac{\partial f(P_0)}{\partial \boldsymbol{n}} = \lim_{s \to 0^+} \frac{f(x_1^{(0)} + sa_1, x_2^{(0)} + sa_2, \cdots, x_n^{(0)} + sa_n) - f(x_1^{(0)}, x_2^{(0)}, \cdots, x_n^{(0)})}{s\sqrt{a^2 + b^2 + c^2}} \tag{2-6}$$

显然,若偏导数 $f_{x_1}(P_0)$ 存在,则它就是 f 在点 P_0 沿方向 x_1 的方向导数;而 f 在点 P_0 沿方向 $-x_1$ 的方向导数为 $-f_{x_1}(P_0)$,对于其他方向导数同理。

设 $\boldsymbol{n}$ 的方向余弦为 $\cos\alpha_1, \cos\alpha_2, \cdots, \cos\alpha_n$,则

$$\frac{\partial f(P_0)}{\partial \boldsymbol{n}} = f_{x_1}(P_0)\cos\alpha_1 + f_{x_2}(P_0)\cos\alpha_2 + \cdots + f_{x_n}(P_0)\cos\alpha_n$$
$$= \{f_{x_1}(P_0), f_{x_2}(P_0), \cdots, f_{x_n}(P_0)\} \cdot \boldsymbol{n}^0 \tag{2-7}$$

若令 $\boldsymbol{g} = \{f_{x_1}(P_0), f_{x_2}(P_0), \cdots, f_{x_n}(P_0)\}$,则式(2-7)可进一步简写为

$$\frac{\partial f(P_0)}{\partial \boldsymbol{n}} = \boldsymbol{g} \cdot \boldsymbol{n}^0 = |\boldsymbol{g}|\cos\theta \tag{2-8}$$

式中: θ 为 $\boldsymbol{g}$ 与 $\boldsymbol{n}$ 之间的夹角,若 $\boldsymbol{g} \neq \boldsymbol{0}$,则当且仅当 $\theta = 0$ 时,$\partial f(P_0)/\partial \boldsymbol{n}$ 取得最大值,且此最大值就是 $|\boldsymbol{g}|$,即 f 沿方向 $\boldsymbol{g}$ 增长最快,且这个最大的方向导数就是 $\boldsymbol{g}$ 的模。可见,矢量 $\boldsymbol{g}$ 有重要意义,称矢量 $\{f_{x_1}(P_0), f_{x_2}(P_0), \cdots,$

$f_{x_n}(P_0)$ } 为函数 f 在点 P_0 的梯度,记作 **grad** $f(P_0)$ 或 $\nabla f(P_0)$,即

$$\mathbf{grad}\, f(P_0) = \{\, f_{x_1}(P_0),\, f_{x_2}(P_0),\, \cdots,\, f_{x_n}(P_0)\,\} \tag{2-9}$$

因此,若函数 $z = f(x_1,\, x_2,\, \cdots,\, x_n)$ 在区域 D 上处处存在偏导数 f_{x_1},f_{x_2},$\cdots$,f_{x_n},则梯度 **grad** $f(P)(P \in D)$ 是一个随点 P 变动的矢量,简写作 **grad** f 或 ∇f,即

$$\mathbf{grad}\, f = \{\, f_{x_1},\, f_{x_2},\, \cdots,\, f_{x_n}\,\} \tag{2-10}$$

2.1.3　几何意义

函数 $y = f(x)$ 在点 x_0 的导数 $f'(x_0)$ 表示函数曲线在点 $P_0(x_0, f(x_0))$ 处切线的斜率。如图 2-1 所示,当 $\Delta x \to 0$ 时,割线 $P_0 P$ 也就趋向于 P_0 处的切线。

多元函数的偏导数则代表函数沿着坐标轴方向的变化率。例如对于二元函数 $z = f(x,\, y)$ 来说,$f_x(x,\, y)$ 指函数在 y 方向不变,沿着 x 方向的变化率。

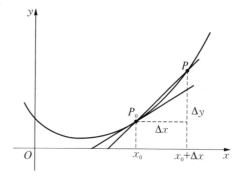

图 2-1　切线与导数

设曲线 C 由如下参数方程给定:

$$x = x(t),\, y = y(t),\, z = z(t)\ (t \in I) \tag{2-11}$$

式中:I 为某个区间。约定 $r = \{x,\, y,\, z\}$,$r(t) = \{\, x(t),\, y(t),\, z(t)\,\}$,则方程组缩写成矢量形式:$\boldsymbol{r} = r(t)\ (t \in I)$。称 $r(t)$ 为定义于 I 上的矢量函数,$r(t)$ 的导数为

$$\frac{\mathrm{d}r}{\mathrm{d}t} = r'(t) = \{\, x'(t),\, y'(t),\, z'(t)\,\} \tag{2-12}$$

若 $r'(t_0) \neq 0$[这等价于 $x'(t_0)$,$y'(t_0)$,$z'(t_0)$ 不同时为零],则称 $r'(t_0)$ 为曲线 C 在点 P_0 的切矢量(简称切矢),P_0 记为点 $(x(t_0), y(t_0), z(t_0))$。若 $r'(t)$ 存在、连续[这意味着 $x'(t)$,$y'(t)$,$z'(t)$ 皆连续]且 $r'(t) \neq 0$,则称 C 为光滑曲线。设 T 是过点 P_0 且以 $r'(t_0)$ 为方向矢的直线,N 是过点 P_0 且以 $r'(t_0)$ 为法矢量(简称法矢)的平面,则分别称 T 与 N 为曲线 C 在点 P_0 的切线与法平面。

设曲面 S 由以下方程给定：

$$F(x，y，z)=0 \qquad\qquad (2-13)$$

式中：$F(x，y，z)$ 是某空间区域 V 内的函数，设点 $P_0(x_0，y_0，z_0)$ 在曲面 S 上，$F(x，y，z)$ 于点 P_0 处可微，若矢量 $\boldsymbol{n}=\mathbf{grad}\,F(P_0)\neq0$，则称它（及任何与之平行的非零矢量）为曲面 S 在点 P_0 处的法矢；若 F 有连续的偏导数且处处 $\mathbf{grad}\,F\neq0$（这等价于 F_x，F_y，F_z 不会同时为零），则称 S 为光滑曲面。同理，设 T 是过点 P_0 且以 $\boldsymbol{n}$ 为方向矢的直线，N 是过点 P_0 且以 $\boldsymbol{n}$ 为法矢的平面，则分别称 T 与 N 为曲面 S 在点 P_0 的法线与切平面。

设 L 是曲面 S 上过点 P_0 的任一光滑曲线，其参数方程为 $x=x(t)$，$y=y(t)$，$z=z(t)$，$t=t_0$ 对应点 P_0，微分等式 $F(x(t)，y(t)，z(t))=0$ 得出

$$F_x x'(t)+F_y y'(t)+F_z z'(t)=0 \qquad\qquad (2-14)$$

式中：$F_x=F_x(x(t)，y(t)，z(t))$，$F_y=F_y(x(t)，y(t)，z(t))$，$F_z=F_z(x(t)，y(t)，z(t))$。以 $t=t_0$ 代入式（2-14）得 $\mathbf{grad}\,F(P_0)\cdot\boldsymbol{\tau}=0$，其中 $\boldsymbol{\tau}=\{\,x'(t_0)，y'(t_0)，z'(t_0)\,\}$ 是 L 在点 P_0 的切矢量，因此曲面 S 在点 P_0 的切平面是包含任何位于曲面上的曲线在 P_0 的切线的平面。

曲面 S 被平面 $z=C$ 所截得的曲线 $[F(x，y，z)=C]$ 称为等量面，其法矢量 $\boldsymbol{n}=\pm\{F_x，F_y，F_z\}=\pm\mathbf{grad}\,u$，于是

$$\boldsymbol{n}\,/\!/\,\mathbf{grad}\,u \qquad\qquad (2-15)$$

另外函数 $u=F(x，y，z)$ 在梯度方向的方向导数为 $\boldsymbol{g}\cdot\dfrac{\boldsymbol{g}}{|\boldsymbol{g}|}=|\boldsymbol{g}|$（$\boldsymbol{g}=\mathbf{grad}\,u$）。矢量 $\boldsymbol{g}$ 指向了函数增加最快的方向。

于是得出结论：函数 $u=F(x，y，z)$ 的梯度 $\boldsymbol{g}$ 与其等量面 S 垂直，且指向函数值增加的方向，梯度的几何意义如图 2-2 所示。

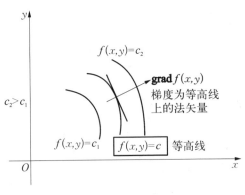

图 2-2　梯度的几何意义

2.1.4　数学算例

例题 1：求 $y=3(x-1)^2$ 在 $x=2$ 的导数。

解：根据式(2-1)的定义式

$$y' = \lim_{\Delta x \to 0} \frac{3\left[(2+\Delta x)-1\right]^2 - 3(2-1)^2}{\Delta x}$$

$$= \lim_{\Delta x \to 0} \frac{3(\Delta x + 1)^2 - 3}{\Delta x} = \lim_{\Delta x \to 0} 3\frac{(\Delta x)^2 + 2\Delta x}{\Delta x}$$

$$= \lim_{\Delta x \to 0} 3(\Delta x + 2) = 6 \tag{2-16}$$

也可直接求导函数 y'，则

$$y' = \left[3(x-1)^2\right]' = 3(2x-2) = 6x - 6 \tag{2-17}$$

将 $x=2$ 代入导函数 y' [式(2-17)]中也可以得到同样的结果。

例题 2：求 $F(x) = x_1^2 + 25x_2^2$ 在点 $x^{(0)} = [2, 2]^T$ 的梯度方向。

解：首先求出 $F(x)$ 的梯度方向

$$\mathbf{grad}\, F = \left[\frac{\partial F}{\partial x_1}, \frac{\partial F}{\partial x_2}\right]^T = [2x_1, 50x_2]^T \tag{2-18}$$

将 $x^{(0)} = [2, 2]^T$ 带入式(2-18)中可得 $x^{(0)}$ 点的梯度方向为 $[4, 100]^T$。

2.1.5 程序实现

在 Python 中求导函数可以借助 sympy 库，用 sympy. diff ( )函数求导函数和梯度值，并用 subs 函数求得具体数值。

为了计算函数 $y = 3(x-1)^2$ 的导函数以及在 $x=2$ 处的梯度，首先以 x 为自变量求一阶导数，将 $x=2$ 代入一阶导数表达式得到该处的梯度值。Python 程序如下所示：

```python
import sympy

y = '3 * (x - 1) ** 2'
dy = sympy.diff(y, 'x')
dy_value = dy.subs('x', 2)
```

计算输出得到函数的一阶导数为 $y' = 6x - 6$，在 $x=2$ 处的梯度为 6。对于多元函数计算偏导数和梯度的情况，该方法同样适用。以函数 $y = x_1^2 + 25x_2^2$ 为例，分别计算关于 x_1、x_2 的偏导数，以及各自在 $x_1 = 2$、$x_2 = 2$ 处的梯度分量。Python 程序如下所示：

```
import sympy···

diff = []
y = 'x1 ** 2 + 25 * x2 ** 2'
y1 = sympy.diff(y, 'x1')  # x1 方向导数
diff.append(y1)
y2 = sympy.diff(y, 'x2')  # x2 方向导数
diff.append(y2)
sub = {'x1': 2, 'x2': 2}
grad_value = [diff[0].evalf(subs = sub), diff[1].evalf(subs = sub)]
```

计算输出得到原函数关于 x_1 的偏导数为 $\dfrac{\mathrm{d}y}{\mathrm{d}x_1} = 2x_1$，关于 x_2 的偏导数为 $\dfrac{\mathrm{d}y}{\mathrm{d}x_2} = 50x_1$，在 $x_1 = 2$、$x_2 = 2$ 处的梯度为 $[4, 100]^{\mathrm{T}}$。

2.2　共轭方向

2.2.1　概述

设 $\boldsymbol{A}$ 为 $n \times n$ 阶实对称正定矩阵，若有两个 n 维非零矢量 $\boldsymbol{S}_1$ 和 $\boldsymbol{S}_2$，满足：

$$\boldsymbol{S}_1^{\mathrm{T}} \boldsymbol{A} \boldsymbol{S}_2 = 0 \tag{2-19}$$

则称矢量 $\boldsymbol{S}_1$ 和 $\boldsymbol{S}_2$ 对于矩阵 $\boldsymbol{A}$ 共轭，$\boldsymbol{S}_1$ 和 $\boldsymbol{S}_2$ 称为共轭方向。若 $\boldsymbol{A} = \boldsymbol{I}$，则 $\boldsymbol{S}_1^{\mathrm{T}} \boldsymbol{S}_2 = 0$，则称 $\boldsymbol{S}_1$ 与 $\boldsymbol{S}_2$ 正交。实际上，共轭是正交的推广。

若有一组非零矢量 $\boldsymbol{S}_1$，$\boldsymbol{S}_2$，$\cdots$，$\boldsymbol{S}_n$，满足：

$$\boldsymbol{S}_i^{\mathrm{T}} \boldsymbol{A} \boldsymbol{S}_j = 0 \ (i \neq j) \tag{2-20}$$

则称矢量系 $\boldsymbol{S}_i (i = 1, 2, \cdots, n)$ 为矩阵 $\boldsymbol{A}$ 的共轭矢量系。若 $\boldsymbol{A} = \boldsymbol{I}$，则矢量系 $\boldsymbol{S}_i (i = 1, 2, \cdots, n)$ 称为正交矢量系。

2.2.2　共轭方向的几何意义

以二元二次正定函数为例说明共轭方向的概念，设函数：

$$F(x) = \frac{1}{2} x^{\mathrm{T}} \boldsymbol{A} x + \boldsymbol{B}^{\mathrm{T}} x + C \tag{2-21}$$

式中：$x = [x_1 \quad x_2]^T$，$\boldsymbol{B} = [b_1 \quad b_2]^T$，$\boldsymbol{A} = \begin{bmatrix} a_{11} & a_{12} \\ a_{21} & a_{22} \end{bmatrix}$，其中 $\boldsymbol{A}$ 为 2×2 阶对称正定矩阵。

由于矩阵 $\boldsymbol{A}$ 对称正定，因此函数等值线为一组同心椭圆，共轭方向如图 2-3 所示。

按任意给定的方向 S_1，作 $F(x) = F_1$ 与 $F(x) = F_2$ 两条等值线的切线，两切线互为平行，切点为 $x^{(1)}$、$x^{(2)}$。连接两切点构成新的矢量

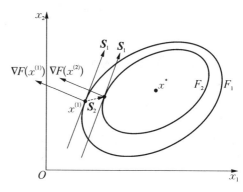

图 2-3　共轭方向

$$\boldsymbol{S}_2 = x^{(2)} - x^{(1)} \qquad (2-22)$$

函数 $F(x)$ 在两点处的梯度分别为

$$\begin{cases} \nabla F(x^{(1)}) = \boldsymbol{A}x^{(1)} + \boldsymbol{B} \\ \nabla F(x^{(2)}) = \boldsymbol{A}x^{(2)} + \boldsymbol{B} \end{cases} \qquad (2-23)$$

两者之差为

$$\nabla F(x^{(2)}) - \nabla F(x^{(1)}) = \boldsymbol{A}(x^{(2)} - x^{(1)}) = \boldsymbol{A}\boldsymbol{S}_2 \qquad (2-24)$$

由于梯度是等值线的法矢量，因此点 $x^{(1)}$、$x^{(2)}$ 的梯度与矢量 $\boldsymbol{S}_1$ 相垂直。因正交矢量点积为 0，故有

$$\begin{cases} \boldsymbol{S}_1^T \nabla F(x^1) = 0 \\ \boldsymbol{S}_1^T \nabla F(x^2) = 0 \end{cases} \qquad (2-25)$$

即有

$$\boldsymbol{S}_1^T [\nabla F(x^{(2)}) - \nabla F(x^{(1)})] = 0 \qquad (2-26)$$

因此可得到

$$\boldsymbol{S}_1^T \boldsymbol{A} \boldsymbol{S}_2 = 0 \qquad (2-27)$$

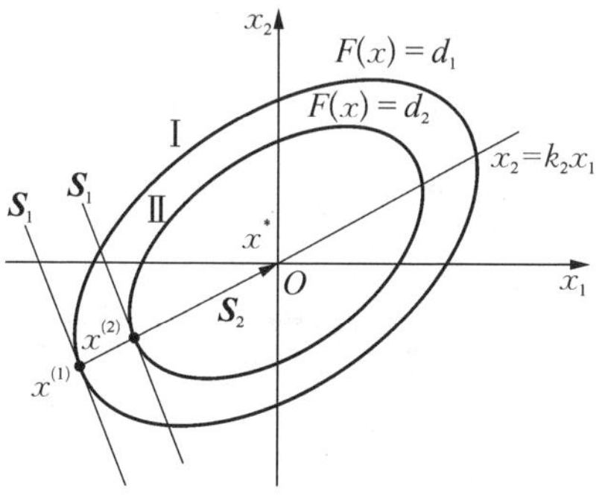

共轭方向具有如下性质（见图 2-4）：

（1）同心椭圆簇的几何性质：任意作两条平行线，与椭圆簇中的两椭圆切于点

图 2-4　共轭方向性质

$x^{(1)}$、$x^{(2)}$。 经过两点的直线必通过椭圆的中心；或者说，过椭圆中心做任意直线与任意两个椭圆相交，通过交点作椭圆切线必互相平行。

（2）切线的方向 S_1 与两切点连线的方向 S_2，就是一对共轭方向。

（3）正定二元二次函数，经过两次共轭方向搜索，就可搜到极小点。

2.2.3 解析法证明

设目标函数为二次齐次函数，等值线中心在坐标原点：

$$F(x) = x^{\mathrm{T}} \boldsymbol{A} x \xrightarrow{\text{展开}} F(x_1, x_2) = ax_1^2 + 2bx_1 x_2 + cx_2^2 \qquad (2-28)$$

函数值分别为 d_1、d_2 的两条等值线 Ⅰ、Ⅱ，方程为

$$\begin{cases} ax_1^2 + 2bx_1 x_2 + cx_2^2 - d_1 = 0 \\ ax_1^2 + 2bx_1 x_2 + cx_2^2 - d_2 = 0 \end{cases} \qquad (2-29)$$

等值线任意点切线斜率为 $\mathrm{d}x_2/\mathrm{d}x_1$，可对式（2-29）求导而得

$$2ax_1 + 2ax_2 + 2(bx_1 + cx_2)\frac{\mathrm{d}x_2}{\mathrm{d}x_1} = 0 \qquad (2-30)$$

则切线斜率为

$$k = \frac{\mathrm{d}x_2}{\mathrm{d}x_1} = -\frac{ax_1 + bx_2}{bx_1 + cx_2} \qquad (2-31)$$

过点 $x^{(1)} = \begin{bmatrix} x_1^{(1)} & x_2^{(1)} \end{bmatrix}^{\mathrm{T}}$, $x^{(2)} = \begin{bmatrix} x_1^{(2)} & x_2^{(2)} \end{bmatrix}^{\mathrm{T}}$ 的椭圆切线斜率分别记为 k_1、k_2，则有

$$\begin{cases} k_1 = \dfrac{ax_1^{(1)} + bx_2^{(1)}}{bx_1^{(1)} + cx_2^{(1)}} \\[3mm] k_2 = \dfrac{ax_1^{(2)} + bx_2^{(2)}}{bx_1^{(2)} + cx_2^{(2)}} \end{cases} \qquad (2-32)$$

若所引的两条直线平行，且切等值线（椭圆）于点 $x^{(1)}$、$x^{(2)}$，则该两条切线斜率相等，$k_1 = k_2$，即

$$\frac{ax_1^{(1)} + bx_2^{(1)}}{bx_1^{(1)} + cx_2^{(1)}} = \frac{ax_1^{(2)} + bx_2^{(2)}}{bx_1^{(2)} + cx_2^{(2)}} \qquad (2-33)$$

分别将切点 $x^{(1)}$、$x^{(2)}$ 与坐标原点相连接,两直线 Ox_1、Ox_2 的斜率分别记为

$$k_1^0 = \frac{x_2^{(1)}}{x_1^{(1)}}, \ k_2^0 = \frac{x_2^{(2)}}{x_1^{(2)}} \tag{2-34}$$

如果有 $k_1^0 = k_2^0$,则说明两点连线必通过坐标原点 O(椭圆中心),将式(2-33)写成

$$\frac{a + b\dfrac{x_2^{(1)}}{x_1^{(1)}}}{b + c\dfrac{x_2^{(1)}}{x_1^{(1)}}} = \frac{a + b\dfrac{x_2^{(2)}}{x_1^{(2)}}}{b + c\dfrac{x_2^{(2)}}{x_1^{(2)}}} \tag{2-35}$$

或

$$\frac{a + bk_1^0}{b + ck_1^0} = \frac{a + bk_2^0}{b + ck_2^0} \tag{2-36}$$

将式(2-36)展开整理后得

$$(b^2 - ac)(k_2^0 - k_1^0) = 0$$

由于函数 $F(x_1, x_2)$ 是二次齐次函数,图形为椭圆,因此 $b^2 \neq ac$,则必有 $k_2^0 = k_1^0$。由此证明得出,点 $x^{(1)}$、$x^{(2)}$ 连线必定通过椭圆中心点 O。

2.3　多元函数的泰勒展开

2.3.1　概述

泰勒(Taylor)级数是用级数来表示一个函数,级数中相加的各项由函数在某一点的导数求得。利用泰勒级数可以将非线性问题转化为线性问题,且具有很高的精确度,因此其在各个方面都有重要的应用。

在数学上,对于一个在点 x_0 的邻域内,无穷可微的函数 $f(x)$,它的泰勒级数是以下形式的幂级数:

$$\sum_{n=0}^{\infty} \frac{f^{(n)}(a)}{n!}(x - a)^n \tag{2-37}$$

式中：$f^{(n)}(a)$ 表示 f 在 a 处的 n 阶导数。如果 $a = 0$,则可以把这个级数称为麦克劳林(Maclaurin)级数。

2.3.2 泰勒展开公式

由导数的定义可知,当函数 $f(x)$ 在点 x_0 处可导时,在点 x_0 的邻域 $U(x_0)$ 内恒有

$$f(x) = f(x_0) + f'(x_0)(x-x_0) + o(x-x_0) \qquad (2-38)$$

因为 $o(x-x_0)$ 是一个无穷小量,所以有 $f(x) \approx f(x_0) + f'(x_0)(x-x_0)$。这是在对函数进行局部线性化处理时常用的公式之一。从几何上看,它是用切线近似代替曲线。然而,这样的近似是比较粗糙的,而且只在点的附近才有近似意义。为了改善上述不足,使近似替代更加精确,根据泰勒级数,可将 $f(x)$ 进行更高阶的展开。

若函数 $f(x)$ 在包含 x_0 的某个开区间 (a, b) 上具有 $(n+1)$ 阶的导数,则对于任一 $x \in (a, b)$,有

$$f(x) = \frac{f(x_0)}{0!} + \frac{f'(x_0)}{1!}(x-x_0) + \frac{f''(x_0)}{2!}(x-x_0)^2 + \cdots +$$

$$\frac{f^{(n)}(x_0)}{n!}(x-x_0)^n + R_n(x) \qquad (2-39)$$

式中: $R_n(x) = \frac{f^{(n+1)}(\varepsilon)}{(n+1)!}(x-x_0)^{n+1}$,此处的 ε 为 x_0 与 x 之间的某个值。$f(x)$ 称为 n 阶泰勒公式,$P_n(x) = f(x_0) + f'(x_0)(x-x_0) + \cdots + \frac{f^{(n)}(x_0)}{n!}(x-x_0)^n$ 称为 n 次泰勒多项式,$P_n(x)$ 与 $f(x)$ 的误差 $R_n(x) = \frac{f^{(n+1)}(\varepsilon)}{(n+1)!}(x-x_0)^{n+1}$ 称为 n 阶泰勒余项。

如果函数 $f(x)$ 的 $(n+1)$ 阶导数在 $N(x_0)$ 上有界 M,那么有

$$\lim_{x \to x_0} \left| \frac{R_n(x)}{(x-x_0)^n} \right| \leqslant \lim_{x \to x_0} \frac{M}{(n+1)!} \mid x-x_0 \mid = 0 \qquad (2-40)$$

表明 $R_n(x) = o((x-x_0)^n)$。另外,也可证明对固定的 x,当 $n \to \infty$ 时,$R_n(x) \to 0$,即若想使 $f(x)$ 与 $P_n(x)$ 的误差减小,则可将 $\mid x-x_0 \mid$ 取小,也可将 n 取大。在 n 阶泰勒公式中,令 $x_0 = 0$,可得

$$f(x) = f(0) + f'(0)(x) + \frac{f''(0)}{2!}(x)^2 + \cdots + \frac{f^{(n)}(0)}{n!}(x)^n + R_n(x)$$

$$(2-41)$$

此时 $R_n(x) = \dfrac{f^{(n+1)}(\varepsilon)}{(n+1)!}(x)^{n+1}$，其中 ε 为 0 与 x 之间的某个值。式$(2-41)$称

为函数 $f(x)$ 在 $x=0$ 处的 n 阶泰勒公式，也称为 $f(x)$ 的 n 阶麦克劳林公式，其

余项常记为 $o(x^n)$ 或 $\dfrac{f^{(n+1)}(\theta x)}{(n+1)!}x^{n+1}(0 < \theta < 1)$ 两种形式。

2.3.3　数学算例

例题：求 $f(x) = \sin x$ 的 $2n$ 阶麦克劳林公式。

解：注意到 $f^{(n)}(x) = \sin\left(x + n \cdot \dfrac{\pi}{2}\right)$，故 $f^{(n)}(0) = \sin\dfrac{n\pi}{2}$。从而在原点的

偶数项导数 $f^{(2k)}(0) = 0$，奇数项导数 $f^{(2k+1)}(0) = (-1)^k$（$k = 0$，1，2，$\cdots$，

$n-1$），并且

$$f^{(2n+1)}(\theta x) = \sin\left[\theta x + (2n+1)\,\dfrac{\pi}{2}\right] = (-1)^n \cos\theta x \qquad (2-42)$$

把这些值代入麦克劳林公式，便得到 $\sin x$ 的 $2n$ 阶麦克劳林公式：

$$\begin{aligned}
\sin x &= x - \dfrac{1}{3!}x^3 + \dfrac{1}{5!}x^5 - \cdots + \dfrac{(-1)^{n-1}}{(2n-1)!}x^{2n-1} + \dfrac{(-1)^n \cos\theta x}{(2n+1)!}x^{2n+1} \\
&= \sum_{k=0}^{n-1} \dfrac{(-1)^k x^{2k+1}}{(2k+1)!} + \dfrac{(-1)^n \cos\theta x}{(2n+1)!}x^{2n+1}
\end{aligned} \qquad (2-43)$$

式中：$|x| < +\infty$，$0 < \theta < 1$。

2.3.4　多元函数泰勒展开

类比一元函数，二元函数 $f(x_1, x_2)$ 在 $x_0(x_1^{(0)}, x_2^{(0)})$ 处的泰勒展开式为

$$\begin{aligned}
f(x_1, x_2) &= f(x_1^{(0)}, x_2^{(0)}) + \left.\dfrac{\partial f}{\partial x_1}\right|_{x_0} \Delta x_1 + \left.\dfrac{\partial f}{\partial x_2}\right|_{x_0} \Delta x_2 + \\
&\quad \dfrac{1}{2}\left(\left.\dfrac{\partial^2 f}{\partial x_1^2}\right|_{x_0} \Delta x_1^2 + 2\left.\dfrac{\partial^2 f}{\partial x_1 \partial x_2}\right|_{x_0} \Delta x_1 \Delta x_2 + \left.\dfrac{\partial^2 f}{\partial x_2^2}\right|_{x_0} \Delta x_2^2 \right) + \cdots
\end{aligned}$$
$$(2-44)$$

式中：$\Delta x_1 = x_1 - x_1^{(0)}$，$\Delta x_2 = x_2 - x_2^{(0)}$，将其写成矩阵形式，有

$$f(x) = f(x_0) + \left(\begin{matrix}\dfrac{\partial f}{\partial x_1} & \dfrac{\partial f}{\partial x_2}\end{matrix}\right)_{x_0}\begin{pmatrix}\Delta x_1 \\ \Delta x_2\end{pmatrix} +$$

$$\frac{1}{2}(\Delta x_1 \quad \Delta x_2) \begin{vmatrix} \dfrac{\partial^2 f}{\partial x_1^2} & \dfrac{\partial^2 f}{\partial x_1 \partial x_2} \\ \dfrac{\partial^2 f}{\partial x_2 \partial x_1} & \dfrac{\partial^2 f}{\partial x_2^2} \end{vmatrix}_{x_0} \begin{pmatrix} \Delta x_1 \\ \Delta x_2 \end{pmatrix} + \cdots$$

$$= f(x_0) + \nabla f(x_0)^{\mathrm{T}} \Delta x + \frac{1}{2} \Delta \pmb{x}^{\mathrm{T}} \pmb{G}(x_0) \Delta x + \cdots \tag{2-45}$$

式中：

$$\pmb{G}(x_0) = \begin{vmatrix} \dfrac{\partial^2 f}{\partial x_1^2} & \dfrac{\partial^2 f}{\partial x_1 \partial x_2} \\ \dfrac{\partial^2 f}{\partial x_2 \partial x_1} & \dfrac{\partial^2 f}{\partial x_2^2} \end{vmatrix}_{x_0}, \quad \Delta x = \begin{pmatrix} \Delta x_1 \\ \Delta x_2 \end{pmatrix} \tag{2-46}$$

$\pmb{G}(x_0)$ 称为函数 $f(x_1, x_2)$ 在 x_0 点处的 Hessian 矩阵，它是由函数 $f(x_1, x_2)$ 在 x_0 点处的二阶偏导数所组成的方阵。由于函数具有二次连续性，有

$$\frac{\partial^2 f}{\partial x_1 \partial x_2} \bigg|_{x_0} = \frac{\partial^2 f}{\partial x_2 \partial x_1} \bigg|_{x_0} \tag{2-47}$$

因此矩阵 $\pmb{G}(x_0)$ 为对称方阵。

同理，对于多元函数 $f(x_1, x_2, \cdots x_n)$，在点 x_0 处泰勒展开式的矩阵形式为

$$f(x) = f(x_0) + \nabla f(x_0)^{\mathrm{T}} \Delta x + \frac{1}{2} \Delta \pmb{x}^{\mathrm{T}} \pmb{G}(x_0) \Delta x + \cdots \tag{2-48}$$

式中：

$$\nabla f(x_0) = \begin{pmatrix} \dfrac{\partial f}{\partial x_1} & \dfrac{\partial f}{\partial x_2} & \cdots & \dfrac{\partial f}{\partial x_n} \end{pmatrix}_{x_0}^{\mathrm{T}} \tag{2-49}$$

为函数 $f(x)$ 在点 x_0 处的梯度。

$$\pmb{G}(x_0) = \begin{vmatrix} \dfrac{\partial^2 f}{\partial x_1^2} & \dfrac{\partial^2 f}{\partial x_1 \partial x_2} & \cdots & \dfrac{\partial^2 f}{\partial x_1 \partial x_n} \\ \dfrac{\partial^2 f}{\partial x_2 \partial x_1} & \dfrac{\partial^2 f}{\partial x_2^2} & \cdots & \dfrac{\partial^2 f}{\partial x_2 \partial x_n} \\ \vdots & \vdots & & \vdots \\ \dfrac{\partial^2 f}{\partial x_n \partial x_1} & \dfrac{\partial^2 f}{\partial x_n \partial x_2} & \cdots & \dfrac{\partial^2 f}{\partial x_n^2} \end{vmatrix} \tag{2-50}$$

为函数 $f(x)$ 在点 x_0 处的 Hessian 矩阵。

若将函数的泰勒展开式只取到线性项,即取

$$z(x) = f(x_0) + \nabla f(x_0)^T(x - x_0) \tag{2-51}$$

则 $z(x)$ 是过点 x_0 与函数 $f(x)$ 所代表的超曲面的切平面。

2.3.5　数学算例

例题： 求 $f(x) = 4(x_1+1)^2 + 2(x_2-1)^2 + x_1 + x_2 + 10$ 在点 $x^{(0)} = [0, 0]^T$ 的 Hessian 矩阵。

解： 首先根据公式 $(2-50)$ 求出 $f(x)$ 的 Hessian 矩阵得

$$H(f) = \begin{bmatrix} \dfrac{\partial^2 f}{\partial x_1^2} & \dfrac{\partial^2 f}{\partial x_1 \partial x_2} \\[3mm] \dfrac{\partial^2 f}{\partial x_2 \partial x_1} & \dfrac{\partial^2 f}{\partial x_2^2} \end{bmatrix} \tag{2-52}$$

将 $x^{(0)} = [0, 0]^T$ 代入 $H(f)$ 得

$$H(x^{(0)}) = \begin{bmatrix} 8 & 0 \\ 0 & 4 \end{bmatrix} \tag{2-53}$$

2.3.6　程序实现

函数为 $y = 4(x_1+1)^2 + 2(x_2-1)^2 + x_1 + x_2 + 10$,分别对 x_1、x_2 计算一阶偏导和二阶偏导,得到 Hessian 矩阵表达式。Python 程序如下所示:

```
import sympy

y = '4 * (x1 + 1) ** 2 + 2 * (x2 - 1) ** 2 + x1 + x2 + 10'
sub = symbols(f'x1:{3}') # 定义变量
y1 = sympy.diff(y, 'x1') # 求 x1 一阶导
y2 = sympy.diff(y, 'x2')
y11 = sympy.diff(y1, 'x1') # 求 x1 二阶导
y12 = sympy.diff(y1, 'x2') # 求 x1,x2 偏导
y22 = sympy.diff(y2, 'x2')

hessian = [[y11,y12],[y12,y22]] # Hessian 矩阵
```

```
hess_expr = sympy.sympify(hessian)
f = sympy.lambdify(sub, hess_expr, 'numpy')
hess_value = f([0,0])
```

当 $[x_1, x_2]=[0, 0]$ 时，计算得到 Hessian 矩阵的值为 $\begin{bmatrix} 8 & 0 \\ 0 & 4 \end{bmatrix}$。

2.4　凸集、凸函数与凸规划

优化问题一般求解目标函数在某一区域内的最小值，即求全局极小点。函数的局部极小值并不一定就是全局最小值，只有当函数具备某种性质时，两者才等同。

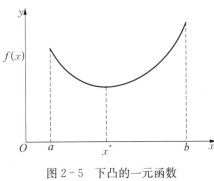

图 2-5　下凸的一元函数

以一元函数为例，设 $f(x)$ 为定义在区间 $[a, b]$ 上的一元函数，其函数图像是下凸的，如图 2-5 所示。从图 2-5 中可以看出它的极小点 x^*，同时也是函数 $f(x)$ 在区间 $[a, b]$ 上的最小点。我们称这样的函数具有凸性。如果 $f(x)$ 具有二阶导数，且 $f''(x) \geqslant 0$，则函数 $f(x)$ 向下凸，这说明函数的凸性可由二阶导数的正负号来判断。为了研究多元函数的凸性，需要介绍凸集的概念。

2.4.1　凸集

2.4.1.1　定义

一个点集（或区域），如果连接其中任意两点 x_1 和 x_2 的线段都包含在该集合内，那么就称该点集为凸集，否则称非凸集，如图 2-6 所示。如果对一切 x_1，$x_2 \in S$ 及一切满足 $0 \leqslant \alpha \leqslant 1$ 的实数 α，点 $\alpha x_1 + (1-\alpha)x_2 = y \in S$，则称集合 S 为凸集。凸集既可以是有界的，也可以是无界的。n 维空间中的 r 维子空间也是凸集，如三维空间中的平面。

2.4.1.2　性质

凸集具有以下性质：

(1) 任意两个凸集的交集仍是凸集，两个凸集的并集不一定是凸集，如

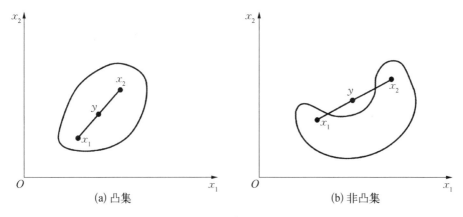

图 2-6　凸集与非凸集

图 2-7 所示。

（2）若 A 是一个凸集，β 是一个实数，a 是凸集 A 中的动点，即 $a \in A$，则集合 $\beta A = \{x \mid x = \beta A, a \in A\}$ 为凸集。

（3）若 A、B 是凸集，a、b 分别是凸集 A、B 中的动点，即 $a \in A, b \in B$，则集合 $A + B = \{x : x = a + b, a \in A, b \in B\}$ 为凸集。

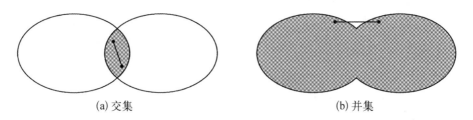

图 2-7　凸集的交集和并集

2.4.2　凸函数

2.4.2.1　定义

对于函数 $f(x)$，如果在联结其凸集定义域内任意两点 x_1、x_2 的线段上，函数值总小于或等于用 $f(x_1)$ 及 $f(x_2)$ 作线性内插所得的值，那么称 $f(x)$ 为凸函数。用数学语言表达为

$$f(\alpha x_1 + (1 - \alpha) x_2) \leqslant \alpha f(x_1) + (1 - \alpha) f(x_2) \tag{2-54}$$

式中：$0 \leqslant \alpha \leqslant 1$。若式(2-54)(其中 $0 < \alpha < 1$)去掉等号，则 $f(x)$ 称作严格凸函数。

一元函数 $f(x)$ 若在 $[a, b]$ 内为凸函数,其函数图像表现为在曲线上任意两点所连直线不会落在曲线弧线以下,如图 2-8 所示。

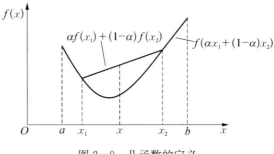

图 2-8　凸函数的定义

2.4.2.2　性质

下面给出凸函数的一些简单性质:

(1) 设 $f(x)$ 为定义在凸集 S 上的一个凸函数,对任意实数 $\alpha > 0$,则函数 $\alpha f(x)$ 也是定义在 S 上的凸函数。

(2) 设 $f(x_1)$ 和 $f(x_2)$ 为定义在凸集 S 上的两个凸函数,则其和 $f(x_1) + f(x_2)$ 也是在 S 上的凸函数。

(3) 对任意两个正数 α 和 β,函数 $\alpha f(x_1) + \beta f(x_2)$ 也是在 S 上的凸函数。

2.4.3　凸性条件

下面研究如何判断一个函数是否具有凸性的问题。

设 $f(x)$ 为定义在凸集 S 上,且具有连续一阶导数的函数,则 $f(x)$ 在 S 上为凸函数的充分必要条件是对凸集 S 内任意不同两点 x_1、x_2,不等式

$$f(x_2) \geqslant f(x_1) + (x_2 - x_1)^{\mathrm{T}} \nabla f(x_1) \tag{2-55}$$

恒成立。

这是根据函数的一阶导数信息——函数的梯度 $\nabla f(x)$ 来判断函数的凸性。也可以用二阶导数信息——函数的 Hessian 矩阵 $G(x)$ 来判断函数的凸性。

设 $f(x)$ 为定义在凸集 S 上且具有连续二阶导数的函数,则 $f(x)$ 在 S 上为凸函数的充分必要条件是 Hessian 矩阵 $G(x)$ 在 S 上处处半正定。

2.4.4　凸规划

2.4.4.1　定义

对于约束优化问题

$$\min f(x)$$
$$\text{s. t.} \quad g_j(x) \leqslant 0 \quad (j=1, 2, \cdots, m) \tag{2-56}$$

若 $f(x)$、$g_j(x)(j=1, 2, \cdots, m)$ 都为凸函数,则称此问题为凸规划。

2.4.4.2　性质

(1) 若给定一点 x_0,则集合 $\boldsymbol{S} = \{x \mid f(x) \leqslant f(x_0)\}$ 为凸集。此性质表明,当 $f(x)$ 为二元函数时其等值线呈现大圈套小圈形式。

证明:取集合 $\boldsymbol{S}$ 中任意两点 x_1、x_2,则有 $f(x_1) \leqslant f(x_0)$,$f(x_2) \leqslant f(x_0)$。由于 $f(x)$ 为凸函数,又有

$$f[\alpha x_1 + (1-\alpha)x_2] \leqslant \alpha f(x_1) + (1-\alpha)f(x_2)$$
$$\leqslant \alpha f(x_0) + (1-\alpha)f(x_0) = f(x_0) \tag{2-57}$$

即点 $x = \alpha x_1 + (1-\alpha)x_2$ 满足 $f(x) \leqslant f(x_0)$,故在集合 $\boldsymbol{S}$ 之内。根据凸集定义,$\boldsymbol{S}$ 为凸集。

(2) 可行域 $\boldsymbol{R} = \{x \mid g_j(x) \leqslant 0 \quad j=1, 2, \cdots, m\}$ 为凸集。

证明:在集合 $\boldsymbol{R}$ 内任取两点 x_1、x_2,由于 $g_j(x)$ 为凸函数,因此有

$$g_j(\alpha x_1 + (1-\alpha)x_2) \leqslant \alpha g_j(x_1) + (1-\alpha)g_j(x_2) \leqslant 0 \tag{2-58}$$

即点 $x = \alpha x_1 + (1-\alpha)x_2$ 满足 $g_j(x) \leqslant 0$,故在集合 $\boldsymbol{R}$ 之内。根据凸集定义,$\boldsymbol{R}$ 为凸集。

(3) 凸规划的任何局部最优解就是全局最优解。

证明:设 x_1 为局部极小点,则在 x_1 某邻域 r 内的点 x 有 $f(x) \geqslant f(x_1)$。假设 x_1 不是全局极小点,设存在 x_2 有 $f(x_1) > f(x_2)$,由于 $f(x)$ 为凸函数,因此有

$$f[\alpha x_1 + (1-\alpha)x_2] \leqslant \alpha f(x_1) + (1-\alpha)f(x_2)$$
$$< \alpha f(x_1) + (1-\alpha)f(x_1) = f(x_1) \tag{2-59}$$

当 $\alpha \to 1$ 时,点 $x = \alpha x_1 + (1-\alpha)x_2$ 进入 x_1 邻域 r 内,则将有

$$f(x_1) \leqslant f(\alpha x_1 + (1-\alpha)x_2) < f(x_1) \tag{2-60}$$

这显然是矛盾的,所以不存在 x_2 使 $f(x_1) > f(x_2)$,从而证出 x_1 应为全局极小点。

习题

2 - 1 求下列函数的导数：

(1) $y = (x-1)^2(x-2)^2$。

(2) $y = \dfrac{2x}{x^2+1} - 2$。

2 - 2 求下列函数的梯度及 Hessian 矩阵：

(1) $f(x) = 2x_1^2 + x_1x_2 + 9x_1x_3 + 3x_2^2 + x_2x_3 + 2x_2$。

(2) $f(x) = \ln(x_1^2 + x_1x_2 + x_2^2)$。

(3) $f(x) = x_1^2 + 2x_1x_2 + 3x_2^2 - x_1 + x_2$。

2 - 3 判断下列函数是否为凸函数：

(1) $f(x_1, x_2) = x_1^2 - 2x_1x_2 + x_2^2 + x_1 + x_2$。

(2) $f(x_1, x_2) = x_1^2 - 4x_1x_2 + x_2^2 + x_1 + x_2$。

(3) $f(x_1, x_2) = x_1 e^{-(x_1+x_2)}$。

(4) $f(x_1, x_2, x_3) = x_1x_2 + 2x_1^2 + x_2^2 + 2x_3^2 - 6x_1x_3$。

2 - 4 写出函数 $f(x_1, x_2) = x^4 + x_1x_2 + (1+x_2)^2$ 在点$(0,0)$处带皮亚诺余项的一阶及二阶泰勒公式。

第 3 章　无约束优化方法

无约束优化问题是优化设计中的一类基本问题,即在没有任何状态约束条件限制下,求取目标函数的最优值。按照求解原理的不同,可分为直接求解法和间接求解法。直接求解法利用函数值求解无约束优化问题,常见的方法包括坐标轮换法、鲍威尔法。间接求解法利用目标函数的导数,依赖梯度原理求解无约束优化问题,常见的方法包括梯度法、牛顿法、共轭梯度法、变尺度法。本章详细介绍这些方法的基本原理与算法实现。

3.1　概述

从数学模型的角度出发,利用解析法进行数学计算(导数、微分等),得到优化问题的最优解是最直接的思路。但在很多实际的工程优化问题中,数学模型难以使用解析法求解,目标函数和约束条件不止一个且形式复杂,存在大量鞍点和局部最优点,此时进行数学解析非常不便甚至无解。另外,对原始工程机理无法通过显式的数学模型进行描述,如一些通过实验数据拟合建立的黑箱模型,几乎不可能采用解析法去求解。在这种情况下,需要使用以迭代思想为核心的数值解法,以一个或多个初始解为起点,通过一系列的计算、比较,按照特定的更新原则修正之前得到的解,逐步改进直至逼近最优解,最终得到最优解的近似解。数值法也可以用于解决无法直接用数学模型描述的优化问题,如前面提到的黑盒优化问题。

实际上,作为一个建模、优化、验证的综合性工作,对于复杂工程系统的优化设计只能做出近似的数学描述,无法将所有的变量参数以及约束全部考虑并融合进模型当中。从这个角度来看,试图用解析法从数学原理上求解这样一个近似模型并不容易、也无意义。因为数学模型本身是近似得来的,所以使用数值解法以一组解为起点,结合迭代逼近的思想,设置合理的迭代终止准则以保证求解的时效性,是解决各种类型优化问题的基本方法。

3.1.1 迭代思想

无约束优化方法是按照数学规划的思路对无约束优化问题进行迭代求解，即给定一个初始设计点 x^0，从该设计点出发，在设计空间内沿着一定的搜索方向和步长前进到下一个设计点，即完成一轮迭代。由 x^0 更新得到下一个设计点 x^1 的迭代公式为

$$x^1 = x^0 + \alpha_0 \boldsymbol{d}^0 \tag{3-1}$$

式中：$\boldsymbol{d}^0$ 表示以 x^0 为起点进行搜索的方向；α_0 表示搜索的步长。将式(3-1)推广到整个迭代过程中，对于经过 k 轮迭代得到的设计点 x^k，更新得到 x^{k+1} 的公式为

$$x^{k+1} = x^k + \alpha_k \boldsymbol{d}^k \tag{3-2}$$

在式(3-2)中，方向变量 $\boldsymbol{d}^k$ 是由不同优化方法决定的，不同优化方法更新设计点的原理不同，因此适用的问题类型也有所差异，迭代效率和优化效果也不尽相同。当前设计点 x^k 是已知的，确定好搜索方向 $\boldsymbol{d}^k$ 后该更新公式中唯一的未知变量就是搜索步长 α_k 了。为了找到当前搜索方向在目标空间上的极小值，就需要将当前设计点 x^k、搜索方向 $\boldsymbol{d}^k$ 代入目标函数，以步长 α_k 为未知量，计算无约束优化最小值。此时的问题简化为一元函数极值问题，即一维搜索问题。

3.1.2 一维最优搜索

对于确定的搜索方向 $\boldsymbol{d}^k$，得到最优步长 α_k 的过程实际就是求一元函数：

$$f(x^{k+1}) = f(x^k + \alpha_k \boldsymbol{d}^k) = \varphi(\alpha_k) \tag{3-3}$$

的极值问题，又称为一维搜索。一元目标函数的极值点需要通过一维搜索进行求解，而当问题推广到对多元函数极值点的求解时，则需要在每个设计变量维度上分别求解一维搜索问题，从而确定沿每个搜索方向的最优步长。因此，一维搜索是求解优化搜索问题的基础。

对于一维搜索问题，最直接的求解方法是解析法。即利用一元函数的极值条件 $\varphi'(\alpha^*) = 0$，求解最优步长 α^*。值得注意的是，函数 $\varphi(\alpha_k)$ 是将第 k 轮迭代的坐标 x^k 代入目标函数后得到的关于 α_k 的一元函数，其导函数在极值条件下的方程的解为最优步长 α^* 的值。尽管解析法的思路简单，求解方法清晰，但是缺点在于需要先计算函数的导数。在函数不复杂的情况下这种方法是可行

的,然而对于函数构成较为复杂的模型,求导计算较为困难甚至存在无法求导的情况,解析法则无法适用。实际上,在利用计算机程序求解优化问题时,在迭代中多次出现导数计算将使计算效率降低,不利于求解复杂问题。

工程上求解优化问题时,最优步长的确定主要采用数值法,即利用计算机反复迭代计算逼近最优步长的近似值。数值法的基本思路:先确定最优步长 α^* 的大致搜索区间,在此区间的基础上按照一定的区间缩小准则,缩小搜索区间范围,直至逼近 α^* 的数值近似解。

1) 确定搜索区间

利用数值法确定一维搜索问题的最优极值点,需要先确定搜索的初始区间,在此基础上不断缩小搜索区间,逼近极值点。对于一个一元函数 $\varphi(a)$,考虑其

具有全局最优值,并假设为单谷极小值,即初始搜索区间内部包含唯一的极小值点 a^*,如图 3-1 所示。要确定 a^* 所在的初始搜索区间 $[a,b]$,就要求函数在该区间上呈现"高低高"的变化趋势,最低点即为极小值点 a^* 的位置。

具体确定搜索区间的方式是从 $a=0$ 开始,以初始步长为 s_0 代入函数。如果函数值变大,则步长变号,即改变搜索

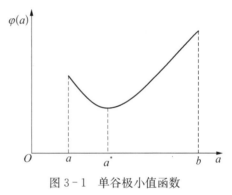

图 3-1　单谷极小值函数

方向,称为反向搜索;如果函数值变小,搜索区间的起始点和中间点向搜索方向前进一个步长,并沿着原搜索方向继续试探,每次试探的步长都放大为上一次试探的 2 倍,直至函数值大于上一次试探的函数值为止,作为搜索区间的终点,称为正向搜索。在搜索停止后得到搜索区间的三个关键点:起始点、中间点、终点。

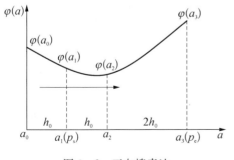

图 3-2　正向搜索法

下面分别讨论正向搜索法和反向搜索法。如图 3-2 所示为正向搜索法,首先以 $a_0=0$ 为起始点 p_s,中间点 p_m 为 $a_1=s_0$。由 a_0 前进 s_0 到 a_1,由于 $\varphi(a_1) < \varphi(a_0)$,因此搜索区间起始点和中间点都沿搜索方向前进一个当前步长 s_0。此时,搜索区间起始点 p_s 更新为 a_1,中间点 p_m 更新为 $a_2=a_1+$

$s_0 = 2s_0$。继续前进 $2s_0$ 得到 a_3，此时 $\varphi(a_3) > \varphi(a_2)$，终止搜索，$a_3$ 为搜索空间的终点 p_e，即搜索区间 $[p_s, p_e]$。

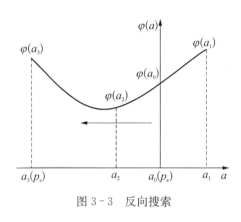

图 3-3 反向搜索

如图 3-3 所示为反向搜索，以 $a_0 = 0$ 为起点首先沿着正方向前进 s_0 到 a_1，由于 $\varphi(a_1) > \varphi(a)$，因此改变搜索方向，最终得到搜索区间 $[p_s, p_e]$。

2）区间消去

在确定初始搜索区间后，通过迭代的方式逐步缩小区间直至逼近最优解，得到极小值解的数值近似，该过程又称为区间消去，如图 3-4 所示。假设已确定的初始搜索区间为 $[p_s, p_e]$，在该区间上任取两点 p_1 和 $p_2(p_1 < p_2)$，计算对应的函数值 $\varphi(p_1)$ 和 $\varphi(p_2)$，讨论下述三种情况：

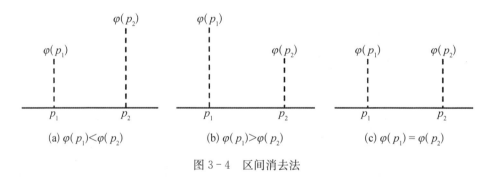

图 3-4 区间消去法

（1）$\varphi(p_1) < \varphi(p_2)$，如图 3-4(a)所示，对于单谷极小值问题，可将搜索区间缩小为 $[p_s, p_2]$，即舍弃 $[p_2, p_e]$ 部分。

（2）$\varphi(p_1) > \varphi(p_2)$，如图 3-4(b)所示，可将搜索区间缩小为 $[p_1, p_e]$，舍弃 $[p_s, p_1]$ 部分。

（3）$\varphi(p_1) = \varphi(p_2)$，如图 3-4(c)所示，此时 p_1 和 p_2 恰好分布在单谷的两侧，可将搜索区间缩小为 $[p_1, p_2]$。

按照上述方式迭代，搜索区间的范围会随着迭代轮数的增长而逐渐缩小，直至区间逼近极小值点，达到迭代上限或设定的区间精度后可以得到极小值的近似解，即为一维搜索问题的最优解。

综上所示,区间消去需要每次在搜索区间内选择两个点,分别计算对应的函数值从而分情况判断向哪个方向收缩区间范围。适当且合理地选择计算点,区间收缩的效率优于随机选择。常用的按照特定规律选择区间内点的一维搜索方法包括黄金分割法、斐波那契法等。以下我们将介绍黄金分割法的原理与程序设计,该方法也是本书所有涉及使用一维搜索法时采用的方法。

3.1.3　黄金分割法

黄金分割法又称 0.618 法,非常适用于单谷极值问题,是一维搜索的常用方法。黄金分割法的基本思路和搜索区间的确定与消去流程相同,区别在于区间消去时采用黄金分割原则。下面介绍黄金分割法的原理、步骤及算法实现。

1) 方法原理

对于一个给定的搜索区间 $[p_s, p_e]$,黄金分割法要求在区间内选择的点 p_1 和 p_2 满足式(3-4):

$$\begin{cases} p_1 = p_e - \delta(p_e - p_s) \\ p_2 = p_s + \delta(p_e - p_s) \end{cases} \tag{3-4}$$

式中:δ 为常数,称为黄金分割。

黄金分割法要求每次分割区间的点将区间划分出来的比例相同,每次划分区间选择的点中,有一个会作为下一轮区间划分的一个点。具体地,以初始搜索区间 $[p_s, p_e]$ 为例,假设原始区间长度为1,首先按照黄金分割得到划分后的三段区间以及每段区间所占总区间的比例,如图3-5所示。

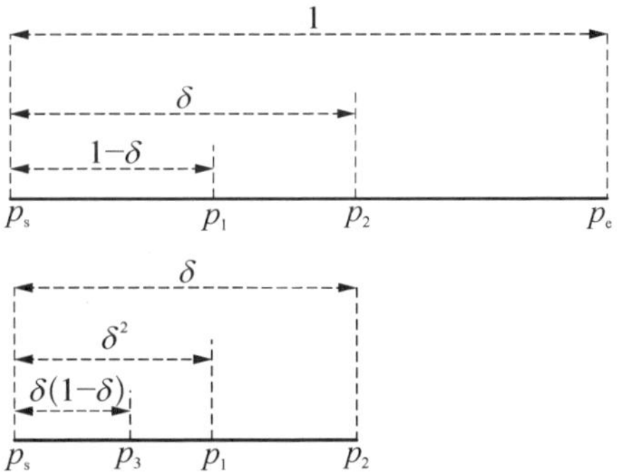

假设更新后的区间为 $[p_s, p_2]$,区间长度为 δ,p_1 被保留作为新的分割点之一,为了保持相同的分割比例,新的分割点 p_3 取在 $\delta(1-\delta)$,而 p_1 位置在 δ^2,

图3-5　黄金分割法的原始区间

其在原区间的位置为 $(1-\delta)$,因此有等式:

$$1 - \delta = \delta^2 \tag{3-5}$$

成立,其正解为 $\delta = \dfrac{\sqrt{5}-1}{2} \approx 0.618$。

同理,保留其他区间,均可计算得到常数 δ 的值,称为黄金分割比。按照黄金分割比对区间进行划分可以保证区间在迭代消去的过程中保证划分的比例不变。

2) 方法步骤

黄金分割法的方法流程如图 3-6 所示。具体步骤如下:

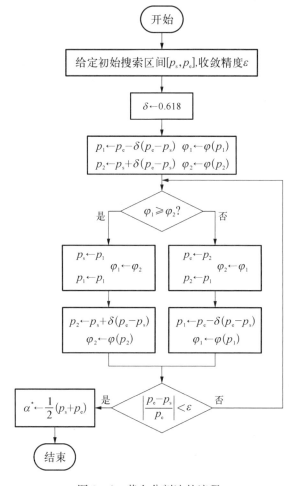

图 3-6　黄金分割法的流程

(1) 给定初始搜索区间 $[p_s,\ p_e]$ 与收敛精度 ε,常数 $\delta=0.618$。

(2) 按照黄金分割计算公式计算分割点 p_1 和 p_2,并计算对应的函数值 $\varphi(p_1)$ 和 $\varphi(p_2)$。

(3) 根据区间消去法更新搜索区间,需要注意的是每一轮迭代都有一个分割点直接作为下一代的一个分割点。

（4）计算区间长度是否小于收敛精度，如满足，则取最后一个搜索区间的中点作为极小值点的数值近似；如不满足则返回步骤（2）。

3）算法实现

黄金分割法一般与优化算法联合使用，作为求解一个多元函数极值的基本算法。在程序设计上，首先给定步长的原始区间，为了同时考虑正向搜索和反向搜索，初始区间关于原点对称。更新区间范围过程按照区间消去和黄金分割的原则迭代进行，对给定的黄金分割法精度，当区间长度缩小至小于该精度时停止迭代，极小值的近似数值解为当前区间的中点。

初始化黄金分割法参数如下：搜索步长的范围参数为 step_range，收敛精度参数为 gold_precision，黄金分割比 $\delta = 0.618$，由初始搜索区间确定的分割点为 p_1 和 p_2。Python 程序如下所示：

```
def golden_ratio(target, x, step_range, gold_precision):
    a = - step_range
    b = step_range
    e = gold_precision
    ratio = 0.618
    p1 = a + (1 - ratio) * (b - a)
    p2 = a + (b - a) * ratio
```

对搜索区间的长度进行判断，当区间的长度小于收敛精度时终止迭代，将搜索区间的中点（参数为 midpoint），作为一维最优搜索的步长（参数为 best_step）。Python 程序如下所示：

```
while True:
    # 如果搜索区间长度在精度范围内，那么直接得到最优步长
    if (b - a) <= e:
        midpoint = (a + b) / 2
        best_step = midpoint
        break
```

当区间的长度大于收敛精度时，利用黄金分割缩小区间长度。当分割点

p_2 的函数值优于分割点 p_1 的函数值时,将分割点 p_1 作为新的搜索区间起点, 再用分割点 p_2 更新分割点 p_1,按照黄金分割比得到新的分割点 p_2;当分割点 p_1 的函数值优于分割点 p_2 的函数值时,将分割点 p_2 作为新的搜索区间终点, 再用分割点 p_1 更新分割点 p_2,按照黄金分割比得到新的分割点 p_1,完成一轮黄 金分割从而得到新的搜索区间,直至区间长度小于收敛精度①。

Python 程序如下所示:

```
# 如果搜索区间长度在精度范围外,那么黄金分割缩小搜索区间
elif (b - a) > e:
    # 分割点 p2 更优,保留点 b 并使 p2 替代 p1,构造新的搜索区间
    if target.subs(x, p1) >= target.subs(x, p2):
        a = p1
        p1 = p2
        p2 = a + ratio * (b - a)
    # 分割点 p1 更优,保留点 a 并使 p1 替代 p2,构造新的搜索区间
    elif target.subs(x, p1) <= target.subs(x, p2):
        b = p2
        p2 = p1
        p1 = a + (1 - ratio) * (b - a)
return best_step
```

例题: 利用黄金分割法求解函数

$$\varphi(x) = x^2 + 2x \tag{3-6}$$

在给定搜索区间 $[-3, 3]$ 上的极小值点 x^*,区间精度为 10^{-3}。

解: 初始化问题的函数、自变量,以及搜索区间、区间精度,利用黄金分割法 求解极小值点。Python 程序如下所示:

---

① 在本书的程序设计中,对目标函数的书写按照符号化表达,调用符号表达库 sympy。在进行函 数值的赋值与替换时,以黄金分割法中计算一维目标函数的程序为例,Python 程序如下所示:

```
target.subs(x, p1)
```

其中,target 是以 x 为自变量的一维函数表达式,p_1 为一个黄金分割点坐标。该程序得到当 $x = p_1$ 时, target 的函数值。

```
x = Symbol("x")
function = x ** 2 + 2 * x
golden_ratio(function, x, 3, 0.001)
```

计算得到在$[-3,3]$上的极小值点的数值近似解为-1.000。

3.1.4　终止准则

根据搜索方向和步长迭代更新设计点,逐步逼近最优点获得近似解,还需要考虑迭代的终止准则。任何寻优算法都需要基于一定的终止准则控制寻优算法迭代的继续或结束,如果当前解足够逼近最优解,那么从优化求解的时效性考虑,就应终止算法的进行并得到优化问题的数值近似解,此时认为算法已经达到收敛。一般采取以下几种迭代终止准则。

1) 点距准则

当相邻两次迭代得到的设计点间的距离足够接近时,则认为算法此时已足够逼近近似解,继续运行算法对设计点的更新并不会有太大价值,并将当前设计点作为最优设计点,终止迭代。计算相邻两代设计点的坐标二范数,即欧氏距离,给定任意正数 ε 作为收敛精度,终止判据为式(3-7):

$$\| x^{(k+1)} - x^{(k)} \| < \varepsilon \tag{3-7}$$

判据式(3-7)说明,当第 k 与第 $k+1$ 轮迭代的设计点间的欧氏距离大于收敛精度 ε 时,说明寻优算法还在进行有效的迭代点更新,即更新的迭代点仍在朝更优的方向前进;当距离小于收敛精度 ε 时,说明寻优算法达到收敛要求,即终止迭代。

2) 目标值准则

在得到每一代设计点后,可根据当前的设计点计算出当前的目标函数值。以极小化优化为例,当目标函数经过优化算法的充分优化后,已经下降到足够小,继续迭代目标函数值几乎无下降空间,终止迭代。计算相邻两代设计点对应的目标函数值之差,终止判据如下:

$$| f(x^{k+1}) - f(x^k) | < \varepsilon \tag{3-8}$$

当相邻两轮迭代的目标函数值之差小于收敛精度 ε 时,则算法终止,否则将继续迭代。注意,无论是点距准则还是目标值准则,均可在现有的判据基础上,改为相对值进行判断,以目标值准则为例,其改为相对值后的判据式为

$$\left| \frac{f(x^{k+1}) - f(x^k)}{f(x^k)} \right| < \varepsilon \qquad (3-9)$$

改写后的判据式(3-9)的优点在于不受函数值或坐标值自身大小的影响，便于设计收敛精度。

3) 梯度准则

当某轮迭代后得到的目标函数在设计点处的梯度充分小时，则认为当前设计点已经位于目标函数的谷底，无法继续优化。计算当前迭代轮数的目标函数梯度的二范数，终止判据为式(3-10)：

$$\| \nabla f(x^k) \| < \varepsilon \qquad (3-10)$$

需要提醒读者的是，梯度准则一般用于基于梯度的优化方法，在这些方法中目标函数得以优化的"驱动"是函数的梯度，如梯度下降法(也称最速下降法)，故可用梯度准则作为终止判据。而对于不使用梯度进行优化的方法而言，梯度准则可能会出现与迭代进度不匹配的情况，因此不适合使用梯度准则。

4) 迭代上限准则

控制迭代轮数的上限，让算法在执行完固定的轮数后，无论是否满足前述的三个准则，都停止迭代，将当前的设计点作为最终的设计点。迭代上限准则常与前述三种准则结合使用：一方面是防止算法由于错误等各种原因无法收敛使迭代无法停止导致崩溃；另一方面是防止收敛精度设置不当导致算法明明已经成熟收敛，但由于收敛精度的设计值不当，导致算法无法自动停止。

3.2　坐标轮换法

3.2.1　方法原理

如果将各个设计变量作为空间坐标系中彼此正交的坐标维度，那么坐标轮换法，顾名思义指以起始搜索点为初始位置，每次搜索方向仅在一个坐标维度上发生变化，其余坐标值均保持不变。因此坐标轮换法是一种沿坐标方向轮流进行搜索的寻优方法，即将多个变量的寻优问题轮流转化为单变量的优化问题。每轮寻优仅改变一个坐标维度上的坐标值(变量)，依次迭代直至达到优化目标或满足收敛准则，因此这种方法又称为变量轮换法。在该方法进行搜索的过程中，由于设计变量的更新方向是确定的，因此无须计算目标函数的导数，只需要根据每个设计变量的取值计算目标函数的数值。

坐标轮换法的基本思想和特征归纳如下：

（1）坐标轮换法每次搜索只允许一个变量发生改变，其余变量均保持不变，即沿坐标方向轮流进行搜索的寻优方法。

（2）坐标轮换法把多变量的优化问题轮流地转化成了单变量的优化问题。

（3）坐标轮换法属于直接搜索法，即只需要目标函数的数值信息而不需要目标函数的导数信息，降低了计算的复杂度。

（4）在坐标轮换法中，迭代方向 s 取为一系列按序号排列的坐标轴方向，通常都用单位矢量 e_i 作为迭代的方向矢量。对于 n 维优化问题，当 n 个坐标轴方向依次取过一次后，称为完成了一轮迭代。

3.2.2　方法步骤

图 3-7 为坐标轮换法的流程图。下面以二元函数 $f(x_1, x_2)$ 为例阐述坐标轮换法的寻优步骤，令初始点为 $x_0^{(1)}$：

（1）沿第一个坐标轴的方向 $e_1 = [1, 0]^{\mathrm{T}}$ 做一维搜索，用一维优化方法确定最优步长 $\alpha_1^{(1)}$，得到一轮搜索的第一个迭代点：

$$x_1^{(1)} = x_0^{(1)} + \alpha_1^{(1)} e_1 \qquad (3-11)$$

（2）以 $x_1^{(1)}$ 为新起点，沿第二个坐标轴的方向 $e_2 = [0, 1]^{\mathrm{T}}$ 做一维搜索，确定步长 $\alpha_2^{(1)}$，得到一轮搜索的第二个迭代点，从而完成一轮完整的迭代：

$$x_2^{(1)} = x_1^{(1)} + \alpha_2^{(1)} e_2 \qquad (3-12)$$

（3）基于点距收敛准则判断是否达到收敛，若满足收敛条件，则输出当前搜索点；若不满足收敛条件，则返回步骤（1），开始新的一轮搜索。

在图 3-7 中，右上角括号内的数字表示轮数，右下角数字表示在该轮中的第几个迭代点号。

坐标轮换法除了可通过一维最优搜索计算最优步长，还可采取加速步长。首先选择一个不大的初始步长 α_0，在每次一维搜索中都是先沿正向从 α_0 开始做试探，若函数值下降，则以倍增的速度加大步长，步长序列依次设计为 α_0、$2\alpha_0$、$3\alpha_0$、$4\alpha_0$⋯直到函数值保持下降的最后一个步长为止。

3.2.3　数学算例

例题：用坐标轮换法求目标函数

$$F(x) = x_1^2 + x_2^2 - x_1 x_2 - 10x_1 - 4x_2 + 60 \qquad (3-13)$$

的最小值，给定初始点 $x^{(0)} = [0, 0]^{\mathrm{T}}$，精度要求 $\varepsilon = 0.1$。

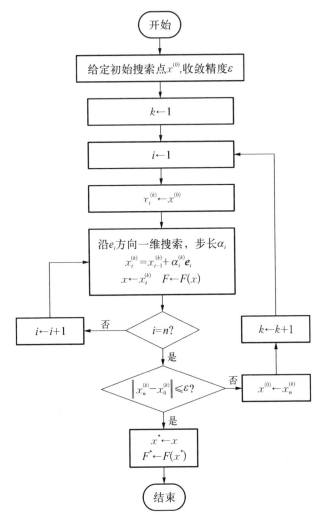

图 3-7　坐标轮换法的流程图

解：沿 e_1 方向进行一维搜索

$$x_1^{(1)} = x_0^{(1)} + \alpha_1 e_1 \qquad (3-14)$$

式中：$x_0^{(1)}$ 为第一轮的起始点，取 $x_0^{(1)} = x^{(0)}$，则

$$x_1^{(1)} = \begin{bmatrix} 0 \\ 0 \end{bmatrix} + \alpha_1 \begin{bmatrix} 1 \\ 0 \end{bmatrix} = \begin{bmatrix} \alpha_1 \\ 0 \end{bmatrix} \qquad (3-15)$$

做第一轮迭代计算：

$$\min F(x_1^{(1)}) = \alpha_1^2 - 10\alpha_1 + 60 \tag{3-16}$$

令式(3-16)一阶导数为零：$2\alpha_1 - 10 = 0$，得到 $\alpha_1 = 5$，由此得到第一轮迭代的第一个坐标轮换结果：

$$x_1^{(1)} = \begin{bmatrix} 5 \\ 0 \end{bmatrix} \tag{3-17}$$

以 $x_1^{(1)}$ 为新起点，沿 e_2 方向一维搜索：

$$x_2^{(1)} = x_1^{(1)} + \alpha_2 e_2 = \begin{bmatrix} 5 \\ 0 \end{bmatrix} + \alpha_2 \begin{bmatrix} 0 \\ 1 \end{bmatrix} = \begin{bmatrix} 5 \\ \alpha_2 \end{bmatrix} \tag{3-18}$$

以最优步长原则确定 α_2，在此采用极小化的方式确定步长大小：

$$\min F(x_1^{(1)}) = \alpha_2^2 - 9\alpha_2 + 35$$
$$\alpha_2 = 4.5 \tag{3-19}$$

由此得到第一轮迭代的终止点 $x_2^{(1)} = \begin{bmatrix} 5 \\ 4.5 \end{bmatrix}$，对第一轮迭代进行终止检查：

$$\| x_2^{(1)} - x_0^{(1)} \| = \sqrt{5^2 + 4.5^2} = 6.7 > \varepsilon \tag{3-20}$$

由于当前点距大于收敛精度，因此迭代继续进行。根据第一轮迭代的方式进行接下来的迭代，分别得到第二轮的迭代终止点 $[7.25, 5.63]$，第三轮迭代终止点 $[7.81, 5.91]$，第四轮的迭代终止点 $[7.95, 5.98]$，第五轮迭代终止点 $[7.988, 5.998]$。对第五轮迭代进行终止检查：

$$\| x_2^{(5)} - x_0^{(5)} \| = 0.041\,3 < \varepsilon \tag{3-21}$$

满足当前点距小于收敛精度，故根据点距终止准则迭代结束，综上得到近似最优解：

$$x^* = x_2^{(5)} = \begin{bmatrix} 7.988 \\ 5.998 \end{bmatrix} \tag{3-22}$$
$$F^* = F(x^*) = 7.950$$

3.2.4　程序实现

1) 坐标轮换法类初始化

初始化算法参数如下：

（1）搜索起始点参数为 start_point，作为第一轮寻优搜索的原始迭代点，该点的具体数值设置可依据一定的先验知识，确定最优点的大致范围。

（2）点距收敛精度参数为 threshold，用于作为点距准则判断寻优算法是否继续进行。

（3）迭代上限参数为 times，用于作为迭代轮数准则控制寻优算法是否继续进行，完成一轮对每个坐标维度的更新后即完成一轮迭代。

（4）步长范围参数为 step_range，用于在进行选取迭代步长的一维最优搜索时给定搜索的初始区间。在不确定最优的设计变量区间范围时，可以通过设置较大的步长范围来搜寻最优设计变量的估计值，作为进一步高精度寻优的起点；而当确定了最优设计变量的大致取值，进行高精度寻优搜索时，可以设计较小的步长范围，用以进行小步长的寻优，提高优化精度。

（5）黄金分割法精度参数为 gold_precision，用于控制黄金分割法的寻优精度。设置较小的黄金分割法精度可以使得到的步长大小更合适，但会在一定程度上提高计算量，降低寻优速度。

（6）步长符号变量参数为 alpha，用于在迭代过程中和上一代坐标值相加从而更新坐标变量。

（7）设计变量维度参数为 dim，即目标设计变量的维度数。

Python 程序如下所示：

```python
Class univariate_search():
def __init__(self, function, start_point, threshold, times,
          step_range, gold_precision):
    self.function = sympify(function)
    self.start_point = start_point
    self.threshold = threshold
    self.times = times
    self.step_range = step_range
    self.gold_precision = gold_precision
    self.alpha = Symbol('alpha')
    self.dim = len(start_point)
```

2）最优步长求解

在坐标轮换法类中引入黄金分割法作为一维搜索方法，黄金分割法在本章一维搜索章节已经介绍，将 golden_ratio 写入坐标轮换法类。Python 程序如下所示：

```
def golden_ratio(self, target):...
```

3）坐标轮换法主体

首先给出坐标轮换法的重要参数：自变量的符号化表达 symbol_x[①]，用于将函数中的未知自变量替换成其他表达式或具体的值；算法当前迭代运行的轮数 time，根据迭代的轮数判断算法是否继续进行；坐标轮换法的初始迭代点 start_point；前后两轮迭代点间的距离 distance。Python 程序如下所示：

```
def algorithm_run(self):
    symbol_x = self.symbol_save()
    time = 0
    x = self.start_point
    distance = float('inf')
```

当前迭代的轮数达到迭代上限或两轮迭代得到的搜索点之间的距离小于收敛精度则终止迭代，否则继续更新当前轮换的坐标：需要轮换的坐标用当前坐标的实际值加上步长进行替换；而对于无须进行轮换的坐标，直接用当前坐标的实际值替换，由此实现迭代过程中的坐标轮换，从而更新目标函数的一维表达式。通过黄金分割法求解一维最优问题，得到最优步长，更新搜索点。Python

---

① 基于 sympy 符号表达库，对要使用符号化表达函数的算法，在每个算法类中引入 symbol_save。将设计变量 $X = [x_1, x_2, \cdots, x_n]$，分别以符号变量 x_1、x_2… 的形式保存在 symbol_x 中，便于直接对自变量赋值、替换、计算多阶导数。Python 程序如下所示：

```
def symbol_save(self):
    # 以符号表达方式存储自变量
    dim = len(self.start_point)
    symbol_x = []
    for i in range(dim):
        xi = 'x' + str(i + 1)
        symbol_x.append(Symbol(xi))
    return symbol_x
```

程序如下所示：

```
while (distance > self.threshold) and (time < self.times):
    # 保存上一代坐标值用于做终止准则判断
    x_last = x[:]
    for i in range(self.dim):
        target = self.function
        for j in range(self.dim):
            if j == i:
                target = target.subs(symbol_x[j], x[j] +
                                        self.alpha)
            elif j! = i:
                target = target.subs(symbol_x[j], x[j])
        # 根据黄金分割法确定最优步长并更新坐标值
        best_step = self.golden_ratio(target)
        x[i] = x[i] + best_step
```

计算前、后两轮迭代的搜索点之间的欧式距离，用于判断点距准则；更新迭代轮数，判断迭代上限准则。每完成一轮迭代，进行对点距和迭代轮数进行判断，满足继续执行的要求则继续进行寻优，满足终止条件后，输出最优解。Python 程序如下所示：

```
    res  = [i - j for i, j in zip(x_last, x)]
    error = 0
    for item in res:
        error + = item ** 2
    distance = sqrt(error)
    time + = 1
return x
```

4）算法运行

针对 3.2.3 节中给出的数学算例，用坐标轮换法类进行参数的初始化。Python 程序如下所示：

```
function = 'x1 ** 2 + x2 ** 2 - x1 * x2 - 10 * x1 - 4 * x2 + 60'
start_point = [0, 0]
threshold = 1e-1
times = 100
step_range = 1
gold_precision = 1e-5
algorithm = univariate_search(function, start_point, threshold,
                              times, step_range, gold_precision)
```

实例化算法类,并运行算法主函数,坐标轮换法设计点迭代过程如图 3-8 所示。

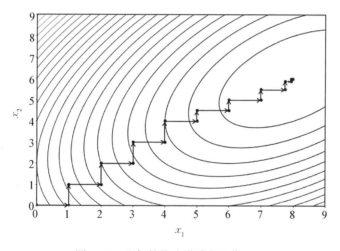

图 3-8　坐标轮换法设计点迭代过程

得到最优的设计变量坐标值和目标函数值,并保留三位小数得到

$$x = [7.996, 5.998]$$
$$F(x) = 8.000 \tag{3-23}$$

3.3　鲍威尔法

3.3.1　方法原理

作为直接求解法的一种,鲍威尔法直接利用函数值来构造共轭方向进行最优搜索,因此鲍威尔法又称为共轭方向法。下面介绍共轭方向的定义和几何

意义。

设 A 为 $n \times n$ 阶对称正定矩阵，如果有两个 n 维非零矢量 S_1 和 S_2，满足

$$S_1^T A S_2 = 0 \qquad (3-24)$$

则称矢量 S_1 和 S_2 为矩阵 A 的共轭方向。若有一组非零矢量 S_1，S_2，$\cdots$，S_n，满足

$$S_i^T A S_j = 0 \quad (i \neq j) \qquad (3-25)$$

则称矢量系 $S_i (i=1, 2, \cdots, n)$ 为矩阵 A 的共轭矢量系。特别地，若 $A = I$ 则矢量系 $S_i (i=1, 2, \cdots, n)$ 称为正交矢量系，因此共轭是正交的推广。

从几何意义的角度对共轭方向的概念有更好的理解，以带有正定矩阵的二元二次函数为例讨论共轭方向以及共轭搜索的意义：

$$F(x) = \frac{1}{2} x^T A x + B^T x + C \qquad (3-26)$$

式中：$x = [x_1, x_2]^T$，$B = [b_1, b_2]^T$，$A = \begin{bmatrix} a_{11} & a_{12} \\ a_{21} & a_{22} \end{bmatrix}$。

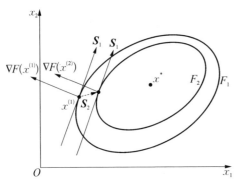

图 3-9 在二维情况下的共轭方向

由于矩阵 A 对称正定，因此等值线为一组同心椭圆，取其中值为 F_1、F_2 的两条等值线为例，在二维情况下的共轭方向如图 3-9 所示。

现按照任意给定的方向 S_1，作 $F(x) = F_1$ 与 $F(x) = F_2$ 两条等值线的切线，两切线相互平行，切点为 $x^{(1)}$、$x^{(2)}$。连接两切点构成新的矢量：

$$S_2 = x^{(1)} - x^{(2)} \qquad (3-27)$$

函数 $F(x)$ 在两点处的梯度分别为

$$\begin{aligned} \nabla F(x^{(1)}) &= A x^{(1)} + B \\ \nabla F(x^{(2)}) &= A x^{(2)} + B \end{aligned} \qquad (3-28)$$

将式(3-28)作差并化简得到

$$\nabla F(x^{(2)}) - \nabla F(x^{(1)}) = A(x^{(2)} - x^{(1)}) = AS_2 \qquad (3-29)$$

根据梯度的性质,在某点处的梯度是等值线在该点处的法矢量,因此点 $x^{(1)}$、$x^{(2)}$ 的梯度必须与切线矢量 S_1 相垂直。由于正交矢量点积为 0,因此有

$$\left.\begin{array}{l} S_1^{\mathrm{T}} \nabla F(x^{(1)}) = 0 \\ S_1^{\mathrm{T}} \nabla F(x^{(2)}) = 0 \end{array}\right\} \Rightarrow S_1^{\mathrm{T}}[\nabla F(x^{(2)}) - \nabla F(x^{(1)})] = 0 \qquad (3-30)$$

联立式(3-29)和式(3-30)求和得到

$$S_1^{\mathrm{T}} AS_2 = 0 \qquad (3-31)$$

根据共轭矢量的定义,由于 A 为正定矩阵,因此 S_1 与 S_2 是一组共轭矢量系。由此说明只要沿着 S_1 方向分别对函数做两次一维搜索,得到两个极小点 $x^{(1)}$、$x^{(2)}$,那么这两点的连线所得到的方向 S_2 即与 S_1 构成 A 的共轭方向。在二元问题中,$F(x)$ 的值为一簇椭圆,取坐标轴方向为初始搜索方向(S_1),构造共轭方向如图 3-10 所示。

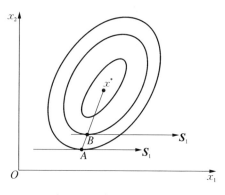

图 3-10　构造共轭方向

A、B 为沿 x_1 轴方向上的两个极小点,分别处于等值线与沿 x_1 轴方向的切点上。根据前面的分析,点 A、B 的连线与 S_1 一起构成了一组共轭方向,沿着此共轭方向进行一维搜索即可找到函数 $F(x)$ 的极小点。

在这里需要指出的是同心椭圆簇的几何性质,有助于理解为何沿着共轭方向即可寻找到函数的极小点:任意作两条平行线,与椭圆组中的两椭圆切于点 $x^{(1)}$、$x^{(2)}$。这两点必通过椭圆的中心;或者说,过椭圆中心做任意直线与任意两个椭圆相交,通过交点作椭圆切线必互相平行。

对鲍威尔法的思想和特点归纳如下:

(1)鲍威尔法是直接搜索法中一个十分有效的算法。该算法是沿着逐步产生的共轭方向进行搜索的,因此本质上是一种共轭方向法。

(2)鲍威尔法收敛速度较快,一般认为对于维数 $n < 20$ 的目标函数是成功的。

(3)鲍威尔法的基本思想是直接利用迭代点的目标函数值来构造共轭方

向,然后从任一初始点开始,逐次沿共轭方向做一维搜索。

若把二维情况的基本算法扩展到 n 维,则鲍威尔基本算法的要点如下:在每一轮迭代中总有一个始点(第一轮的始点是任选的初始点)和 n 个线性独立的搜索方向。从始点出发顺次沿 n 个方向做一维搜索得到该轮的终点,由起始点和终点的连线决定新的搜索方向。用这个新的方向替换原来 n 个方向中的第一个,从而形成新的搜索方向次序。然后,从这一轮的搜索终点出发沿刚才得到的新的搜索方向做一维搜索而得到的极小点,作为下一轮迭代的始点,依次迭代。由于这种方法在迭代中逐次生成共轭方向,而共轭方向在数理推导上更有可能指向全局最优点(以极小点为主),因此鲍威尔法又称为方向加速法。

3.3.2 方法步骤

下面针对二维问题来描述鲍威尔的基本算法步骤:

(1)任选一初始点 x^0 作为寻优的起始点,再选择两个线性无关的矢量,以坐标轴的单位矢量为常见的初始搜索方向:$e_1=[1, 0]^T$ 和 $e_2=[0, 1]^T$。

(2)从搜索起始点 x^0 开始,依次沿着初始搜索方向(e_1、e_2)进行一维最优搜索,得到极小值点 x_1^0、x_2^0(先得到沿 e_1 搜索得到的极小值点 x_1^0,再以 x_1^0 为起点沿 e_2 方向搜索得到极小值点 x_2^0)。 这两个点的连线得到新的搜索方向:

$$d^1 \leftarrow x_2^0 - x^0 \qquad (3-32)$$

接下来用 d^1 替代 e_1 从而形成更新后的两个线性无关的矢量 e_2、d^1,作为新一轮迭代的初始搜索方向。从 x_2^0 沿着 d^1 做一维搜索,得到点 x_0^1,作为下一轮迭代的起始点。

(3)从 x_0^1 出发,依次沿着 e_2、d^1 做一维搜索,得到点 x_1^1、x_2^1,两点连线得到新的搜索方向:

$$d^2 \leftarrow x_2^1 - x_0^1 \qquad (3-33)$$

x_0^1、x_2^1 两点是从不同的点 x^0、x_1^1 出发沿着 d^1 方向进行一维搜索得到的极小值点。根据前文中的定义,两个搜索方向互为平行线且均与两点所处的等值线相切,因此 x_0^1、x_2^1 两点连线构成的方向 d^2 与 d^1 形成一对共轭方向。

(4)从 x_2^1 沿 d^2 方向做一维搜索得到 x_0^2,根据同心椭圆簇的几何性质,该过程可以寻找到该二维问题的极小点 x^*。

将二维问题推广到 n 维,采用目标值准则作为收敛准则。如图 3-11 所示为 n 维无约束优化问题的鲍威尔法流程图。

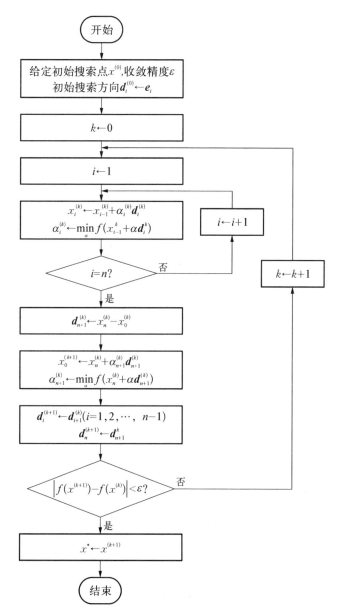

图 3-11 n 维无约束优化问题的鲍威尔法流程图

3.3.3 数学算例

例题: 用坐标轮换法求目标函数

$$F(x) = x_1^2 + x_2^2 - x_1 x_2 - 10x_1 - 4x_2 + 60 \qquad (3-34)$$

飞行器优化设计理论与方法

的最小值,给定初始点 $x^{(0)} = [0, 0]^T$,精度要求 $| f(x^{k+1}) - f(x^k) | < 0.01$。

解: 以 x_0 为初始点进行第一轮迭代,先确定第一轮迭代需要用到的方向组为

$$\boldsymbol{e}_1 = \begin{bmatrix} 1 \\ 0 \end{bmatrix} \quad \boldsymbol{e}_2 = \begin{bmatrix} 0 \\ 1 \end{bmatrix} \tag{3-35}$$

接下来为了确定第一轮迭代的最终搜索方向($\boldsymbol{e}_3$),先以 x_0 为起点,沿 $\boldsymbol{e}_1$ 方向一维搜索:

$$x_1^{(1)} = x_0 + \alpha_1 \boldsymbol{e}_1 = \begin{bmatrix} 5 \\ 4 \end{bmatrix} + \alpha_1 \begin{bmatrix} 1 \\ 0 \end{bmatrix} = \begin{bmatrix} 5 + \alpha_1 \\ 4 \end{bmatrix} \tag{3-36}$$

以最优步长原则确定 α_1,在此采用极小化的方式确定步长大小:

$$\min F(x_1^{(1)}) = \alpha_1^2 - 4\alpha_1 + 15 \tag{3-37}$$

用微分学求式(3-37)导数,令其一阶导数为零:$2\alpha_1 - 4 = 0$,得到 $\alpha_1 = 2$,由此得到第一轮迭代的第一个搜索结果:

$$x_1^{(1)} = \begin{bmatrix} 7 \\ 4 \end{bmatrix} \tag{3-38}$$

再以 $x_1^{(1)}$ 为新起点,沿 $\boldsymbol{e}_2$ 方向进行第一轮迭代的第二轮搜索:

$$x_2^{(1)} = x_1^{(1)} + \alpha_2 \boldsymbol{e}_2 = \begin{bmatrix} 7 \\ 4 \end{bmatrix} + \alpha_2 \begin{bmatrix} 0 \\ 1 \end{bmatrix} = \begin{bmatrix} 7 \\ 4 + \alpha_2 \end{bmatrix} \tag{3-39}$$

以最优步长原则确定 α_2,在此采用极小化的方式确定步长大小:

$$\min F(x_2^{(1)}) = \alpha_2^2 - 3\alpha_2 + 11 \tag{3-40}$$

$$\alpha_2 = 1.5 \tag{3-41}$$

由此得到第一轮迭代的第二个搜索结果:

$$x_2^{(1)} = \begin{bmatrix} 7 \\ 5.5 \end{bmatrix} \tag{3-42}$$

以 x_0 到 $x_2^{(1)}$ 的方向矢量求出第一轮迭代的最终搜索方向($\boldsymbol{e}_3$):

$$\boldsymbol{e}_3 = \frac{x_2^{(1)} - x_0}{\| x_2^{(1)} - x_0 \|} = \frac{1}{\sqrt{2^2 + 1.5^2}} \begin{bmatrix} 2 \\ 1.5 \end{bmatrix} = \begin{bmatrix} 0.8 \\ 0.6 \end{bmatrix} \tag{3-43}$$

再以 x_0 为起点,沿 e_3 方向进行第一轮迭代的最终搜索:

$$x_3^{(1)} = x_0 + \alpha_3 e_3 = \begin{bmatrix} 5 \\ 4 \end{bmatrix} + \alpha_3 \begin{bmatrix} 0.8 \\ 0.6 \end{bmatrix} = \begin{bmatrix} 5 + 0.8\alpha_3 \\ 4 + 0.6\alpha_3 \end{bmatrix} \quad (3-44)$$

以最优步长原则确定 α_3,在此采用极小化的方式确定步长大小:

$$\min F(x_3^{(1)}) = 0.52\alpha_3^2 - 3.8\alpha_3 + 15 \quad (3-45)$$

$$\alpha_3 = 3.6538 \quad (3-46)$$

由此得到第一轮迭代的终止点 $x_3^{(1)} = \begin{bmatrix} 7.9231 \\ 6.1923 \end{bmatrix}$,对第一轮迭代进行终止检查:

$$|F(x_3^{(1)}) - F(x_0)| = |8.0577 - 15| = 6.9423 > 0.06 \quad (3-47)$$

由于当前不满足收敛条件,因此迭代继续进行。第二轮迭代的初始方向组发生改变,用第一轮迭代最后搜索的方向(e_3)替换起始的方向(e_1),得到新的起始方向组:

$$\begin{cases} e_1^* = e_2 \\ e_2^* = e_3 \end{cases} \quad (3-48)$$

之后每一轮迭代的初始方向组都是由上一轮迭代的最后搜索方向按顺序替换一个初始方向得到。

然后根据第一轮迭代的方式进行接下来的迭代,得到第二轮迭代的两个过程点和终止点为

$$x_1^{(2)} = \begin{bmatrix} 7.9231 \\ 5.9615 \end{bmatrix} \quad x_2^{(2)} = \begin{bmatrix} 7.9941 \\ 6.0148 \end{bmatrix} \quad x_3^{(2)} = \begin{bmatrix} 8 \\ 6 \end{bmatrix} \quad (3-49)$$

对第二轮迭代终止点 $x_3^{(2)}$ 进行终止检查:

$$|F(x_3^{(2)}) - F(x_3^{(1)})| = |8 - 8.0577| = 0.0577 < 0.06 \quad (3-50)$$

满足收敛条件,根据题目终止准则迭代结束,综上得到近似最优解:

$$x^* = x_3^{(2)} = \begin{bmatrix} 8 \\ 6 \end{bmatrix} \quad (3-51)$$

$$F^* = F(x_3^{(2)}) = 8$$

3.3.4 程序实现

1）鲍威尔法类初始化

初始化算法参数如下：

（1）搜索起始点参数为 start_point，作为第一轮寻优搜索的原始迭代点，该点的具体数值设置可依据一定的先验知识，确定最优点的大致范围。选择的起始点应在与目标最优点尽可能近的位置，这样可以避免无法在全局范围内寻找到最优点，陷入局部最优的麻烦。

（2）目标收敛精度参数为 threshold，计算比较每轮沿着新产生的共轭方向前进后得到的当代最终点计算出的目标函数值，与上一代的最终点计算出的目标函数值的差 L_2 的范数。

（3）迭代上限参数为 times，用于作为迭代轮数准则控制寻优算法是否继续进行。当沿着原有搜索方向组合完成一轮搜索，并在新产生的共轭方向上也进行了一维最优搜索后，即完成完整的一轮迭代。

（4）步长范围参数为 step_range，用于在进行选取迭代步长的一维最优搜索时给定搜索的初始区间。

（5）黄金分割法精度参数为 gold_precision，用于控制黄金分割法的寻优精度。

（6）步长参数为 alpha，用于在迭代过程中和上一代坐标值相加从而更新坐标变量。

（7）设计变量维度参数为 dim，目标设计变量的维度数，即为坐标点的维度。

（8）搜索方向参数为 direction，用于保存当前鲍威尔法寻优算法的坐标移动方向（与目标函数的维度数相同），初始化的搜索方向组合为坐标轴方向。

Python 程序如下所示：

```python
class powell():
def __init__(self, function, start_point, threshold, times,
             step_range, gold_precision):
    self.function = sympify(function)
    self.start_point = start_point
    self.threshold = threshold
    self.times = times
```

```
        self.step_range = step_range
        self.gold_precision = gold_precision
        self.alpha = Symbol('alpha')
        self.dim = len(start_point)
        # 搜索方向组合初始化
        self.direction = np.zeros((self.dim, self.dim))
        for i in range(self.dim):
            self.direction[i, i] = 1
```

2）最优步长求解

在鲍威尔法类中引入黄金分割法作为一维搜索方法,黄金分割法在本章一维搜索章节已经介绍,将 golden_ratio 写入鲍威尔法类。Python 程序如下所示:

```
def golden_ratio(self, target):...
```

3）鲍威尔法主体

初始化鲍威尔法的重要参数如下:

（1）自变量参数为 symbol_x。

（2）算法当前迭代运行的轮数参数为 time。

（3）迭代的起始点参数为 start_point。

（4）前、后两轮迭代点之间的距离参数为 distance。

（5）搜索的方向参数为 direction。

Python 程序如下所示:

```
def algorithm_run(self):
    symbol_x = self.symbol_save()
    time = 0
    x = self.start_point
    distance = float('inf')
    direction = self.direction
```

在前、后两轮迭代点之间的距离小于点距收敛精度或当前迭代的轮数达到迭代轮数上限时,终止迭代;否则根据搜索方向组合,通过循环嵌套对所有设计参数的坐标值进行更新,每一轮迭代都按次序基于搜索组合中的一个方向,经过一维最优搜索确定最优步长沿该方向前进完成一次迭代。Python 程序如下所示:

```python
while (distance > self.threshold) and (time < self.times):
    # 保存上一代坐标值用于做终止判断
    x_last = x[:]
    for i in range(self.dim):
        target = self.function
        for j in range(self.dim):
            target = target.subs(symbol_x[j], x[j] +
                                 direction[i, j] * self.alpha)
        # 根据黄金分割法确定最优步长并更新坐标值
        best_step = self.golden_ratio(target)
        x = x + best_step * direction[i, :]
```

当已经沿着当前的搜索方向组合逐一前进得到新的参数组合(坐标)与该轮的起始搜索点作差,得到共轭方向,用该方向替代原来搜索组合中的第一个方向,得到更新后的搜索方向组合。Python 程序如下所示:

```python
# 沿着原有搜索方向组合更新坐标
if i <= (self.dim - 2):
    direction[i, :] = direction[i + 1, :]
# 生成新的共轭方向并更新搜索方向组合
else:
    direction[-1, :] = x - x_last
```

接下来沿着得到新的搜索方向(共轭方向)进行一维最优搜索从而得到本轮的迭代终点,作为下一轮迭代的起点。重复迭代,直至满足终止准则条件,结束迭代并输出最优搜索点。Python 程序如下所示:

```python
# 沿着共轭方向前进得到该轮的终点(下一轮的起点)
target = self.function
for i in range(self.dim):
```

```
                target = target.subs(symbol_x[i], x[i] +
                                direction[-1, i] * self.alpha)
    best_step = self.golden_ratio(target)
    x = x + best_step * direction[-1, :]
    time += 1
    y = self.target_calculate(x)
    y_last = self.target_calculate(x_last)
    distance = abs(y_last - y)
return x
```

4）算法运行

针对 3.2.3 节中给出的数学算例,用鲍威尔类进行参数的初始化。Python 程序如下所示:

```
function = 'x1 ** 2 + x2 ** 2 - x1 * x2 - 10 * x1 - 4 * x2 + 60'
start_point = [0, 0]
threshold = 0.05
times = 100
step_range = 1
gold_precision = 1e - 5
algorithm = powell(function, start_point, threshold, times,
                step_range, gold_precision)
```

实例化算法类,并运行算法主函数,设计点迭代过程如图 3-12 所示。

得到最优的设计变量坐标值和目标函数值,并保留三位小数:

$$x = [7.999, 5.999]$$
$$F(x) = 8.000$$

$$(3-52)$$

3.4　梯度法

3.4.1　方法原理

梯度法是求解无约束优化问题的间接求解法之一。梯度法不仅提供了一个简单的、在一定场合令人满意的优化算法,而且为很多实用性算法提供了基础。以神经

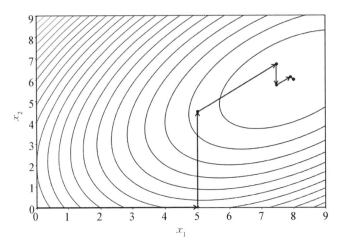

图 3-12　鲍威尔法设计点迭代过程

网络技术为例,在神经网络参数更新的梯度反向传播过程中应用最广泛的算法之一就是随机梯度下降,其在全局范围内的寻优能力强,且稳定性高的特点得到应用。

若函数的梯度方向是函数值增加最快的方向,则负梯度方向是函数值下降最快的方向。梯度法采用负梯度矢量作为搜索方向,其求解迭代公式可以表述为

$$x^{(k+1)} = x^{(k)} - a^{(k)} \boldsymbol{g}^{(k)} \qquad (3-53)$$

式中:$\boldsymbol{g}^{(k)}$ 是函数在迭代点 $x^{(k)}$ 处的梯度 $\nabla F(x^{(k)})$;$a^{(k)}$ 一般采用最优步长而非固定步长,即通过一维极小化函数得到

$$\min F(x^{(k)} - a\boldsymbol{g}^{(k)}) = \min \phi(a) \qquad (3-54)$$

根据一元函数极值条件和多元复合函数求导公式,可得

$$\varphi'(a) = -[\nabla F(x^{(k)} - a^{(k)} \boldsymbol{g}^{(k)})]^{\mathrm{T}} \boldsymbol{g}^{(k)} = 0 \qquad (3-55)$$

即 $[\nabla f(x^{(k+1)})]^{\mathrm{T}} \boldsymbol{g}^{(k)} = 0$ 或 $[\boldsymbol{g}^{(k+1)}]^{\mathrm{T}} \boldsymbol{g}^{(k)} = 0$。式(3-55)表明,相邻的两个迭代点的梯度是彼此正交的。即在迭代过程中,相邻的搜索方向相互垂直。梯度法向极小点的逼近路径是锯齿形,越接近极小点,锯齿越细,收敛速度越慢,"曲折"的迭代过程如图 3-13 所示。

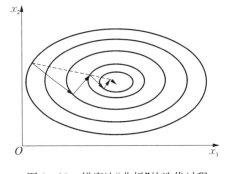

图 3-13　梯度法"曲折"的迭代过程

一方面,梯度法利用函数在每个维度

上梯度的负方向作为下一步搜索的方向,因此梯度法能够继续迭代的重要前提
是函数在搜索点处有非零的梯度,故在迭代初期下降速度很快。但当搜索点接
近极值点时,由于函数平缓、梯度较小,因此搜索速度变慢。值得说明的是,梯度
法虽又称为最速下降法,这是由于"最速"指在局部位置确定搜索方向时沿梯度
方向有最快的下降速度,但从全局来看寻优过程仍然走了许多"弯路",因此搜索
效率较低。另一方面,由于梯度法搜索迭代的条件是梯度存在,对于复杂的函
数,存在较多鞍点或局部最优点的情况下,搜索一旦陷入局部最优点就难以继续
进行搜索,导致算法不成熟收敛。综合利用梯度法的优缺点,配合其他无约束优
化算法一起使用较为有效。

3.4.2　方法步骤

梯度法中的梯度下降在优化问题每个变量维度上是可以同时进行的,即每
轮迭代完成的标准是搜索沿着每个维度上的负梯度方向下降一次。梯度法的算
法流程图如图 3 - 14 所示。

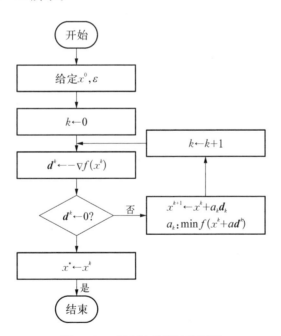

图 3 - 14　梯度法的算法流程图

下面给出梯度法的基本步骤:

(1)随机选择初始迭代点 $x^{(0)}$,选择收敛精度 ε。

(2)对于 n 维问题的设计变量 $x_k(k=0,1,\cdots,n)$,计算其方向上的梯度

$g^{(k)}$，取其负值作为搜索方向 $d^{(k)}$。

（3）基于梯度准则，判断是否满足收敛准则：$\| g^{(k)} \| \leqslant \varepsilon$，若满足该准则，则输出当前搜索点；否则，转到步骤（4）。

（4）从当前搜索位置 $x^{(k)}$ 开始，沿 $-g^{(k)}$ 方向做一维最优搜索求出在每个维度上的最优步长 $\alpha^{(k)}$。得到新的迭代搜索点 $x^{(k+1)} = x^{(k)} - \alpha^{(k)} g^{(k)}$，$k = k+1$，返回步骤（2）。

梯度法更新设计点基于梯度下降原理，因此采用梯度准则作为迭代的终止准则。当设计点所处位置的梯度无限接近 0 时，继续迭代无法有效更新设计点，因此终止迭代。

3.4.3 数学算例

例题： 用梯度法求目标函数

$$F(x) = x_1^2 + 25x_2^2 \tag{3-56}$$

的最小值，给定初始点 $x^{(0)} = [2, 2]^T$，精度要求 $\varepsilon = 0.005$。

解： 首先计算函数的梯度表达式

$$g = \nabla F(x) = \begin{bmatrix} \dfrac{\partial F}{\partial x_1} \\ \dfrac{\partial F}{\partial x_2} \end{bmatrix} = \begin{bmatrix} 2x_1 \\ 50x_2 \end{bmatrix} \tag{3-57}$$

将初始点 $x^{(0)}$ 代入式（3-57），计算梯度值：

$$g^{(0)} = \nabla F(x^{(0)}) = \begin{bmatrix} 4 \\ 100 \end{bmatrix} \tag{3-58}$$

根据梯度 L_2 范数收敛准则，计算当前的梯度 L_2 范数并与设定的精度 ε 做比较，判断迭代是否继续进行：

$$\| g^{(0)} \| = \sqrt{4^2 + 100^2} = 100.080 > \varepsilon \tag{3-59}$$

由于当前位置的梯度 L_2 范数大于精度，因此进行第一轮迭代：以 $x^{(0)}$ 为起点沿 $-g^{(0)}$ 方向做一维最优搜索：

$$\min F(x^{(0)} - \alpha g^{(0)}) = \min(250\,016\,\alpha^2 - 10\,016\,\alpha + 104)$$
$$\alpha^{(0)} = 0.020\,0 \tag{3-60}$$

得到第一个迭代点 $x^{(1)}$:

$$x^{(1)} = x^{(0)} - \alpha^{(0)} g^{(0)} = \begin{bmatrix} 2 \\ 2 \end{bmatrix} - 0.020\,0 \begin{bmatrix} 4 \\ 100 \end{bmatrix} = \begin{bmatrix} 1.920 \\ -0.003\,07 \end{bmatrix} \quad (3-61)$$

将第一个迭代点 $x^{(1)}$ 代入梯度表达式,计算当前位置的梯度值,并计算梯度 L_2 范数:

$$\boldsymbol{g}^{(1)} = \nabla F(x^{(1)}) = \begin{bmatrix} 3.840 \\ -0.154 \end{bmatrix}$$

$$\| \boldsymbol{g}^{(1)} \| = \sqrt{3.840^2 + (-0.154)^2} = 3.843 > \varepsilon \quad (3-62)$$

由于此时的梯度 L_2 范数值仍大于收敛精度,因此迭代继续。重复上述步骤直至第五轮迭代时有 $\| \boldsymbol{g}^{(5)} \| = 0.004\,9 < \varepsilon$,满足迭代收敛准则,故终止迭代,最优解为

$$x^* = x^{(5)} = \begin{bmatrix} 0.002\,41 \\ -0.000\,003\,8 \end{bmatrix} \quad (3-63)$$

$$F^* = F(x^*) = 6 \times 10^{-6}$$

3.4.4　程序实现

1) 梯度法类初始化

初始化算法参数如下:

(1) 搜索起始点参数为 start_point,作为第一轮寻优搜索的原始迭代点。

(2) 目标收敛精度参数为 threshold,用于每轮沿着新产生的共轭方向前进后得到的当代最终点计算出的目标函数值与上一代最终点计算出的目标函数值差的 L_1 范数。

(3) 迭代上限参数为 times,用于作为迭代轮数准则控制寻优算法是否继续进行。当沿着原有搜索方向组合完成一轮搜索,并在新产生的共轭方向上也进行了一维最优搜索后,即完成完整的一轮迭代。

(4) 步长范围参数为 step_range,在进行选取迭代步长的一维最优搜索时给定搜索的初始区间。

(5) 黄金分割法精度参数为 gold_precision,控制黄金分割法的寻优精度。

（6）步长参数为 alpha，在迭代过程中和上一代坐标值相加从而更新坐标变量。

（7）设计变量维度参数为 dim，目标设计变量的维度数，即为坐标点的维度。

Python 程序如下所示：

```
class gradient_descent():
    def __init__(self, function, start_point, threshold, times,
                 step_range, gold_precision):
        self.function = sympify(function)
        self.start_point = start_point
        self.threshold = threshold
        self.times = times
        self.step_range = step_range
        self.gold_precision = gold_precision
        self.alpha = Symbol('alpha')
        self.dim = len(start_point)
```

2）最优步长求解

在梯度法类中引入黄金分割法作为一维搜索方法，黄金分割法在本章一维搜索章节已经介绍，将 golden_ratio 写入梯度法类。Python 程序如下所示：

```
def golden_ratio(self, target):...
```

3）计算导数与梯度

根据函数表达式，计算对每个设计变量的导函数表达式，得到函数在每个自变量维度上的导函数，用于计算函数的梯度。Python 程序如下所示：

```
def cal_derivative_list(self, function):
    symbol_x = self.symbol_save()
    derivative_list = []
    for i in range(self.dim):
        derivative = diff(function, symbol_x[i])
```

```
        derivative_list.append(derivative)
    return derivative_list
```

将给定的坐标值代入导函数表达式,计算得到函数在每个自变量维度上的梯度,作为梯度方向。Python 程序如下所示:

```
def cal_gradient(self, symbol_x, x, derivative):
    sub = {}
    for i in range(self.dim):
        sub[symbol_x[i]] = x[i]
    direction_list = []
    for i in range(self.dim):
        direction = derivative[i].evalf(subs = sub)
        direction_list.append(direction)
    return direction_list
```

4)梯度法主体

初始化梯度法的参数如下:

(1)自变量参数为 symbol_x。

(2)算法当前迭代运行的轮数参数为 time。

(3)迭代的起始点参数为 start_point。

(4)梯度法需记录目标函数在搜索点处的梯度 L_2 范数,用于通过梯度准则控制算法的终止。

(5)函数各个变量维度上的梯度参数为 derivative,用于更新搜索方向。

Python 程序如下所示:

```
def algorithm_run(self):
    symbol_x = self.symbol_save()
    time = 0
    x = self.start_point
    gradient = float('inf')
    # 各维度的梯度表达式
    derivative = self.cal_derivative_list(self.function)
```

目标函数在当前搜索点处梯度的模大于梯度收敛精度且迭代轮数未达到迭代轮数上限时,计算函数在当前搜索点上的梯度方向,并沿负梯度方向前进,通过黄金分割法一维搜索确定最优步长,完成搜索点的一轮更新。Python 程序如下所示:

```python
while (gradient > self.threshold) and (time < self.times):
    direction_list = self.cal_gradient(symbol_x, x, derivative)
    target = self.function
    for i in range(self.dim):
        target = target.subs(symbol_x[i], x[i] -
                             self.alpha * direction_list[i])
    # 黄金分割法确定一维搜索步长并对 x 进行更新
    best_step = self.golden_ratio(target)
    x = [x[j] - i * best_step for i, j in zip(direction_list,
        range(self.dim))]
```

根据搜索点坐标计算当前位置的梯度 L_2 范数,更新当前迭代轮数,同时基于梯度准则和迭代上限准则进行终止判断。当梯度 L_2 范数足够小,小于收敛精度时,认为算法已成熟,或当前迭代轮数达到设定的迭代轮数上限,终止迭代。Python 程序如下所示:

```python
    # 完成一轮坐标更新后,判断是否达到终止准则(梯度终止准则)
    time += 1
    gradient_list self.cal_gradient(symbol_x, x, derivative)
    res = 0
    for item in gradient_list:
        res += item ** 2
    gradient = sqrt(res)
return x
```

5) 算法运行

针对 3.2.3 节中给出的数学算例,初始化梯度法参数的 Python 程序如下

所示:

```
function = 'x1 * * 2 + 25 * x2 * * 2'
start_point = [2, 2]
threshold = 0.05times = 100
step_range = 1
gold_precision = 1e - 5
algorithm = gradient_descent(function, start_point, threshold,
                             times,step_range, gold_precision)
```

实例化算法类,并运行算法主函数,设计点迭代过程如图 3 - 15 所示。

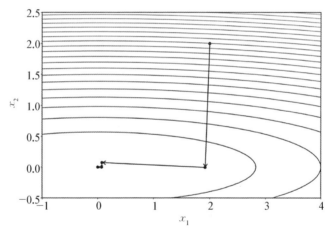

图 3 - 15　梯度法设计点迭代过程

得到最优的设计变量坐标值和目标函数值,并保留三位小数得到

$$x = [7.974, 5.980]$$
$$F(x) = 8.000$$

$(3 - 64)$

3.5　牛顿法与阻尼牛顿法

3.5.1　方法原理

牛顿法的基本思想是在第 k 轮迭代的迭代点 $x^{(k)}$ 的邻域内,用一个二次函

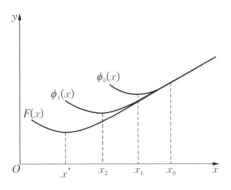

图 3-16 牛顿法二次函数近似示意图

数去近似代替原目标函数 $F(x)$，然后求出该二次函数的极小点作为对原目标函数寻优的下一个迭代点。依此类推，通过重复迭代，使迭代点逐步逼近原目标函数的极小点，如图 3-16 所示。

设目标函数 $F(x)$ 具有连续的一、二阶导数，在点 $x^{(k)}$ 邻域的二次逼近函数 $\Phi(x)$ 可写为 $F(x)$ 的二次泰勒多项式：

$$\Phi(x) = F(x^{(k)}) + \nabla F(x^{(k)})^{\mathrm{T}}(x - x^{(k)}) + \frac{1}{2}(x - x^{(k)})^{\mathrm{T}} \boldsymbol{H}(x^{(k)})(x - x^{(k)})$$

$$= F_k + \boldsymbol{g}_k \Delta x + \frac{1}{2} \Delta x \boldsymbol{H}_k \Delta x \approx F(x) \qquad (3-65)$$

式中：F_k 为点 x^k 的目标函数值；$\boldsymbol{g}_k$ 为目标函数在点 x^k 的梯度；$\boldsymbol{H}_k$ 为目标函数在点 x^k 的 Hessian 矩阵。设 x_Φ^* 为 $\Phi(x)$ 极小点，根据极值的必要条件，应有 $\Phi(x)$ 的梯度等于零，即

$$\nabla \Phi(x) = \boldsymbol{g}_k + \boldsymbol{H}_k (x_\Phi^* - x^{(k)}) = 0$$

$$\Rightarrow x_\Phi^* = x^{(k)} - \boldsymbol{H}_k^{-1} \boldsymbol{g}_k \qquad (3-66)$$

得到

$$x^{(k+1)} = x^{(k)} - \boldsymbol{H}_k^{-1} \boldsymbol{g}_k \qquad (3-67)$$

式中：$S^{(k)} = -\boldsymbol{H}_k^{-1} \boldsymbol{g}_k$ 称为牛顿方向。

对于牛顿法，可通过在搜索方向前添加一个最优步长因子 $a^{(k)}$，使每轮迭代沿牛顿方向走到原目标函数的相对极小点，提高收敛速度和收敛准确性的可控性，此时迭代公式为

$$x^{(k+1)} = x^{(k)} - a^{(k)} \boldsymbol{H}_k^{-1} \boldsymbol{g}_k \qquad (3-68)$$

由此得到改进的阻尼牛顿法迭代公式，最优步长 $a^{(k)}$ 也称为阻尼因子，是沿牛顿方向一维搜索得到的最优步长。

3.5.2 方法步骤

(阻尼)牛顿法流程图如图 3-17 所示。

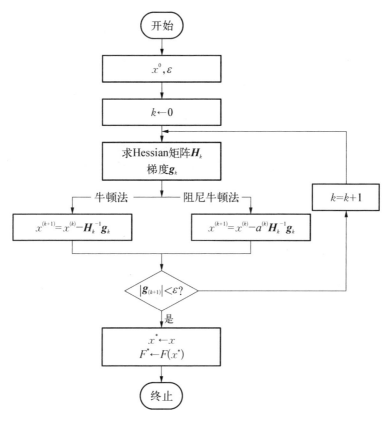

图 3-17　(阻尼)牛顿法流程图

以二元函数 $f(x_1, x_2)$ 为例介绍牛顿法的寻优步骤,任取一个初始点 $x^{(0)}$ 作为初始点。

(1) 计算当前搜索点处的二阶偏导 Hessian 矩阵 $\boldsymbol{H}_0$ 和此点处的梯度 $\boldsymbol{g}_0$,得到计算牛顿法搜索方向

$$\boldsymbol{H}_0 = \begin{bmatrix} \dfrac{\partial^2 F(x)}{\partial x_1^2} & \dfrac{\partial^2 F(x)}{\partial x_1 \partial x_2} \\ \dfrac{\partial^2 F(x)}{\partial x_2 \partial x_1} & \dfrac{\partial^2 F(x)}{\partial x_2^2} \end{bmatrix}_{x=x^{(0)}} \tag{3-69}$$

(2) 沿牛顿搜索方向,做一维搜索得到最优步长 $a^{(0)}$,更新得到下一轮迭代点 $x^{(1)}$:

$$x^{(1)} = x^{(0)} - \boldsymbol{H}_0^{-1} \boldsymbol{g}_0 \tag{3-70}$$

（3）基于梯度收敛准则，判断算法是否收敛。若当前搜索点满足收敛精度，则输出当前设计点；若不满足收敛准则，则 $k=k+1$，并返回步骤(1)。

3.5.3 数学算例

例题：用牛顿法求目标函数

$$F(x) = 4(x_1+1)^2 + 2(x_2-1)^2 + x_1 + x_2 + 10 \qquad (3-71)$$

的最小值，给定初始点 $x^{(0)} = [0, 0]^{\mathrm{T}}$，精度要求 $\varepsilon = 1e-5$。

解：以 $x^{(0)}$ 为初始点第一轮迭代计算对目标函数求一阶偏导得到梯度 $\boldsymbol{g}_0$。

$$\boldsymbol{g}_0 = \begin{bmatrix} \dfrac{\partial F}{\partial x_1} \\[2mm] \dfrac{\partial F}{\partial x_2} \end{bmatrix}_{x=x^{(0)}} = \begin{bmatrix} 8x_1+9 \\ 4x_2-3 \end{bmatrix}_{x=x^{(0)}} = \begin{bmatrix} 9 \\ -3 \end{bmatrix} \qquad (3-72)$$

对目标函数求二阶偏导得到 Hessian 矩阵 $\boldsymbol{H}_0$：

$$\boldsymbol{H}_0 = \begin{bmatrix} \dfrac{\partial^2 F(x)}{\partial x_1^2} & \dfrac{\partial^2 F(x)}{\partial x_1 \partial x_2} \\[3mm] \dfrac{\partial^2 F(x)}{\partial x_2 \partial x_1} & \dfrac{\partial^2 F(x)}{\partial x_2^2} \end{bmatrix}_{x=x^{(0)}} = \begin{bmatrix} 8 & 0 \\ 0 & 4 \end{bmatrix} \qquad (3-73)$$

得到牛顿方向 $S^{(0)}$：

$$S^{(0)} = -\boldsymbol{H}_0^{-1}\boldsymbol{g}_0 = -\begin{bmatrix} \dfrac{1}{8} & 0 \\[3mm] 0 & \dfrac{1}{4} \end{bmatrix} \cdot \begin{bmatrix} 9 \\ -3 \end{bmatrix} = \begin{bmatrix} -\dfrac{9}{8} \\[3mm] \dfrac{3}{4} \end{bmatrix} \qquad (3-74)$$

得到牛顿方向后，牛顿法和阻尼牛顿法在搜索的做法上出现如下区别：

1）牛顿法

以牛顿方向 $S^{(0)}$ 直接搜索，得到第一轮迭代的终止点 $x^{(1)}$：

$$x^{(1)} = x^{(0)} + S^{(0)} = \begin{bmatrix} 0 \\ 0 \end{bmatrix} + \begin{bmatrix} -\dfrac{9}{8} \\[3mm] \dfrac{3}{4} \end{bmatrix} = \begin{bmatrix} -\dfrac{9}{8} \\[3mm] \dfrac{3}{4} \end{bmatrix} \qquad (3-75)$$

2）阻尼牛顿法

对牛顿方向增加最优步长进行搜索：

$$x^{(1)} = x^{(0)} + a^{(0)} S^{(0)} = \begin{bmatrix} 0 \\ 0 \end{bmatrix} + \begin{bmatrix} -\dfrac{9}{8} a^{(0)} \\[2mm] \dfrac{3}{4} a^{(0)} \end{bmatrix} = \begin{bmatrix} -\dfrac{9}{8} a^{(0)} \\[2mm] \dfrac{3}{4} a^{(0)} \end{bmatrix} \qquad (3-76)$$

以最优步长原则确定 $a^{(0)}$，在此采用极小化的方式确定步长大小：

$$\min F(x^{(1)}) = \frac{99}{16} [a^{(0)}]^2 - \frac{99}{8} a^{(0)} + 16 \qquad (3-77)$$

令其一阶导数为零：$\dfrac{99}{8} a^{(0)} - \dfrac{99}{8} = 0$，得到 $a^{(0)} = 1$，由此得到第一轮的迭代终止点 $x^{(1)}$：

$$x^{(1)} = x^{(0)} + a^{(0)} S^{(0)} = \begin{bmatrix} 0 \\ 0 \end{bmatrix} + 1 \cdot \begin{bmatrix} -\dfrac{9}{8} \\[2mm] \dfrac{3}{4} \end{bmatrix} = \begin{bmatrix} -\dfrac{9}{8} \\[2mm] \dfrac{3}{4} \end{bmatrix} \qquad (3-78)$$

对第一轮迭代进行终止检查：

$$\| g_1 \| = \left\| \begin{bmatrix} 8x_1 + 9 \\ 4x_2 - 3 \end{bmatrix}_{x=x^{(1)}} \right\| = \left\| \begin{bmatrix} 0 \\ 0 \end{bmatrix} \right\| = 0 < \varepsilon \qquad (3-79)$$

由于终止点的梯度模值小于收敛精度，满足终止准则，因此迭代结束，综上得到近似最优解：

$$x^* = x^{(1)} = \begin{bmatrix} -\dfrac{9}{8} \\[2mm] \dfrac{3}{4} \end{bmatrix} \qquad (3-80)$$

$$F^* = F(x^*) = 9.813$$

3.5.4　程序实现

1）牛顿法类初始化

初始化算法参数如下：

（1）搜索起始点参数为 start_point，作为第一轮寻优搜索的原始迭代点。

（2）梯度收敛精度参数为 threshold，用于作为梯度准则判断寻优算法是否继续进行，记录每一轮迭代的轮迭代的终点梯度模值 L_2 范数。

（3）迭代上限参数为 times，记录当前迭代轮数。

（4）设计变量维度参数为 dim，目标设计变量的维度数。

（5）步长范围参数为 step_range，在进行选取迭代步长的一维最优搜索时给定搜索的初始区间。

（6）黄金分割法精度参数为 gold_precision，用于控制黄金分割法的寻优精度。

（7）步长符号变量参数为 alpha，用于在迭代过程中和上一代坐标值相加从而更新坐标变量。

Python 程序如下所示：

```
class univariate_search():
    def __init__(self, function, start_point, threshold, times,
                 step_range, gold_precision):
        self.function = sympify(function)
        self.start_point = start_point
        self.threshold = threshold
        self.times = times
        self.step_range = step_range
        self.gold_precision = gold_precision
        self.alpha = Symbol('alpha')
        self.dim = len(start_point)
```

2）计算梯度与 Hessian 矩阵

计算每个变量的一阶导数，得到目标函数的梯度表达式。Python 程序如下所示：

```
def diff(self):
    n = self.dim
    diff_f = []
    symbol_x = self.symbol_save()
    for i in range(n):
        diff = sy.diff(self.function, symbol_x[i])
        diff_f.append(diff)
    return diff_f
```

通过求一阶导数的嵌套得到二阶导数表达式,从而求得 Hessian 矩阵表达式。Python 程序如下所示:

```python
def hesse(self):
    hesse_matrix = []
    n = self.dim
    symbol_x = self.symbol_save()
    diff_f = self.diff()
    for i in range(n):
        row = []
        for j in range(n):
            # 计算梯度
            row.append(sy.diff(diff_f[i], symbol_x[j]))
        hesse_matrix.append(row)
    return hesse_matrix
```

3) 黄金分割法

在牛顿法类中引入黄金分割法作为一维搜索方法,黄金分割法在本章一维搜索章节已经介绍,将 golden_ratio 写入牛顿法类。Python 程序如下所示:

```python
def golden_ratio(self, target):...
```

4) 牛顿法主体

牛顿算法参数如下:

(1) 自变量参数为 symbol_x,用于将函数中的未知自变量替换成其他表达式或具体的值。

(2) 算法当前迭代运行的轮数参数为 time,根据迭代的轮数判断算法是否继续进行。

(3) 坐标轮换法的初始迭代点参数为 start_point。

(4) 当前迭代点的梯度 L_2 范数参数为 error。

Python 程序如下所示:

```python
def algorithm_run(self):
    symbol_x = self.symbol_save()
```

```
time = 0
error = float('inf')
x = self.start_point
```

在当前迭代点的梯度 L_2 范数小于收敛精度或当前迭代的轮数达到迭代轮数上限时，终止迭代，否则对所有设计参数的坐标值进行更新：每一轮迭代都通过当前迭代点的梯度和 Hessian 矩阵求解搜索方向，用当前坐标的实际值加上这个方向完成一轮迭代。Python 程序如下所示：

```
while (error > self.threshold) and (time < self.times):
    x_last = x[:]
    diff_f = self.diff()
    hesse_matrix = self.hesse()
    g = copy.deepcopy(diff_f)
    H = copy.deepcopy(hesse_matrix)
    sub_g = {}
    for i in range(self.dim):
        sub_g[symbol_x[i]] = x[i]
    for i in range(self.dim):
        g[i] = float(diff_f[i].evalf(subs = sub_g))
        for j in range(self.dim):
            H[i][j] = float(H[i][j].evalf(subs = sub_g))
```

在计算完当前迭代点的梯度和 Hessian 矩阵信息后，根据 $-H_k^{-1} \cdot g_k$ 求得牛顿方向 S，将牛顿方向叠加至当前迭代点的坐标，完成这一轮坐标更新。Python 程序如下所示：

```
S = -np.dot(np.linalg.inv(np.array(H)), np.array(g))
x += S
```

计算当前迭代点的梯度模值，若符合终止准则，则结束迭代；若迭代轮数与梯度 L_2 范数都未达到收敛精度，则进行下一轮迭代。Python 程序如下所示：

```
    res = 0
    sub_x = {}
    for i in range(self.dim):
        sub_x[symbol_x[i]] = x[i]
    for i in range(self.dim):
        res + = diff_f[i].evalf(subs = sub_x) * * 2
    error = sqrt(res)
    time + = 1
return x
```

5）阻尼牛顿法主体

阻尼牛顿法主函数部分与牛顿法的主体相同,只是额外添加一步搜索最优阻尼因子的步骤。具体描述如下：当求得牛顿方向 S 后,阻尼牛顿法需根据一维最优搜索准则通过黄金分割法求解最佳阻尼因子（参数为 best_step）,之后再进行坐标更新。Python 程序如下所示:

```
S = − np.dot(np.linalg.inv(np.array(H)), np.array(g))
# 搜索最优阻尼因子
sub_a = {}
for i in range(self.dim):
    sub_a[symbol_x[i]] = x[i] + self.alpha * S[i]
target = target.evalf(subs = sub_a)
best_step = self.golden_ratio(target)
x + = best_step * S
```

6）算法运行

针对 3.2.3 节中给出的数学算例,通过程序设计计算优化问题的解。对于牛顿法类进行参数的初始化。Python 程序如下所示:

```
function = '4 * (x1 + 1) * * 2 + 2 * (x2 − 1) * * 2 + x1 + x2 + 10'
start_point = [0, 0]
threshold = 1e − 5
```

```
times = 100
algorithm = newton(function,start_point,threshold,times)
```

实例化算法类,并运行算法主函数,设计点迭代过程如图 3-18 所示。

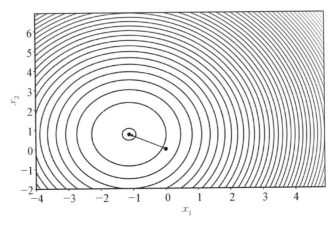

图 3-18 牛顿法设计点迭代过程

得到最优的设计变量坐标值和目标函数值:

$$x = [-1.125, 0.75]$$
$$F(x) = 9.813$$

(3-81)

3.6 共轭梯度法

3.6.1 方法原理

共轭梯度法是共轭方向法的一种,由于该方法中的每一个共轭矢量都是依赖迭代点处的负梯度而构造出来的,因此称为共轭梯度法。

共轭梯度法的搜索方向是在采用梯度法基础上的共轭方向(见图 3-19),目标函数 $F(x)$ 在迭代点 x_{k+1} 处的负梯度为 $-\nabla F(x_{k+1})$,该方向与前一搜索方向 S_k 互为正交。在此基础上,构造一种

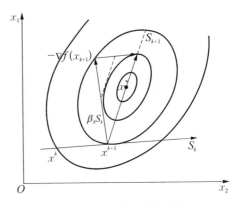

图 3-19 共轭梯度法搜索方向

具有较高收敛速度的算法。

利用梯度组合法求共轭方向：

从任意点 x_k 出发,沿负梯度方向做一维搜索,即令

$$S_k = -\nabla f(x_k) \Rightarrow x_{k+1} = x_k + \alpha_k S_k \tag{3-82}$$

设与 S_k 共轭的下一个方向 S_{k+1} 由点 x_{k+1} 的负梯度和方向 S_k 的线性组合构成,即

$$S_{k+1} = -\nabla f(x_{k+1}) + \beta_k S_k \tag{3-83}$$

根据共轭条件

$$S_k^{\mathrm{T}} \nabla^2 f(x_k) S_{k+1} = 0 \tag{3-84}$$

把式(3-82)和式(3-83)代入式(3-84)可以解得

$$\beta_k = -\frac{\nabla f(x_k)^{\mathrm{T}} \nabla^2 f(x_k) \nabla f(x_{k+1})}{\nabla f(x_k)^{\mathrm{T}} \nabla^2 f(x_k) \nabla f(x_k)} \tag{3-85}$$

令 $\varphi(x)$ 为函数的泰勒二阶展开式,则点 x_k 和 x_{k+1} 的梯度写作

$$\nabla\varphi(x_k) = \boldsymbol{H} x_k + B, \ \nabla\varphi(x_{k+1}) = \boldsymbol{H} x_{k+1} + B \tag{3-86}$$

两式相减代入式(3-82)得

$$\alpha_k \boldsymbol{H} S_k = \nabla\varphi(x_{k+1}) - \nabla\varphi(x_k) \tag{3-87}$$

注意相邻两点的梯度间的正交关系,整理后得

$$\beta_k = -\frac{\nabla f(x_{k+1})^{\mathrm{T}} \nabla f(x_{k+1})}{\nabla f(x_k)^{\mathrm{T}} \nabla f(x_k)} = \frac{\| \nabla f(x_{k+1}) \|^2}{\| \nabla f(x_k) \|^2} \tag{3-88}$$

共轭梯度法具有超线性收敛速度。共轭方向序列由计算给出,不必通过探索来逐步形成。对于能够计算一阶导数的目标函数,此方法比鲍威尔法效果更好。与牛顿法相比,共轭梯度法因为避免了计算 Hessian 矩阵 $\boldsymbol{H}$ 的逆矩阵,所以计算量和内存占用都显著减小;而与梯度法相比,其收敛效率显著提高。

3.6.2　方法步骤

共轭梯度法流程图如图 3-20 所示。

推导共轭梯度法的寻优步骤如下：

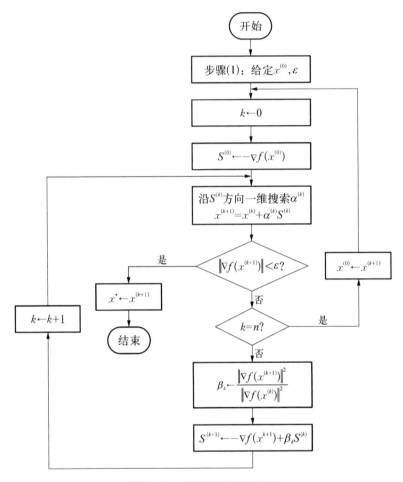

图 3-20 共轭梯度法流程图

(1) 选取初始点 $x^{(0)}$ 和收敛精度 ε。

(2) 令 $k = 0$，计算 $S^{(0)} = -\nabla f(x^{(0)})$。

(3) 沿着 $S^{(k)}$ 方向做一维搜索，确定步长 $\alpha^{(k)}$，得到下一轮迭代点：

$$x^{(k+1)} = x^{(k)} + \alpha^{(k)} S^{(k)} \tag{3-89}$$

(4) 计算 $\nabla f(x^{(k+1)})$，若 $\parallel \nabla f(x^{(k+1)}) \parallel \leqslant \varepsilon$，则终止迭代，输出当前搜索点；若不满足收敛条件，则进行下一步搜索。

(5) 检查搜索次数，若 $k = n$（n 为优化问题维度），则令 $x^{(0)} = x^{(k+1)}$，转步骤 (2)；否则，进行下一步。

(6) 构造新的共轭方向：$S^{(k+1)} = -\nabla f(x^{(k+1)}) + \beta_k S^{(k)}$，$\beta_k$ 的计算方法如

式(3-37)所示。令 $k=k+1$，转步骤(3)。

3.6.3　数学算例

例题： 用共轭梯度法求目标函数

$$F(x)=x_1^2+25x_2^2 \tag{3-90}$$

的无约束最小值，给定初始点 $x^{(0)}=[2,2]^{\mathrm{T}}$，精度要求 $\varepsilon=1\mathrm{e}-6$。

解： 做第一轮迭代计算，计算初始点梯度

$$S^{(0)}=-\nabla f(x^{(0)})=-\begin{bmatrix}4\\100\end{bmatrix} \tag{3-91}$$

得到下一迭代点计算式：

$$\begin{aligned}
x^{(1)}&=x^{(0)}+\alpha_0 S_0\\
&=\begin{bmatrix}2\\2\end{bmatrix}+\alpha_0\begin{bmatrix}-4\\-100\end{bmatrix}\\
&=\begin{bmatrix}2-4\alpha_0\\2-100\alpha_0\end{bmatrix}
\end{aligned} \tag{3-92}$$

求解沿 S_0 方向搜索的最优步长：

$$\min[F(x^{(1)})]=(2-4\alpha_0)^2+25(2-100\alpha_0)^2 \tag{3-93}$$

令一阶导数为零，得到 $500\,032\alpha_0-10\,016=0$，求解得 $\alpha_0=0.02$。由此得到第一轮迭代点的坐标及梯度值为

$$x^{(1)}=\begin{bmatrix}1.920\\-0.003\end{bmatrix} \tag{3-94}$$

$$\nabla f(x^{(1)})=\begin{bmatrix}3.840\\-0.154\end{bmatrix} \tag{3-95}$$

计算是否满足终止条件：

$$\|\nabla f(x^{(1)})\|=3.843>\varepsilon \tag{3-96}$$

梯度模值大于迭代精度，继续搜索。

根据当前点和上一迭代点的梯度构建共轭方向系数：

$$\beta_0=\frac{\|\nabla f(x^{(1)})\|^2}{\|\nabla f(x^{(0)})\|^2}=\frac{14.767}{10\,016}=0.001\,47 \tag{3-97}$$

得到新的搜索方向为

$$S_1 = -\nabla f(x^{(1)}) + \beta_0 S_0$$

$$= -\begin{bmatrix} 3.840 \\ -0.154 \end{bmatrix} + 0.001\,47 \begin{bmatrix} -4 \\ -100 \end{bmatrix}$$

$$= \begin{bmatrix} -3.846 \\ 0.006\,15 \end{bmatrix} \qquad (3-98)$$

得第二轮迭代终点坐标计算式：

$$x^{(2)} = x^{(1)} + \alpha_1 S_1$$

$$= \begin{bmatrix} 1.920 \\ -0.003\,07 \end{bmatrix} + \alpha_1 \begin{bmatrix} -3.846 \\ 0.006\,15 \end{bmatrix}$$

$$= \begin{bmatrix} 1.920 - 3.846\alpha_1 \\ -0.003\,07 + 0.006\,15\alpha_1 \end{bmatrix} \qquad (3-99)$$

求解沿 S_1 方向搜索的最优步长：

$$\min[F(x^{(2)})] = (1.920 - 3.846\alpha_1)^2 + 25(-0.003\,07 + 0.006\,15\alpha_1)^2$$
$$(3-100)$$

令一阶导数为零，得到 $29.580\alpha_1 - 14.767 = 0$，求解得 $\alpha_1 = 0.500$。由此得到第二轮迭代终点的坐标及梯度值为

$$x^{(2)} = x^{(1)} + \alpha_1 S_1$$

$$= \begin{bmatrix} 1.920 \\ -0.003\,07 \end{bmatrix} + 0.500 \begin{bmatrix} -3.846 \\ 0.006\,15 \end{bmatrix}$$

$$= \begin{bmatrix} 0 \\ 0 \end{bmatrix} \qquad (3-101)$$

$$\parallel \nabla f(x^{(2)}) \parallel = 0 < \varepsilon \qquad (3-102)$$

满足终止准则，故迭代结束。综上得到近似最优解：

$$x^* = x^{(2)} = \begin{bmatrix} 0 \\ 0 \end{bmatrix} \qquad (3-103)$$

$$F^* = F(x^*) = 0$$

3.6.4　程序实现

1) 共轭梯度法类初始化

初始化算法参数如下：

（1）搜索起始点参数为 start_point，作为第一轮寻优搜索的原始迭代点。

（2）距离收敛精度参数为 threshold，用于作为梯度准则判断寻优算法是否继续进行，记录每一轮迭代终点的梯度 L_2 范数。

（3）迭代上限参数为 times，记录算法迭代轮数。

（4）步长范围参数为 step_range，用于在进行选取迭代步长的一维最优搜索时给定搜索的初始区间。

（5）黄金分割法精度参数为 gold_precision，用于控制黄金分割法的寻优精度。

（6）步长参数为 alpha，用于在迭代过程中和上一代坐标值相加，从而更新坐标变量。

（7）设计变量维度参数为 dim，表示目标设计变量的维度数。

Python 程序如下所示：

```python
class conjugate_gradient():
    def __init__(self, function, start_point, threshold, times,
                 step_range, gold_precision):
        self.function = sympify(function)
        self.start_point = start_point
        self.threshold = threshold
        self.times = times
        self.step_range = step_range
        self.gold_precision = gold_precision
        self.alpha = Symbol('alpha')
        self.dim = len(start_point)
```

2) 黄金分割法

在共轭梯度法类中引入黄金分割法作为一维搜索方法，黄金分割法在本章一维搜索章节已经介绍，将 golden_ratio 写入共轭梯度法类。Python 程序如下所示：

```
def golden_ratio(self, target):...
```

3）计算梯度

计算函数在每个自变量上的一阶导数，得到目标函数的梯度表达式。Python 程序如下所示：

```
def diff(self):
    n = self.dim
    diff_f = []
    symbol_x = self.symbol_save()
    for i in range(n):
        diff = sy.diff(self.function, symbol_x[i])
        diff_f.append(diff)
    return diff_f
```

4）共轭梯度法

共轭梯度法的参数如下：

（1）自变量参数为 symbol_x。

（2）当前迭代轮数参数为 time。

（3）迭代起始点参数为 start_point。

（4）搜索点所在处函数梯度的 L_2 范数参数为 error。

（5）每轮迭代中的搜索次数参数为 k，用来判断是否完成一轮完整的搜索，即搜索次数达到设计变量维度数。

Python 程序如下所示：

```
def algorithm_run(self):
    symbol_x = self.symbol_save()
    time = 0
    x = self.start_point
    error = float('inf')
    k = 0
```

当前搜索点处函数梯度的 L_2 范数大于梯度收敛精度，且迭代轮数未达到迭代上限时,依据共轭方向和负梯度方向前进搜索最优点。每轮迭代遵循先沿负梯度方向,再沿由负梯度方向确定的共轭方向搜索,搜索次数达到设计变量维度后,即完成一轮迭代,共轭方向置零,开始新的一轮迭代。Python 程序如下所示:

```
while (error > self.threshold) and (time < self.times):
    x1 = []
    diff_f = self.diff()
    # 第一次搜索按照负梯度方向
    if k == self.dim or (time == 0):
        x_last = x[:]; k = 0; grad = []; sub_d = {}
        for i in range(self.dim):
            sub_d[symbol_x[i]] = x[i]
        for i in range(self.dim):
            grad.append( - diff_f[i].evalf(subs = sub_d))
        con_direct = grad
```

根据黄金分割一维搜索得到最优步长,沿负梯度搜索方向 $S^{(k)}$ 前进,得到沿共轭方向搜索的迭代点起始点 x_1。Python 程序如下所示:

```
target = self.function
for i in range(self.dim):
    target = target.subs(symbol_x[i], x[i] + self.alpha * grad[i])
best_step = self.golden_ratio(target)
# x(k + 1) = x(k) + a(k) * S(k)
for i in range(self.dim):
    x1.append((x[i] + best_step * grad[i]))
x = x1
```

当前搜索次数未达到设计变量维度数时,在上一步沿负梯度方向前进后得到的搜索点的基础上沿共轭方向进行搜索。根据梯度构造共轭方向,由搜索点当前位置的梯度计算共轭方向系数 β。Python 程序如下所示:

```
#  在前面搜索的基础上开始共轭搜索
elif k ! = self.dim:
    sum_1 = 0
    sum_2 = 0
    for i in grad:
        sum_2 + = i * * 2
    grad = []
    sub_d = {}
    for i in range(self.dim):
        sub_d[symbol_x[i]] = x[i]
    for i in range(self.dim):
        grad.append( - diff_f[i].evalf(subs = sub_d))
    for i in grad:
        sum_1 + = i * * 2
    #  计算系数 beta
    beta = sum_1 / sum_2
```

根据共轭梯度系数 β，由式(3 - 37)计算共轭方向 $S^{(k+1)}$ 得到共轭梯度。Python 程序如下所示：

```
#  确定新的搜索方向 S(k + 1)
con_direct = [i * beta for i in con_direct]
con_direct = [x + y for x, y in zip(con_direct, grad)]
for i in range(self.dim):
    sub_d[symbol_x[i]] = x[i]
for i in range(self.dim):
    grad.append( - diff_f[i].evalf(subs = sub_d))
for i in grad:
    sum_1 + = i * * 2
#  计算系数 beta
beta = sum_1 / sum_2
```

```
# 确定新的搜索方向 S(k + 1)
con_direct = [i * beta for i in con_direct]
con_direct = [x + y for x, y in zip(con_direct, grad)]
```

沿共轭方向 $S^{(k+1)}$，利用黄金分割法计算最优步长并更新搜索点，完成一轮迭代，并更新每轮迭代搜索的轮数。Python 程序如下所示：

```
# 根据黄金分割法求最优步长
target = self.function
for i in range(self.dim):
    target = target.subs(symbol_x[i], x[i] +
                        self.alpha * con_direct[i])
best_step = self.golden_ratio(target)
# x(k + 1) = x(k) + a(k) * S(k)
for i in range(self.dim):
    x1.append(x[i] + best_step * con_direct[i])
x_last = x[:]
x = x1
k + = 1
```

使用梯度准则和迭代上限准则，判断是否达到收敛条件。Python 程序如下所示：

```
    # 完成一轮坐标更新后,判断是否达到终止准则
    res = 0
    sub_x = {}
    for i in range(self.dim):
        sub_x[symbol_x[i]] = x[i]
    for i in range(self.dim):
        res + = diff_f[i].evalf(subs = sub_x) * * 2
    error = sqrt(res)
```

```
    time + = 1
return x
```

5) 算法运行

下面针对 3.6.3 节中给出的数学算例,结合本节给出的程序进行验证。对于共轭梯度法类进行参数的初始化。Python 程序如下所示:

```
function = 'x1 * * 2 + 25 * x2 * * 2'
start_point = [2, 2]
threshold = 1e - 6
step_range = 1
times = 100
gold_precision = 1e - 6
algorithm = conjugate_gradient(function, start_point, threshold,
                               times, step_range, gold_precision)
```

实例化算法类,并运行算法主函数,设计点迭代过程如图 3 - 21 所示。

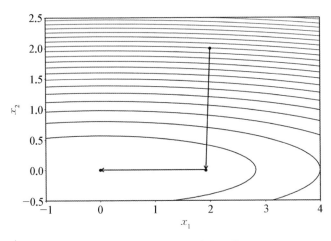

图 3 - 21　共轭梯度法设计点迭代过程

得到最优的设计变量坐标值和目标函数值,并保留三位小数得到:

$$x = [0.000, 0.000]$$
$$F(x) = 0.000$$

(3 - 104)

3.7　变尺度法

3.7.1　方法原理

变尺度法根据牛顿法和梯度法发展而来,具有牛顿法和梯度法的优点。梯度法的搜索方向为 $-\boldsymbol{g}_k$,只需计算函数的一阶偏导数,计算量小,当迭代点远离最优点时,函数值下降很快,但当迭代点接近最优点时收敛速度极慢。牛顿法的搜索方向为 $-\boldsymbol{H}_k^{-1}\boldsymbol{g}_k$,不仅需要计算一阶偏导数,而且要计算二阶偏导数及其逆阵,计算量大;但牛顿法具有二次收敛性,当迭代点接近最优点时,收敛速度极快。变尺度法采用构造矩阵来代替牛顿法中 Hessian 矩阵的逆阵,可以避免计算二阶偏导数和逆矩阵,仅用梯度和其他一些易于获得的信息来确定迭代方向。

变尺度法的迭代点公式为

$$x^{(k+1)} = x^{(k)} - \alpha^{(k)}\boldsymbol{A}_k\boldsymbol{g}_k \tag{3-105}$$

式中:要求拟牛顿方向 $S^{(k)} = -\boldsymbol{A}_k\boldsymbol{g}_k$ 必须具有下降性、收敛性和计算便捷性。

(1)下降性:要求变尺度矩阵为对阵正定矩阵,即需要变尺度矩阵 $\boldsymbol{A}_k$ 为对阵正定矩阵。

(2)收敛性:要求变尺度矩阵逐渐逼近 Hessian 矩阵逆阵 $\boldsymbol{H}_k^{-1}$,满足拟牛顿条件。

(3)计算便捷性:希望变尺度矩阵有如下递推形式:

$$\boldsymbol{A}_{k+1} = \boldsymbol{A}_k + \nabla\boldsymbol{A}_k \tag{3-106}$$

设 $F(x)$ 为一般形式 n 阶的目标函数,并具有连续的一、二阶偏导。在点 $x^{(k)}$ 处的二次泰勒近似展开为

$$F(x) \approx F(x^{(k)}) + \boldsymbol{g}_k^{\mathrm{T}}\Delta x + \frac{1}{2}\Delta x^{\mathrm{T}}\boldsymbol{H}_k\Delta x \tag{3-107}$$

该近似二次函数的梯度为

$$\nabla F(x) \approx \boldsymbol{g}_k + \boldsymbol{H}_k\Delta x \tag{3-108}$$

式中:$\Delta x = x - x^{(k)}$。若令 $x = x^{(k+1)}$,则有

$$\boldsymbol{g}_{k+1} \approx \boldsymbol{g}_k + \boldsymbol{H}_k(x^{(k+1)} - x^{(k)}) \tag{3-109}$$

$$x^{(k+1)} - x^{(k)} \approx \boldsymbol{H}_k^{-1}(\boldsymbol{g}_{k+1} - \boldsymbol{g}_k) \tag{3-110}$$

式(3-110)中：$x^{(k+1)}-x^{(k)}$ 称为位移矢量差，简化书写为

$$\sigma_k = x^{(k+1)} - x^{(k)} \tag{3-111}$$

而 $g_{k+1} - g_k$ 是前后迭代点的梯度矢量差，简化书写为

$$y_k = g_{k+1} - g_k \tag{3-112}$$

由式(3-110)、式(3-111)、式(3-112)三式可得 Hessian 矩阵与梯度间的关系式：

$$\sigma_k \approx \boldsymbol{H}_k^{-1} y_k \tag{3-113}$$

$$\sigma_k = \boldsymbol{A}_{k+1} y_k = (\boldsymbol{A}_k + \Delta \boldsymbol{A}_k) y_k \tag{3-114}$$

式(3-114)为产生构造矩阵 $\boldsymbol{A}_{k+1}$ 应满足的一个重要条件，称为拟牛顿条件或拟牛顿方程。

满足拟牛顿方程的解法种类较多，本书介绍由戴维顿(Davidon W. C.)于1959 年提出，后经弗莱彻(Fletcher R.)和鲍威尔(Powell M. J. D.)改进的变尺度法(Davidon-Fletcher-Powell, DFP)。

DFP 的校正公式为

$$\boldsymbol{A}_{k+1} = \boldsymbol{A}_k + \alpha_k \boldsymbol{U}_k \boldsymbol{U}_k^{\mathrm{T}} + \beta_k \boldsymbol{V}_k \boldsymbol{V}_k^{\mathrm{T}} \tag{3-115}$$

式中：α_k、β_k 为待定常数，$\boldsymbol{U}_k$、$\boldsymbol{V}_k$ 为 n 维矢量。

$$\Delta \boldsymbol{A}_k = \alpha_k \boldsymbol{U}_k \boldsymbol{U}_k^{\mathrm{T}} + \beta_k \boldsymbol{V}_k \boldsymbol{V}_k^{\mathrm{T}} \tag{3-116}$$

式(3-116)代入式(3-114)可得

$$(\alpha_k \boldsymbol{U}_k \boldsymbol{U}_k^{\mathrm{T}} + \beta_k \boldsymbol{V}_k \boldsymbol{V}_k^{\mathrm{T}}) y_k = \sigma_k - \boldsymbol{A}_k y_k \tag{3-117}$$

取 $\alpha_k \boldsymbol{U}_k \boldsymbol{U}_k^{\mathrm{T}} y_k = \sigma_k$，$\beta_k \boldsymbol{V}_k \boldsymbol{V}_k^{\mathrm{T}} y_k = -\boldsymbol{A}_k y_k$，令 $\boldsymbol{U}_k = \sigma_k$，$\boldsymbol{V}_k = \boldsymbol{A}_k y_k$，得

$$\alpha_k = \frac{1}{\sigma_k^{\mathrm{T}} y_k}$$
$$\beta_k = -\frac{1}{y_k^{\mathrm{T}} \boldsymbol{A}_k y_k} \tag{3-118}$$

得 DFP 变尺度矩阵的递推公式为

$$\boldsymbol{A}_{k+1} = \boldsymbol{A}_k + \frac{\sigma_k \sigma_k^{\mathrm{T}}}{\sigma_k^{\mathrm{T}} y_k} - \frac{\boldsymbol{A}_k y_k y_k^{\mathrm{T}} \boldsymbol{A}_k^{\mathrm{T}}}{y_k^{\mathrm{T}} \boldsymbol{A}_k y_k} \tag{3-119}$$

由式(3-119)可以看出,构造矩阵 $\boldsymbol{A}_{k+1}$ 的确定取决于第 k 轮迭代中的下列信息:

(1) 上次的构造矩阵: $\boldsymbol{A}_k$。

(2) 迭代点的位移矢量: $\sigma_k = x^{(k+1)} - x^{(k)}$。

(3) 迭代点的梯度矢量: $y_k = g_{k+1} - g_k$。

因此,DFP 不必作二阶导数矩阵及其求逆的计算。

对于二次函数 $F(x)$,DFP 算法的收敛速度介于梯度法和牛顿法之间,且 DFP 所构成的搜索方向序列 $S^{(0)}$,$S^{(1)}$,$S^{(2)}$,… 为一组关于 Hessian 矩阵共轭的矢量,即 DFP 属于共轭方向法,具有二次收敛性。在任何情况下,这种方法对于二次目标函数都将在有限步内搜索到目标函数的最优点,而且最后的构造矩阵 $\boldsymbol{A}_n$ 必等于 Hessian 矩阵。

3.7.2　方法步骤

变尺度法流程图如图 3-22 所示。

下面介绍变尺度法的寻优步骤:令 $x^{(0)}$ 为初始点,给出迭代精度 ε。

(1) 计算初始点的精度 $g_0 \leftarrow \nabla f(x^{(0)})$ 及其范数 $\| \boldsymbol{g}_0 \|$,若满足精度条件则转步骤(7),输出最优点;若不满足,则进行下一步。

(2) 置 $k \leftarrow 0$,取 $\boldsymbol{A}_k \leftarrow E$。

(3) 计算迭代方向 $\boldsymbol{S}^{(k)} = -\boldsymbol{A}_k \boldsymbol{g}_k$,沿 $S^{(k)}$ 方向做一维搜索求优化步长 $\alpha^{(k)}$,使

$$F(x^{(k)} + \alpha^{(k)} S^{(k)}) = \min F(x^{(k)} + \alpha S^{(k)})$$

确定下一迭代点: $x^{(k+1)} = x^{(k)} + \alpha^{(k)} S^{(k)}$。

(4) 计算 $x^{(k+1)}$ 处的梯度 $g_{k+1} \leftarrow \nabla f(x^{(k+1)})$ 及其范数 $\| \boldsymbol{g}_{k+1} \|$,若满足精度条件,则转步骤(7);否则,转下一步。

(5) 计算出位移矢量 σ_k 和梯度矢量 y_k:

$$\begin{aligned} \sigma_k &= x^{(k+1)} - x^{(k)} \\ y_k &= \boldsymbol{g}_{k+1} - \boldsymbol{g}_k \end{aligned} \tag{3-120}$$

按 DFP 公式计算构造矩阵 $\boldsymbol{A}_{k+1}$:

$$\boldsymbol{A}_{k+1} = \boldsymbol{A}_k + \frac{\sigma_k \sigma_k^{\mathrm{T}}}{\sigma_k^{\mathrm{T}} y_k} - \frac{\boldsymbol{A}_k y_k y_k^{\mathrm{T}} \boldsymbol{A}_k^{\mathrm{T}}}{y_k^{\mathrm{T}} \boldsymbol{A}_k y_k} \tag{3-121}$$

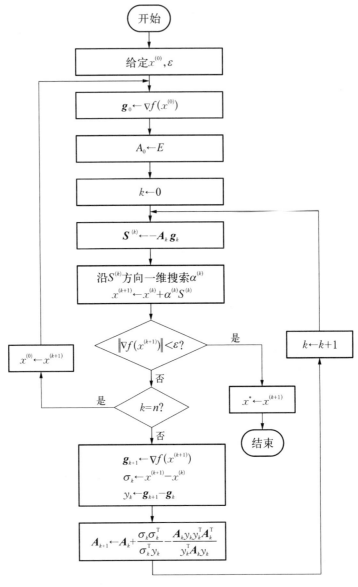

图 3-22 变尺度法流程图

(6) 置 $k \leftarrow k+1$。若 $k < n(n$ 为优化问题维数),则返回步骤(3);否则,返回步骤(2)。

(7) 输出最优解 (x^*, F^*),终止计算。

3.7.3 数学算例

例题: 用 DFP 求目标函数

$$F(x) = 4(x_1 - 5)^2 + (x_2 - 6)^2 \tag{3-122}$$

的无约束最小值,给定初始点 $x^{(0)} = [8, 9]^T$,精度要求 $\varepsilon = 1\mathrm{e} - 2$。

解:第一轮迭代计算,计算初始点梯度

$$\boldsymbol{g}_0 = \nabla F(x^{(0)}) = \begin{bmatrix} 8(x_1 - 5) \\ 2(x_2 - 6) \end{bmatrix}_{(8, 9)} = \begin{bmatrix} 24 \\ 6 \end{bmatrix} \tag{3-123}$$

判断精度条件:

$$\| \boldsymbol{g}_0 \| = 24.3 < \varepsilon \tag{3-124}$$

不满足精度条件,计算搜索方向 S_0:

$$S^{(0)} = -\boldsymbol{A}_0 \boldsymbol{g}_0 = \begin{bmatrix} -24 \\ -6 \end{bmatrix} \tag{3-125}$$

得到下一迭代点的表达式:

$$x^{(1)} = x^{(0)} + \alpha^{(0)} S^{(0)} = \begin{bmatrix} 8 \\ 9 \end{bmatrix} + \alpha^{(0)} \begin{bmatrix} -24 \\ -6 \end{bmatrix} = \begin{bmatrix} 8 - 24\alpha^{(0)} \\ 9 - 6\alpha^{(0)} \end{bmatrix} \tag{3-126}$$

求解沿 S_0 方向搜索的最优步长:

$$\min[F(x^{(1)})] = 4[(8 - 24\alpha) - 5]^2 + [(9 - 6\alpha) - 6]^2 \tag{3-127}$$

令一阶导数为零,求解得 $\alpha^{(0)} = 0.130\,77$。 由此得到第一轮迭代点的坐标及梯度值为

$$x^{(1)} = \begin{bmatrix} 4.862 \\ 8.215 \end{bmatrix} \tag{3-128}$$

$$\boldsymbol{g}_1 = \nabla F(x^{(1)}) = \begin{bmatrix} -1.108 \\ 4.431 \end{bmatrix} \tag{3-129}$$

计算是否满足终止条件:

$$\| \boldsymbol{g}_1 \| = 4.567 > \varepsilon \tag{3-130}$$

梯度模值大于迭代精度,继续搜索。

第二轮迭代:

计算位移矢量和梯度矢量,确定 $x^{(1)}$ 点的拟牛顿方向 $S^{(1)}$:

$$\sigma_0 = x^{(1)} - x^{(0)} = \begin{bmatrix} -3.138 \\ -0.785 \end{bmatrix}$$

$$y_0 = \boldsymbol{g}_1 - \boldsymbol{g}_0 = \begin{bmatrix} -25.108 \\ -1.570 \end{bmatrix} \tag{3-131}$$

按 DFP 公式计算构造矩阵：

$$\boldsymbol{A}_1 = \boldsymbol{A}_0 + \frac{\sigma_0 \sigma_0^{\mathrm{T}}}{\sigma_0^{\mathrm{T}} y_0} - \frac{\boldsymbol{A}_0 y_0 y_0^{\mathrm{T}} \boldsymbol{A}_0^{\mathrm{T}}}{y_0^{\mathrm{T}} \boldsymbol{A}_0 y_0} \tag{3-132}$$

将数据代入得

$$\boldsymbol{A}_1 = \begin{bmatrix} 0.127 & -0.0315 \\ -0.0315 & 1.004 \end{bmatrix} \tag{3-133}$$

则拟牛顿方向为

$$S^{(1)} = -\boldsymbol{A}_1 \boldsymbol{g}_1 = \begin{bmatrix} 0.281 \\ -4.482 \end{bmatrix} \tag{3-134}$$

沿 $S^{(1)}$ 方向进行一维搜索求最优点 $x^{(2)}$，解得最优步长为

$$\alpha^{(1)} = 0.494 \tag{3-135}$$

得第二次迭代的终点坐标及梯度值为

$$x^{(2)} = \begin{bmatrix} 5.000 \\ 6.000 \end{bmatrix}$$

$$\boldsymbol{g}_2 = \nabla F(x^{(2)}) = \begin{bmatrix} -0.00016 \\ 0.00028 \end{bmatrix} \tag{3-136}$$

判断终止条件：

$$\| \boldsymbol{g}_2 \| = 0.00032 < \varepsilon \tag{3-137}$$

满足终止准则，故迭代结束。综上得到近似最优解：

$$x^* = x^{(2)} = \begin{bmatrix} 5.000 \\ 6.000 \end{bmatrix}$$

$$F^* = F(x^*) = 2.1 \times 10^{-8} \tag{3-138}$$

3.7.4　程序实现

1）变尺度法类初始化

初始化算法参数如下：

（1）搜索起始点参数为 start_point，作为第一轮寻优搜索的原始迭代点。

（2）收敛精度参数为 threshold，用于作为梯度准则判断寻优算法是否继续进行，记录每一轮迭代终点的梯度 L_2 范数。

（3）迭代上限参数为 times，记录算法迭代轮数。

（4）步长范围参数为 step_range，在进行选取迭代步长的一维最优搜索时给定搜索的初始区间。

（5）黄金分割法精度参数为 gold_precision，用于控制黄金分割法的寻优精度。

（6）步长参数为 alpha，用于在迭代过程中和上一代坐标值相加，从而更新坐标变量。

（7）设计变量维度参数为 dim，目标设计变量的维度数。

Python 程序如下所示：

```python
class variable_metric():
    def __init__(self, function, start_point, threshold, times,
                 step_range, gold_precision):
        self.function = sympify(function)
        self.start_point = start_point
        self.threshold = threshold
        self.times = times
        self.step_range = step_range
        self.gold_precision = gold_precision
        self.alpha = Symbol('alpha')
        self.dim = len(start_point)
```

2）黄金分割法

在变尺度法类中引入黄金分割法作为一维搜索方法，黄金分割法在本章一维搜索章节已经介绍，将 golden_ratio 写入变尺度法类。Python 程序如下所示：

```python
def golden_ratio(self, target):...
```

3）计算梯度

计算每个变量的一阶导数，得到目标函数的梯度表达式。Python 程序如下所示：

```
def diff(self):
    n = self.dim
    diff_f = []
    symbol_x = self.symbol_save()
    for i in range(n):
        diff = sy.diff(self.function, symbol_x[i])
        diff_f.append(diff)
    return diff_f
```

4）构造矩阵

根据拟牛顿公式计算构造矩阵。Python 程序如下所示：

```
def con_mat_A(self, A, sigma, y):
    part11 = np.dot(sigma, sigma.T) ; part12 = np.dot(sigma.T, y)
    part1 = part11 / part12
    part21 = np.dot(np.dot(np.dot(A, y), y.T), A.T)
    part22 = np.dot(np.dot(y.T, A), y)
    part2 = part21 / part22
    return A + part1 - part2
```

5）变尺度法主函数

变尺度法的参数如下：

（1）自变量参数为 symbol_x。

（2）当前迭代轮数参数为 time。

（3）迭代起始点参数为 start_point。

（4）搜索点所在处函数梯度的 L_2 范数参数为 error。

Python 程序如下所示：

```
def algorithm_run(self):
    symbol_x = self.symbol_save()
```

```
time = 0
x = self.start_point
error = float('inf')
```

综合梯度准则和迭代轮数终止准则的变尺度法,第一轮迭代置构造矩阵为单位矩阵,计算负梯度方向为搜索方向。Python 程序如下所示:

```
while (error > self.threshold) and (time < self.times):
    x1 = []
    diff_f = self.diff()
    if time % (self.dim + 2) == 0:
        x_last = x[:]
        A = np.eye(self.dim)
        grad = []; sub_d = {}
        for i in range(self.dim):
            sub_d[symbol_x[i]] = x[i]
        for i in range(self.dim):
            grad.append(- diff_f[i].evalf(subs = sub_d))
        con_direct = grad
```

根据黄金分割一维搜索得到最优步长,沿搜索方向 $S^{(k)}$ 搜索,得到下一轮迭代点。Python 程序如下所示:

```
# 根据黄金分割法求最优步长
target = self.function
for i in range(self.dim):
    target = target.subs(symbol_x[i], x[i] + self.alpha * grad[i])
best_step = self.golden_ratio(target)
# x(k + 1) = x(k) + a(k) * S(k)
for i in range(self.dim):
    x1.append((x[i] + best_step * grad[i]))
x = x1
```

　　计算构造矩阵，根据式(3-110)计算位移矢量和梯度矢量。Python 程序如下所示：

```
elif time % (self.dim + 2) ! = 0:
    sum_1 = 0 ; sum_2 = 0
    for i in grad:
        sum_2 += i ** 2
    grad = [] ; sub_d = {}
    for i in range(self.dim):
        sub_d[symbol_x[i]] = x[i]
    for i in range(self.dim):
        grad.append( - diff_f[i].evalf(subs = sub_d))
    grad_mat = (np.asarray(grad)).T
    for i in grad:
        sum_1 += i ** 2
    # 计算位移矢量和梯度矢量
    grad_vec = []; sigma = []
    for i in range(self.dim):
        sigma.append(x[i] - x_last[i])
        grad_vec.append( - grad[i] - ( - con_direct[i]))
    con_direct = grad[:]
    sigma_mat = np.asarray(sigma)
    sigma_mat = sigma_mat.reshape((2, 1))
    grad_vec_mat = np.asarray(grad_vec)
    grad_vec_mat = grad_vec_mat.reshape((2, 1))
```

　　根据拟牛顿方程计算构造矩阵，并得到新的搜索方向，由黄金分割法得到该搜索方向上的最优步长，得到下一轮搜索点。Python 程序如下所示：

```
# 根据拟牛顿方程计算新的构造矩阵并确定新的搜索方向
A = self.con_mat_A(A, sigma_mat, grad_vec_mat)
S = np.dot( - A, - grad_mat)
```

```
S_list = S.tolist()
target = self.function
for i in range(self.dim):
    target = target.subs(symbol_x[i], x[i] +
                             self.alpha * S_list[i])
best_step = self.golden_ratio(target)
for i in range(self.dim):
    x1.append(x[i] + best_step * S_list[i])
x_last = x[:]
x = x1
```

根据梯度终止准则判断算法是否收敛。Python 程序如下所示：

```
# 完成一轮坐标更新后,判断是否达到终止准则
res = 0
sub_x = {}
for i in range(self.dim):
    sub_x[symbol_x[i]] = x[i]
for i in range(self.dim):
    res += diff_f[i].evalf(subs = sub_x) ** 2
error = sqrt(res)
time += 1
return x
```

6）算法运行

下面针对 3.7.3 节中给出的数学算例,结合本节给出的程序进行验证。对于变尺度法类进行参数的初始化。Python 程序如下所示：

```
function = '4 * (x1 - 5) ** 2 + (x2 - 6) ** 2'
start_point = [8, 9]
threshold = 1e-2
step_range = 1
```

```
times = 100
gold_precision = 1e − 6
algorithm = conjugate_gradient(function, start_point, threshold,
                               times, step_range, gold_precision)
```

实例化算法类,并运行算法主函数,设计点迭代过程如图 3-23 所示。

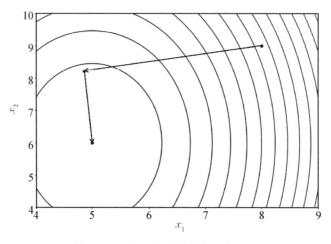

图 3-23   变尺度法设计点迭代过程

得到最优的设计变量坐标值和目标函数值,并保留三位小数得到:

$$x = [5.000, 6.000]$$
$$F(x) = 0.000 \tag{3-139}$$

习题

3-1   使用坐标轮换法求解优化问题:

$$\min f(x) = x_1(x_1 - 5 - x_2) + x_2(x_2 - 4)$$

初始点为 $x^0 = [1, 4]^T$,精度要求 $\varepsilon = 1e - 6$。

3-2   使用鲍威尔法求解优化问题:

$$\min f(x) = (x_1 - 3)^2 + (x_2 - 4)^2$$

初始点 $x^0 = [1, 2]^T$,精度要求 $\varepsilon = 1e - 6$。

3-3   使用梯度法求解优化问题:

$$\min f(x) = x_1^2 + 4x_1 + x_2^2 - 4x_2 + 10$$

初始点为 $x^0 = [-1, 1]^{\mathrm{T}}$，精度要求 $\varepsilon = 1\mathrm{e} - 6$。

3-4　使用牛顿法求解优化问题：

$$\min f(x) = x_1^2 - 10x_1 + x_2^2 - 4x_2 - x_1 - x_2 + 60$$

初始点为 $x^0 = [0, 0]^{\mathrm{T}}$，精度要求 $\varepsilon = 1\mathrm{e} - 6$。

3-5　使用共轭梯度法求解优化问题：

$$\min f(x) = 2x_1^2 + x_2^2 - x_1 x_2 + 2x_1 - 6x_2 + 10$$

初始点为 $x^0 = [0, 0]^{\mathrm{T}}$，精度要求 $\varepsilon = 1\mathrm{e} - 6$。

3-6　使用变尺度法求解优化问题：

$$\min f(x) = 4x_1 x_2 + x_1^2 + 3x_2^2 - x_1 + x_2 + 4$$

初始点为 $x^0 = [1, 1]^{\mathrm{T}}$，精度要求 $\varepsilon = 1\mathrm{e} - 6$。

第 4 章　约束优化方法

约束优化问题建立在无约束优化问题的基础上,结合实际工程背景,对设计变量的取值加以限定,限定的方式除直接限制设计变量的上、下限外,还有以函数形式存在的约束条件。在所有约束条件的限制下,优化求解不再是在全局范围内的搜索过程,而是在可行域内,即满足约束条件的设计空间中,找出使目标函数极小化或极大化的设计点。相比无约束优化问题,约束优化问题更接近实际情况,其求解过程也相对更加复杂。本章介绍几种常见的约束优化方法,包括随机方向法、可行方向法、惩罚函数法、增广乘子法、序列二次规划法。

4.1　随机方向法

4.1.1　方法原理

随机方向法是一种原理简单的直接算法。基本工作原理是随机在可行域中产生初始点,随机产生若干个搜索方向,并从中选择一个能使目标函数值下降最快的方向作为可行搜索方向进行搜索,搜索过程沿着目标函数值下降的方向进行并且始终保持新的搜索点在可行域内。

随机方向法的优点是程序结构简单,使用方便,对目标函数的性态无特殊要求,适用性广,可应用于小型最优化问题。缺点是初始点的选取要求严格,易陷入局部最优解。

随机方向法的步骤包括初始点的选择、可行搜索方向的产生、搜索步长的确定。在生成初始点后,通过不断迭代产生新的搜索方向和搜索步长,确定下一搜索点,直至满足收敛条件。

1) 初始点的选择

随机方向法的初始点 x_0 必须是一个可行点,即满足所有不等式约束条件: $g_j(x) \leqslant 0 \ (j=1, 2, \cdots, m)$。若约束条件较为复杂,则初始点可通过随机选择的方法产生。其计算步骤如下：

(1) 输入设计变量的下限值和上限值，即 $a_i \leqslant x_i \leqslant b_i$。

(2) 在区间 $[0,1]$ 内产生 n 个伪随机数 q_i（$i=1,2,\cdots,n$）。

(3) 计算随机点 x 的各分量 $x_i = a_i + q_i(b_i - a_i)$（$i=1,2,\cdots,n$）。

(4) 判断随机点 x 是否可行，若随机点可行，取 $x^0 \leftarrow x$ 为初始点；若非可行点，转到步骤(2)重新产生随机点，直到可行为止。

2) 可行方向的生成

在随机方向法中，可行方向是通过产生 k 个随机方向，并从中选取一个可行且下降最快的方向。其计算步骤如下：

(1) 在 $[-1,1]$ 区间内产生伪随机数 r_i^j（$i=1,2,\cdots,n$；$j=1,2,\cdots,k$），按照式(4-1)计算随机单位矢量 e^j：

$$e^j = \frac{1}{\left[\sum_{i=1}^{n}(r_i^j)\right]^{\frac{1}{2}}}\begin{bmatrix} r_1^j \\ r_2^j \\ \vdots \\ r_n^j \end{bmatrix} \quad (j=1,2,\cdots,k) \tag{4-1}$$

(2) 取一试验步长 α_0，按照式(4-2)计算 k 个随机点：

$$x^j = x^0 + \alpha_0 e^j \tag{4-2}$$

(3) 获得目标函数最小点：检验 k 个随机点是否为可行点，除去非可行点，计算余下的可行点的目标函数值，比较其大小，选出目标函数最小点 x_L。

(4) 比较 x_L 和 x^0 两点的目标函数值，若 $f(x_L) < f(x^0)$，则取 x_L 和 x^0 连线方向为可行搜索方向；若 $f(x_L) \geqslant f(x^0)$，则缩小步长 α_0，转至步骤(1)重新计算，直至 $f(x_L) < f(x^0)$ 为止。如果 α_0 缩小到很小仍然找不到一个 x_L，使 $f(x_L) < f(x^0)$，则说明 x^0 是一个局部极小点，需要更换初始点，转至步骤(1)重新计算。因此，当点 x_L 满足

$$\begin{cases} g_j(x_L) \leqslant 0 \\ f(x_L) = \min\{f(x^j) \mid j=1,2,\cdots,k\} \\ f(x_L) < f(x^0) \end{cases} \tag{4-3}$$

时，点 x_L 为一可行搜索点，可行搜索方向为

$$d = x_L - x^0 \tag{4-4}$$

3) 确定搜索步长

可行搜索方向确定后,初始点变为点 x_L。从该点出发沿 d 方向进行搜索,步长一般采取加速步长法来确定,即在迭代过程中,将步长按一定的比例递增。各轮迭代步长的计算公式为

$$\alpha = \tau\alpha \tag{4-5}$$

式中:τ 为加速补偿系数;α 为步长,初始步长取 $\alpha = \alpha_0$。

4.1.2 方法步骤

约束随机方向法流程图如图 4-1 所示,具体步骤如下:

(1) 选择一个可行的初始点 x^0。

(2) 产生 k 个 n 维随机单位矢量 $e^j (j = 1, 2, \cdots, k)$。

(3) 取试验步长 α_0,计算出 k 个随机点 x^j。

(4) 在 k 个随机点中,找出可行的随机点 x_L,产生可行搜索方向 $d = x_L - x^0$。

(5) 从初始点 x^0 出发,沿可行搜索方向 d,以步长 α 进行迭代计算,直到搜索到一个满足全部约束条件,且目标函数值不再下降的新点 x。

(6) 若收敛条件满足,则停止迭代。否则,令 $x^0 \leftarrow x$,转步骤(2)。约束随机方向法通常采用函数差值和坐标差值收敛准则。

$$\begin{cases} |f(x) - f(x^0)| \leqslant \varepsilon_1 \\ \|x - x^0\| \leqslant \varepsilon_2 \end{cases} \tag{4-6}$$

值得注意的是:

(1) 当在某个点处沿 k 个(预先限定的次数)随机方向试探均失败时,则说明以此点为中心,α_0 为半径的圆周上各点都不是可行点。此时,可将初始步长 α_0 缩小一半后继续试探。当 $\alpha_0 \leqslant \varepsilon$,且沿 k 个随机方向都试探失败时,则最后一个可行点就是满足精度 ε 要求的最优点,迭代即可结束。

(2) k 是预先设定的在某点处所允许的产生随机方向的最大数目。一般可在 $50 \sim 500$ 范围内选取。

(3) 约束随机方向法的搜索方向比坐标轮换法更加灵活,并且当 k 足够大时,可以避免出现坐标轮换法中的伪最优点问题。

4.1.3 数学算例

例题:用约束随机方向法求解下列问题

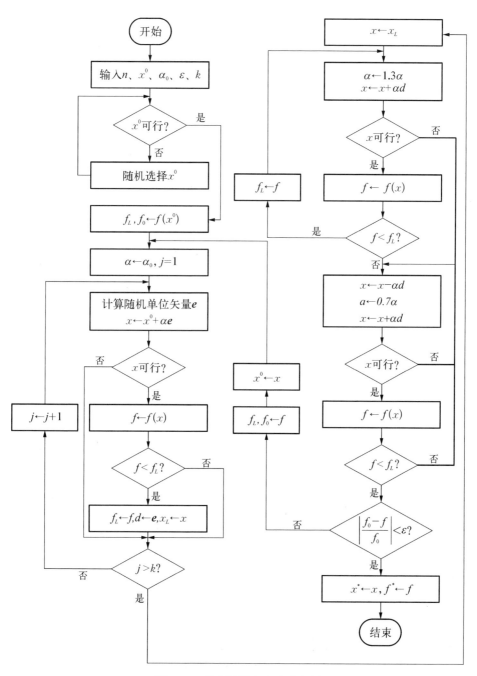

图 4-1　约束随机方向法流程图

$$\min f(x) = x_1^2 + x_2$$

$$\text{s. t.} \begin{cases} g_1(x) = x_1^2 + x_2^2 - 9 \leqslant 0 \\ g_2(x) = x_1 + x_2 - 1 \leqslant 0 \end{cases} \quad (4-7)$$

解：利用计算机运行随机方向法算法，得到运行结果如表 4-1 所示。

表 4-1　运行结果

迭 代 轮 数	设计变量 x_1	设计变量 x_2	目标函数值
0	0	0	0
1	0.251 6	−0.470 0	−0.406 7
2	0.265 1	−0.794 2	−0.723 9
3	−0.112 6	−2.939 8	−2.927 1
……	……	……	……
208	0.000 4	−2.999 7	−2.999 7

得到的约束最优解为

$$x^* = [0.000\,4, -2.999\,7]$$
$$f(x^*) = -2.999\,7 \quad (4-8)$$

4.1.4　程序实现

1) 约束随机方向法类初始化

初始化算法参数如下：

（1）搜索起始点参数为 start_point，作为第一轮寻优搜索的原始迭代点，初始点必须在可行域内，若不满足则可通过随机数重新生成初始点。

（2）随机方向数量参数为 k_num，用于控制随机方向搜索的次数。

（3）步长参数为 alpha，分为两种，即试验步长和搜索步长。

（4）步长范围参数为 alpha_range，用于判断迭代步长是否达到收敛条件。

（5）加速补偿系数参数为 acce_rate，用于控制步长增长率。

（6）设计变量上、下限参数分别为 low、high。

（7）设计变量维度参数为 dim，目标设计变量的维度数。

Python 程序如下所示：

```
class constraint_random_direction:
    def __init__(self, function, constraint, k_num, alpha_0,
                 alpha_range, acce_rate, func_range, dim, low, high,
                 start_point = None):
        self.function = sympify(function)
        self.constraint = sympify(constraint)
        self.start_point = start_point
        self.k_num = k_num
        self.alpha_0 = alpha_0
        self.alpha = None
        self.alpha_range = alpha_range
        self.acce_rate = acce_rate
        self.func_range = func_range
        self.dim = dim
        self.low = low
        self.high = high
        self.direction = None
        if not start_point:
            self.start_point = self.random_startpoint()
```

2）点的初始化与判断

基于随机数以及给定的设计变量上、下限随机生成初始点。Python 程序如下所示：

```
def random_startpoint(self):
    x = []
    for i in range(self.dim):
        x.append(random.uniform(self.low[i], self.high[i]))
    return x
```

将得到的点代入每一个约束条件中，判断是否满足所有约束条件。Python 程序如下所示：

```python
def cal_constraint(self, x):
    X = self.symbol_variable()
    constraint_fit = np.ones((len(self.constraint)))
    for i, constraint_function in enumerate(self.constraint):
        constraint_value = 
                constraint_function.evalf(subs = dict(zip(X, x)))
        if constraint_value > 0:
            constraint_fit[i] = 0
    return constraint_fit.all()
```

3) 生成随机方向

根据式(4-1)，利用随机数生成随机方向。Python 程序如下所示：

```python
def direction_create(self):
    random_idx = []
    sum_r = 0
    direction = []
    for i in range(self.dim):
        random_idx.append(random.uniform(-1, 1))
        sum_r += random_idx[i]
    for i in range(self.dim):
        direction.append(random_idx[i] / abs(sum_r) ** 0.5)
    return direction
```

4) 随机方向法

下面给出随机方向法主函数程序，首先判断给定或生成的初始点是否满足约束，如不满足则重新生成初始点，并再次判断。Python 程序如下所示：

```python
def algorithm_run(self):
    while true:
        if self.cal_constraint(self.start_point):
            break
```

```
    else:
        self.start_point = self.random_startpoint()
```

开始迭代,计算初始点的函数值。Python 程序如下所示:

```
while true:
    x = self.start_point
    x_func = self.target_calculate(x)
    random_point = []
    random_cal_func = []
```

生成 k 个随机方向,计算在这些方向上搜索试验步长所得到的点的坐标,舍去不满足约束的点,并求在剩余点中函数值最小点。Python 程序如下所示:

```
for i in range(self.k_num):
    direction = self.direction_create()
    x_temp = []
    for j in range(self.dim):
        x_temp.append(x[j] + self.alpha_0 * direction[j])
    if self.cal_constraint(x_temp):
        random_point.append(x_temp)
        random_cal_func.append(self.target_calculate(x_temp))
idx_temp = random_cal_func.index(min(random_cal_func))
```

若得到的最小函数值比起始点更优,则由起始点和该点的连线构成新的搜索方向,在该方向上通过加速步长搜索新点;否则,缩小试验步长重新搜索,若试验步长缩小到设定的范围都无法找到可行点,则说明初始点为局部极小点,需更换初始点。Python 程序如下所示:

```
if x_func > random_cal_func[idx_temp]:
    self.direction = []
```

```
for i in range(self.dim):
    self.direction.append(random_point[idx_temp][i] - x[i])
self.alpha = self.alpha_0 * self.acce_rate
for i in range(self.dim):
    self.start_point[i] = x[i] +
                        self.alpha * self.direction[i]
if abs(self.target_calculate(self.start_point) -
        x_func) <= self.func_range:
    break
else:
    self.alpha_0 *= 0.5
    if self.alpha_0 <= self.alpha_range:
        self.start_point = self.random_startpoint()
```

5) 算法运行

针对 4.1.3 节中给出的数学算例,结合本节给出的程序进行验证。对于随机方向法类进行参数的初始化。Python 程序如下所示:

```
function = 'x1 ** 2 + x2'
constraint = ["x1 ** 2 + x2 ** 2 - 9", "x1 + x2 - 1"]
start_point = [0, 0]
k_num = 300
alpha_0 = 0.5
alpha_range = 1e - 6
acce_rate = 1.3
func_range = 1e - 6
dim = 2
low = [-100, -100]
high = [100, 100]
```

```
algorithm = constraint_random_direction(function, constraint,
                                         k_num, alpha_0,
                                         alpha_range, acce_rate,
                                         func_range, dim, low, high,
                                         start_point)
algorithm.algorithm_run()
```

实例化算法类,并运行算法主函数,利用随机方向法进行寻优,得到最优的设计变量坐标值和目标函数值,并保留三位小数:

$$
\begin{aligned}
x &= [0, -3] \\
F(x) &= -3
\end{aligned}
\tag{4-9}
$$

4.2　可行方向法

4.2.1　方法原理

可行方向法是一类被广泛用于求解约束优化问题的方法,具有鲁棒性强、操作简单、易于理解等特点。其基本思想是要求每一轮迭代产生的搜索方向不仅对域目标函数来说是下降方向,而且对约束函数来说也是可行方向,即迭代点总是满足所有的约束条件。可行方向法的重点在于如何寻求满足要求的搜索方向。当确定了可行方向 d 后,就可以通过适当的步长 α,按式(4-10)

$$
x^{(k+1)} = x^{(k)} + \alpha d^{(k)}
\tag{4-10}
$$

进行迭代搜索。最后,通过迭代终止准则结束搜索。

为讨论方便,设约束优化问题为

$$
\begin{aligned}
&\min_{X \in \boldsymbol{Q}} f(x) \\
&\boldsymbol{Q} = \{x \mid g_i(x) \leqslant 0, i = 1, 2, \cdots, m\}
\end{aligned}
\tag{4-11}
$$

式中:$f(x)$ 为目标函数,$\boldsymbol{Q}$ 为约束集。

1) 可行条件

对于点 $x^{(k)}$,若其为约束集 $\boldsymbol{Q}$ 的内点,则任意方向都满足可行条件;若其在约束边界上,即满足

$$
g_i(x^{(k)}) = 0 \ (i = 1, 2, \cdots, n)
\tag{4-12}
$$

称集合 $\boldsymbol{J} = \{g_i \mid g_i(x^{(k)}) = 0, i = 1, 2, \cdots, n\}$ 为 $x^{(k)}$ 的起作用约束集或积极约束集。

以图 4-2 为例,对于约束内点 $x^{(0)}$,任意方向均为可行方向;而对于约束边界点 $x^{(1)}$,当沿 $d^{(2)}$ 方向做微小移动后,目标点仍在 $\boldsymbol{Q}$ 内,因此 $d^{(2)}$ 为可行方向;相反,$d^{(1)}$ 则不是可行方向。

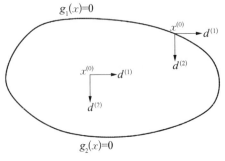

图 4-2 可行条件示意图

对于约束边界点 $x^{(k)}$,其可行方向 d 应指向约束界面切平面的负梯度方向,即与起作用约束的负梯度方向的夹角不超过 $90°$(约束不等式为小于不等式),其数学表达为

$$[-\nabla g_i(x^{(k)})]^T \cdot d \geqslant 0, \ g_i \in \boldsymbol{J} \tag{4-13}$$

化简得

$$[\nabla g_i(x^{(k)})]^T \cdot d \leqslant 0, \ g_i \in \boldsymbol{J} \tag{4-14}$$

2)下降条件

对于有约束最小化优化问题,若要使目标值变小,即沿该方向做微小移动后,所得到的新点的目标函数值是下降的,则下降方向应和目标函数在点 $x^{(k)}$ 的梯度 $\nabla f(x^{(k)})$ 的夹角大于 $90°$,可行下降方向所需满足的条件为

$$\begin{aligned} &[\nabla g_i(x^k)]^T \cdot d \leqslant 0, \ g_i \in \boldsymbol{J} \\ &[\nabla f(x^k)]^T \cdot d \leqslant 0 \\ &\| d \| \leqslant 1 \end{aligned} \tag{4-15}$$

可行方向法的具体搜索策略有很多,如线性规划法、梯度投影法、梯度法、约束容限法等。本节将详细介绍线性规划法和梯度法搜索策略。

3)搜索策略

(1)线性规划法。

由式(4-15)可知,在满足该式约束的区域内任选一方向进行搜索,即可得到一个目标函数值下降的可行点。为了算法收敛更快,必须要从中选取使目标函数值下降最快的方向作为本轮迭代的方向。因此,可将求解可行方向的过程转化为式(4-16)的关于可行方向 d 的线性规划子问题。

$$\min\left[\nabla f(x^{(k)})\right]^{\mathrm{T}} \cdot d$$

$$\mathrm{s.\,t.}\quad \left[\nabla g_i(x^{(k)})\right]^{\mathrm{T}} \cdot d \leqslant 0,\ g_i \in \boldsymbol{J}$$

$$\left[\nabla f(x^{(k)})\right]^{\mathrm{T}} \cdot d \leqslant 0 \qquad\qquad (4-16)$$

$$\|d\| \leqslant 1$$

该规划子问题的目标如下：使搜索方向在满足可行下降的条件下尽可能靠近目标函数的负梯度方向。通过求解该线性规划子问题可得到当前搜索方向 d。

在确定搜索方向后，需进一步确定搜索步长，步长的确定需要先求出其大致范围 $\alpha_{\max}$：

$$\alpha_{\max} = \max\{\alpha \mid g_i(x^{(k)} + \alpha d^{(k)}) \leqslant 0,\ g_i \notin \boldsymbol{J}\} \qquad (4-17)$$

步长的上限 $\alpha_{\max}$ 指使新迭代点满足所有不起作用约束的最大值。求出步长范围后，利用一维最优搜索完成本轮迭代。

（2）梯度法。

当不考虑约束条件时，目标函数下降最快的方向为梯度的负方向，即点 $x^{(k)}$ 的搜索方向为 $-\nabla f(x^{(k)})$。接着利用一维最优搜索得到新迭代点 $x^{(k+1)}$。但当考虑约束条件时，可能会出现迭代点不在约束域内的情况，如图 4-3 所示。

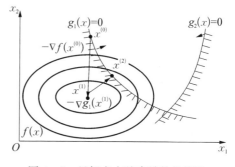

图 4-3　目标点在约束域外的情况

图 4-3 中 $x^{(0)}$ 为当前点，$x^{(1)}$ 为新迭代点。当 $x^{(1)}$ 不在约束域内时，需在此轮迭代中再增加一步搜索将约束域外的点重新调整回约束域内[如图 4-3 中 $-\nabla g_1(x^{(1)})$ 所示]，将搜索方向设置为不满足的约束项的负梯度方向 $-\nabla g_1(x^{(1)})$。该步增加的迭代过程计算公式为

$$x_1^{(k+1)} = x^{(k+1)} + \alpha'\left[-\nabla g(x^{(k+1)})\right] \qquad (4-18)$$

式中：α' 为调整步长。可以用试探法求得，也可以根据式（4-19）估算：

$$\alpha' = \left|\frac{g(x^{(k+1)})}{\left[\nabla g(x^{(k+1)})\right]^{\mathrm{T}} \cdot \nabla g(x^{(k+1)})}\right| \qquad (4-19)$$

收敛准则采用点距准则和迭代上限准则进行判断。

4.2.2 方法步骤

综上所述,基于梯度的可行方向法流程如图 4-4 所示。

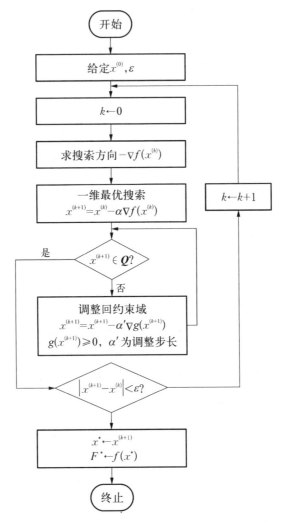

图 4-4 基于梯度的可行方向法流程图

该方法的具体步骤如下:

(1)首先确定起始点 $x^{(0)}$ 和收敛精度 ε。

(2)求解迭代点的目标函数负梯度方向,根据该方向进行一维最优搜索得到点 $x^{(k+1)}$。

(3)判断 $x^{(k+1)}$ 是否满足约束条件,若满足约束,则进行收敛准则判断;若不满足约束条件,则增加一步调整搜索,搜索方向为所不满足约束式的负梯度方向,直至点 $x^{(k+1)}$ 满足所有约束条件。

（4）收敛准则判断采用点距收敛准则和最大迭代轮数收敛准则,若满足

$$\left| \frac{f(x^{k+1}) - f(x^k)}{f(x^k)} \right| \leqslant \varepsilon \qquad (4-20)$$

则停止计算,输出最优解;否则,转步骤（2）。

4.2.3　数学算例

例题: 用可行方向法求带有约束的目标函数

$$\min F(x) = x_1^2 + x_2^2 - x_1 x_2 - 10x_1 - 4x_2 + 60$$

$$\text{s. t.} \quad g_1(x) = x_1 \geqslant 0$$

$$g_2(x) = x_1 - 6 \leqslant 0$$

$$g_3(x) = x_2 \geqslant 0 \qquad (4-21)$$

$$g_4(x) = x_2 - 8 \leqslant 0$$

$$g_5(x) = x_1 + x_2 - 11 \leqslant 0$$

最小值,起始点 $x^{(0)} = [0, 1]^{\mathrm{T}}$, $\varepsilon = 1\mathrm{e}-4$。

解: 先将约束转换为小于不等式形式

$$g_1(x) = -x_1 \leqslant 0$$

$$g_2(x) = x_1 - 6 \leqslant 0$$

$$g_3(x) = -x_2 \leqslant 0 \qquad (4-22)$$

$$g_4(x) = x_2 - 8 \leqslant 0$$

$$g_5(x) = x_1 + x_2 - 11 \leqslant 0$$

以起始点 $x^{(0)} = [0, 1]^{\mathrm{T}}$ 开始第一轮迭代:

首先判断起作用约束集

$$g_1(x^{(0)}) = 0$$

$$g_2(x^{(0)}) \neq 0$$

$$g_3(x^{(0)}) \neq 0 \qquad (4-23)$$

$$g_4(x^{(0)}) \neq 0$$

$$g_5(x^{(0)}) \neq 0$$

则起作用约束集 $\boldsymbol{J} = \{g_1\}$，故点 $x^{(0)}$ 搜索方向的可行下降条件为

$$[\nabla F(x^{(0)})]^{\mathrm{T}} \cdot d \leqslant 0 \qquad [-11, -2]^{\mathrm{T}} \cdot d \leqslant 0$$
$$[\nabla g_1(x^{(0)})]^{\mathrm{T}} \cdot d \leqslant 0 \Rightarrow [-1, 0]^{\mathrm{T}} \cdot d \leqslant 0 \qquad (4-24)$$
$$\|d\| \leqslant 1 \qquad \|d\| \leqslant 1$$

接下来以梯度法为例求解，将搜索方向定为 $-\nabla F(x^{(0)})$，进行一维最优搜索得

$$x^{(1)} = x^{(0)} + \alpha[-\nabla F(x^{(0)})] = [0, 1]^{\mathrm{T}} + \alpha - [-11, -2]^{\mathrm{T}} = [11\alpha, 1 + 2\alpha]^{\mathrm{T}}$$
$$(4-25)$$

以最优步长确定 α 得

$$\min F(x^{(1)}) = 103\alpha^2 - 125\alpha + 57 \qquad (4-26)$$

令一阶导数为零，得到 $\alpha = \dfrac{125}{206}$。 则

$$x^{(1)} = [6.675, 2.214]^{\mathrm{T}} \qquad (4-27)$$

判断 $x^{(1)}$ 是否在约束域内：

$$g_1(x^{(0)}) = -6.675 \leqslant 0$$
$$g_2(x^{(0)}) = 0.675 \geqslant 0$$
$$g_3(x^{(0)}) = -2.214 \leqslant 0 \qquad (4-28)$$
$$g_4(x^{(0)}) = -5.786 \leqslant 0$$
$$g_5(x^{(0)}) = -2.112 \leqslant 0$$

可知 $x^{(1)}$ 不满足约束 g_2，故此轮迭代需增加一步调整搜索，将点 $x^{(1)}$ 调整回约束域：

$$x_1^{(1)} = x^{(1)} + \alpha'[-\nabla g_2(x^{(1)})]^{\mathrm{T}} \qquad (4-29)$$

α' 为调整步长，为

$$\alpha' = \left| \frac{g_2(x^{(1)})}{[\nabla g_2(x^{(1)})]^{\mathrm{T}} \cdot \nabla g_2(x^{(1)})} \right| = \left| \frac{0.675}{[1, 0] \cdot [1, 0]^{\mathrm{T}}} \right| = 0.675$$
$$(4-30)$$

故

$$x_1^{(1)} = [6.675, 2.214]^T + 0.675[-1, 0]^T = [6, 2.214]^T \quad (4-31)$$

对点 $x_1^{(1)}$ 继续验证，可知 $x_1^{(1)}$ 在约束域内，则此轮迭代终止点为 $x_1^{(1)}$。进行收敛准则判定：

$$|x^{(0)} - x_1^{(1)}| = |[6, 1.214]^T| = 6.122 > \varepsilon \quad (4-32)$$

可知不满足收敛准则，需进行第二轮迭代。以此类推第二轮迭代终止点为 $x_1^{(2)} = [5.945, 5.055]^T$，第三轮迭代终止点为 $x_1^{(3)} = [6, 4.976]^T$，第四轮迭代终止点为 $x_1^{(4)} = [5.9998, 5.0002]^T$，第五轮迭代终止点为 $x_1^{(5)} = [6, 4.9999]^T$，第六轮迭代点为 $x_1^{(6)} = [6, 5]^T$。进行收敛准则判断得

$$|x_1^{(5)} - x_1^{(6)}| = |[0, 0.0001]^T| = 0.0001 \leqslant \varepsilon \quad (4-33)$$

满足收敛条件，故迭代结束，近似最优解为

$$x^* = x_1^{(6)} = \begin{bmatrix} 6 \\ 5 \end{bmatrix}$$
$$F^* = F(x^*) = 11 \quad (4-34)$$

4.2.4 程序实现

1）可行方向法类初始化

初始化算法参数如下：

（1）约束条件参数为 constraint，采用"小于等于"形式。

（2）搜索起始点参数为 start_point。

（3）收敛精度参数为 threshold，作为收敛准则判断算法是否需继续进行。

（4）迭代上限参数为 times，作为迭代轮数准则控制算法是否继续进行。

（5）黄金分割法精度参数为 gold_precision，控制黄金分割法的寻优精度。

Python 程序如下所示：

```
class feasible_direction():
    def __init__(self,function,constraint,start_point,
                threshold, times, gold_precision):
        self.function = sympify(function)
```

```
self.constraint = sympify(constraint)
self.start_point = start_point
self.dim = len(start_point)
self.precision = threshold
self.times = times
self.gold_precision = gold_precision
```

2) 约束判断

在每轮迭代开始时判断约束条件,并更新起作用约束集和不起作用约束集。Python 程序如下所示:

```
def update_constraint(self, x):
    X = self.symbol_variable()
    n = len(self.constraint)
    delte_index = []
    for i in range(n):
        y = self.constraint[i].evalf(subs = dict(zip(X, x)))
        if(abs(y) > 0):
            delte_index.append(i)
    self.active_constraint = [num for i,num in enumerate(self.constraint)
                             if i not in delte_index]
    self.negtive_constraint = [num for i,num in enumerate(self.constraint)
                              if i in delte_index]
```

3) 最优步长求解

Python 程序如下所示:

```
def golden_ratio(self, target):...
```

4) 判断是否满足约束函数

每轮得到迭代点后都需判断其是否满足约束集,若不满足某个约束,则需根据式(4-18)重新调整迭代点位置。Python 程序如下所示:

```
def judgment(self,x):
    X = self.symbol_variable()
    n = len(self.constraint)
    bad_constraint = []
    for i in range(n):
        y = self.constraint[i].evalf(subs = dict(zip(X, x)))
        if (y > 0):
            bad_constraint.append(self.constraint[i])
            break
    return bad_constraint
```

5) 可行方向法主函数

在可行方向法更新过程中,首先定义起始点位置,设置最大迭代轮数。Python 程序如下所示:

```
def algorithm_run(self):
    x = self.start_point
    time = 0
    while (time < self.times):
```

更新起作用约束后,求解迭代点的目标函数负梯度方向,并以该方向进行一维最优搜索得到迭代点。Python 程序如下所示:

```
x_last = x
self.update_constraint(x)
feasible_descent_direction = - self.target_diff(x)
best_step = self.step_search(x,feasible_descent_direction)
x_ = x + best_step * feasible_descent_direction
```

判断该点是否满足约束域,若有不满足的约束项,则需重新调整该点,直至满足所有约束条件。Python 程序如下所示:

```
while True：
    z = self.judgment(x_)
    if z = = []：
        break
    X = self.symbol_variable()
    at = []
    symbol_x = self.symbol_save()
    y = z[0].evalf(subs = dict(zip(X, x_)))
    diff = []
    for j in range(self.dim)：
        b = sympy.diff(z[0], symbol_x[j])
        diff.append(b.evalf(subs = dict(zip(X, x_))))
    diff = np.array(diff)
    at.append(abs(y / float(np.dot(diff,diff.T))))
    x_ = x_ - at[0] * diff
```

更新迭代点，并进行收敛准则判断，两轮迭代点的距离小于精度则结束迭代。Python 程序如下所示：

```
x = np.round(x_.astype(float),decimals = 8)
time + = 1
distance = (x - x_last).astype(float)
if np.linalg.norm(distance) < self.precision：
    break
return x
```

6) 算法运行

针对 4.2.3 节中给出的数学算例，结合本节给出的程序进行验证。对于可行方向法类进行参数的初始化。Python 程序如下所示：

```
function = 'x1 * * 2 + x2 * * 2 - x1 * x2 - 10 * x1 - 4 * x2 + 60'
constraint = ["-x1", "x1 - 6", "-x2", "x2 - 8","x1 + x2 - 11"]
start_point = [0,1]
```

```
threshold = 1e - 4
times = 20
gold_precision = 1e - 5
algorithm = feasible_direction(function, constraint, start_point,
                               threshold,times,gold_precision)
```

　　可行方向法运行结果如图 4 - 5 所示,箭头为每轮迭代过程,外围黑色虚框
线为约束边界。

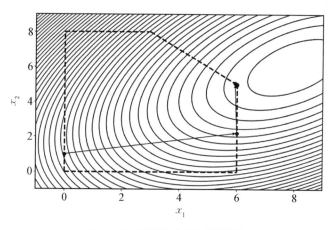

图 4 - 5　可行方向法运行结果

最终运行结果如下:

$$x^* = [6, 5]^T$$
$$F(x^*) = 11$$

$$(4 - 35)$$

4.3　惩罚函数法

4.3.1　方法原理

　　惩罚函数法是约束优化问题中一种使用很广泛且有效的间接求解方法。该
方法的基本原理是将约束优化问题中的目标函数和约束条件通过一定的转化,
改写为在新的无约束条件下的目标函数。此时,问题由约束优化问题转化为无
约束优化问题,利用无约束优化方法求解新的问题即可得到原约束优化问题的
最优解。

对于一般的约束优化问题

$$\min f(x)$$
$$\text{s. t.} \quad g_j(x) \leqslant 0 \quad (j=1, 2, \cdots, m) \quad\quad (4-36)$$
$$h_k(x) = 0 \quad (k=1, 2, \cdots, l)$$

式中：$g_j(x)$ 为不等式约束；$h_k(x)$ 为等式约束。将所有约束经过加权转化后，和原目标函数相加得到新的无约束优化目标函数——惩罚函数：

$$\phi(x, r_1, r_2) = f(x) + r_1 \sum_{j=1}^{m} G(g_j(x)) + r_2 \sum_{k=1}^{l} H(h_k(x)) \quad (4-37)$$

求解上述新目标函数的无约束极小值，作为原问题的最优解。在式(4-37)中，未知系数 r_1 和 r_2 称为加权系数。为了求解该目标函数，需要按照一定的规则设计加权系数，得到一系列无约束优化问题，进而可以求得一系列无约束优化问题的最优解。

通过设置合适的加权系数，可以使转化后的无约束优化问题的最优解逐步逼近原始的约束优化问题的最优解，故惩罚函数法又称为无约束极小化方法。

在惩罚函数的表达式(4-37)中，$f(x)$ 是目标函数，$r_1 \sum_{j=1}^{m} G(g_j(x))$ 和

$r_2 \sum_{k=1}^{l} H(h_k(x))$ 分别称为障碍项、惩罚项。障碍项对在约束条件可行域范围内的点不予惩罚，目的是让搜索点在可行域内并对超出迭代区域的点给予较大的惩罚；惩罚项对在非可行域(不在可行平面或不满足等式约束)的迭代点，在迭代过程中给予惩罚，从而限制迭代点的活动范围，迫使其落在约束面附近，满足等式约束条件。

4.3.2　方法步骤

根据迭代过程是否在可行域内进行，惩罚函数法可划分为内点惩罚函数法、外点惩罚函数法和混合惩罚函数法。下面分别介绍这三种惩罚函数算法的数学原理。

4.3.2.1　内点惩罚函数法

内点惩罚函数法简称为内点法，顾名思义指迭代点在可行域内的迭代方法。内点法要求所有的迭代点落在可行域内，在优化迭代过程中，迭代点逐步逼近约束边界而不会超出约束边界。由于内点法无法使得迭代点落在约束曲面上，即无法满足等于约束，因此只能求解不等约束的优化问题。

对于只具有不等式约束的优化问题

$$\min f(x)$$
$$\text{s. t.} \quad g_j(x) \leqslant 0 \quad (j=1, 2, \cdots, m) \tag{4-38}$$

转换后的惩罚函数形式为

$$\phi(x, r) = f(x) - r \sum_{j=1}^{m} \frac{1}{g_j(x)} \tag{4-39}$$

式中：r 为惩罚因子，是一个由大到小趋近于 0 的序列，即 $r^0 > r^1 > r^2 > \cdots \rightarrow 0$；$\sum\limits_{j=1}^{m} \dfrac{1}{g_j(x)}$ 为障碍项，用于控制迭代点不超过约束条件下的可行域。

　　在内点法中，要求迭代点都落在可行域内，因此障碍项的作用是约束函数置于分母位置。当迭代点在可行域内部逐渐靠近约束边界值时，障碍项的值剧增，且越靠近边界障碍项的值越大（趋近于无穷），使迭代点无法逾越这一"障碍"。当惩罚因子 r 按照序列逐渐缩小至 0 时，即可得到位于约束边界上的最优解。下面讨论内点法中初始点、惩罚因子、惩罚因子缩减系数的选取与影响。

　　1）初始点 x^0

　　内点法要求迭代点都落在可行域内，因此选择的初始点应距离约束边界足够远，防止迭代点更新时过快地接近约束边界。若 x^0 太靠近某一约束边界，则构造的惩罚函数可能由于障碍项的值较大、与原目标函数的差异过大，使求解转化后的无约束优化问题发生困难。与无约束优化的求解思路相同，可以依据一定的先验知识选择离最优点较近的初始点。

　　2）惩罚因子 r

　　惩罚因子主要指惩罚因子序列的初始值 r^0。当 r^0 取值过大时，障碍项占主导地位，将增加迭代轮数，使算法收敛速度减慢；当 r^0 取值过小时，惩罚函数在迭代初期无法起到足够的障碍作用，难以收敛到极值点。因此对于初值的设置，有如下两种方式：

　　（1）r^0 取任意固定值，根据算法迭代计算的结果和收敛情况对 r^0 进行适当增大或减小。

　　（2）为了让目标函数项的值和障碍项的值处于同等的地位，可以按照经验公式

$$r^0 = \left| \frac{f(x^0)}{\sum\limits_{j=1}^{m} \dfrac{1}{g_j(x^0)}} \right| \tag{4-40}$$

确定 r^0 的值。利用目标函数和障碍项之比确定的惩罚因子初值可以保证惩罚函数中这两个部分的值大致相等。

3）惩罚因子的缩减系数 c

惩罚因子 r 是一个逐渐缩减至 0 的序列，缩减因子决定了在序列中相邻两轮迭代的惩罚因子变化的大小，其关系为

$$r^k = cr^{k-1} \tag{4-41}$$

式中：惩罚因子的缩减系数 c 为小于 1 的正数。

对于内点法迭代的收敛条件，可以参考无约束优化方法的点距收敛精度 ε，即满足

$$\| x^*(r^k) - x^*(r^{k-1}) \| \leqslant \varepsilon \tag{4-42}$$

则迭代终止，即第 k 轮与第 $k-1$ 轮得到的迭代点之间的欧氏距离小于收敛精度时，视作收敛。

内点法的计算步骤可以归纳如下：

（1）选取适当的初始迭代点 x^0、惩罚因子初值 r^0、惩罚因子缩减系数 c 以及收敛精度 ε，迭代轮数 $k=0$。

（2）按照内点法构造惩罚函数 $\phi(x, r)$，将原问题转化为无约束优化问题，选择合适的无约束优化方法，求解 $\phi(x, r)$ 的无约束优化极值，得到 $x^*(k)$。

（3）判断是否满足内点法迭代收敛准则。若满足，则终止迭代，得到原约束优化问题的最优解 $x^* = x^*(k)$，目标函数最优值 $f(x^*) = f(x^*(k))$；若不满足收敛准则，则令 $r^{k+1} = cr^k$、$x^0 = x^*(k)$、$k = k+1$，转回步骤（2）。

4.3.2.2　外点惩罚函数法

外点惩罚函数法与内点法的逻辑相同，但在构造上相反。外点法中迭代点落在可行域之外，序列迭代点从可行域之外逐渐逼近约束边界上的最优点。外点法对满足约束条件的迭代点不给予惩罚，对不满足约束的迭代点，按照违反约束的程度给定相应的惩罚值：即违反约束的程度越大，惩罚值越大。相比于内点法，外点法可以求解含不等式和等式约束的优化问题。

对于约束优化问题

$$
\begin{aligned}
&\min f(x) \\
&\text{s. t.} \quad g_j(x) \leqslant 0 \quad (j = 1, 2, \cdots, m) \\
&\qquad\quad h_k(x) = 0 \quad (k = 1, 2, \cdots, l)
\end{aligned}
\tag{4-43}
$$

转换后的惩罚函数形式为

$$\phi(x, r) = f(x) + r\sum_{j=1}^{m} \max[0, g_j(x)]^2 + r\sum_{k=1}^{l} [h_k(x)]^2 \quad (4-44)$$

式中：r 为惩罚因子，是一个由小到大且趋向于 ∞ 的数列，即 $r^0 < r^1 < r^2 < \cdots \to \infty$；$r\sum_{j=1}^{m} \max[0, g_j(x)]^2 + r\sum_{k=1}^{l} [h_k(x)]^2$ 为对应于不等式约束和等式约束函数的惩罚项。

当不等式约束得到满足时，惩罚值为 0；当不满足时，惩罚值大于 0。当等式约束满足时，惩罚值为 0；当不满足时，惩罚值大于 0。当迭代点离约束边界越远时，惩罚项的值越大，惩罚越重。但当迭代点不断接近约束边界时，惩罚项的值将逐渐减小，惩罚项的作用逐渐消失，迭代点也就趋近于约束边界上的最优点。

与内点法相反，外点法的惩罚因子初值如果设置得过小，会导致迭代的轮数较多；而如果初值较大，会导致惩罚项占支配地位，所得到的无约束优化问题的最优解不能作为原约束优化问题的最优解。因此对惩罚因子初值以及缩减系数 c 需要经过多次调参尝试，选择最合适的惩罚因子序列。

4.3.2.3　混合惩罚函数法

混合惩罚函数法是将内点法和外点法结合起来的一种方法，可以求解带有等式约束和不等式约束的函数优化问题。

对于以下约束优化问题

$$\begin{aligned} &\min f(x) \\ &\text{s. t.} \quad g_j(x) \leqslant 0 \quad (j=1, 2, \cdots, m) \\ &\qquad h_k(x) = 0 \quad (k=1, 2, \cdots, l) \end{aligned} \quad (4-45)$$

转化后的混合惩罚函数的形式为

$$\phi(x, r) = f(x) + r\sum_{j=1}^{m} \frac{1}{g_j(x)} + \frac{1}{\sqrt{r}}\sum_{k=1}^{l} [h_k(x)]^2 \quad (4-46)$$

式中：$r\sum_{j=1}^{m} \dfrac{1}{g_j(x)}$ 为障碍项；$\dfrac{1}{\sqrt{r}}\sum_{k=1}^{l} [h_k(x)]^2$ 为惩罚项。在这两项中，系数 r 的选取方法同内点法。

混合惩罚函数法的特点与内点法类似，即迭代过程在可行域中进行，因此其各项参数选取可参照内点法。

4.3.3　数学算例

例题：以外点法为例求解问题

$$\min f(x) = x_1^2 + x_2^2$$
$$\text{s. t.}\quad x_1 \geqslant 2 \qquad\qquad (4-47)$$

的极小值。

解：首先按照外点法构造外点惩罚函数

$$\phi(x, r) = x_1^2 + x_2^2 + r(2 - x_1)^2 \qquad\qquad (4-48)$$

对任意惩罚因子 r，用解析法计算 $\phi(x, r)$ 的无约束极小值。首先计算惩罚函数对自变量 x_1、x_2 的偏导

$$\begin{cases} \dfrac{\partial \phi}{\partial x_1} = 2x_1 - 2r(2 - x_1) = 0 \\[2mm] \dfrac{\partial \phi}{\partial x_2} = 2x_2 = 0 \end{cases} \qquad\qquad (4-49)$$

得到解析解

$$\begin{cases} x_1^* = \dfrac{2r}{1 + r} \\[2mm] x_2^* = 0 \end{cases} \qquad\qquad (4-50)$$

根据外点法惩罚因子 r 的取值方式构造 x_1^* 的一系列解如下：

(1) 当 $r = 1$ 时，$x_1^* = 1.000$，$f(x) = 1.000$。

(2) 当 $r = 2$ 时，$x_1^* = 1.333$，$f(x) = 1.778$。

(3) 当 $r = 4$ 时，$x_1^* = 1.600$，$f(x) = 2.560$。

(4) 当 $r = 8$ 时，$x_1^* = 1.778$，$f(x) = 3.160$。

(5) 当 $r \to \infty$ 时，$x_1^* = 2.000$，$f(x) = 4.000$。

迭代计算发现，当惩罚因子 r 逐渐增大趋向于 ∞ 时，$\phi(x, r)$ 的取值逼近原约束优化问题的最优解，即 $x_1^* = 2$，$x_2^* = 0$。

4.3.4　程序实现

惩罚函数法的基本原理是将约束函数和目标函数相结合，转化为新的目标函数。新的目标函数除了保留原目标函数外，还将所有的约束函数转化为惩罚项（或障碍项），对违反约束条件的点进行惩罚。在此基础上，利用无约束优化方法求解新的优化问题，进而得到原约束优化问题的解。

初始化参数如下：

(1) 目标函数参数为 function。

(2) 约束条件参数为 constraint。

(3) 惩罚因子参数为 r。

(4) 优化问题的设计变量维度参数为 dim。

(5) 约束条件惩罚项参数为 constraint_new。

Python 程序如下所示：

```python
class penalty_function():
    def __init__(self, function, constraint, dim, r):
        self.function = sympify(function)
        self.constraint = constraint
        self.r = r
        self.dim = dim
        self.constraint_new = []
```

根据外点法构造新的目标函数，新的目标函数由原目标函数和惩罚项组成。对于约束条件 $g(x) < 0$，将其构造为式(4-44)的惩罚项形式。Python 程序如下所示：

```python
def fitness(self):
    fitness = 0
    max_list = "max(,0)"
    for constraint in self.constraint:
        index = max_list.find(',')
        max_constraint = max_list[:index] + constraint + \
                        max_list[index:]
        self.constraint_new.append(max_constraint)
    for constraint_new in self.constraint_new:
        constraint_function = sympify(constraint_new)
        fitness += self.r * constraint_function ** 2
    fitness += self.function
    return fitness
```

以 4.3.3 节数学算例为例,原目标函数 $f(x)=x_1^2+x_2^2$,约束条件为 $x_1 \geqslant 2$,新的评价函数为

$$x_1^2 + x_2^2 + r \cdot \max(0, 2 - x_1)^2 \qquad (4-51)$$

下面针对 4.3.3 节中给出的数学算例,结合本节给出的程序进行求解。对于惩罚函数法类进行参数的初始化。Python 程序如下所示:

```
function = "x1 ** 2 + x2 ** 2"
constraint = ["2 - x1"]
start_point = [0, 0]
dim = 2
r = 0.5
threshold = 1e - 3
times = 10
step_range = 1
gold_precision = 1e - 1
distance = float('inf')
x = start_point
time = 0
```

依据外点法对惩罚系数按照递增序列赋值。对于每一个惩罚因子值,均调用无约束优化方法,求解其最优值。当前后两次求解出的无约束最优值差异小于给定的收敛精度,则终止迭代,最后一次计算得到的解即为原约束优化问题的最优解。Python 程序如下所示:

```
while (distance > threshold) and (time < times):
    x_last = x[:]
    object_function = penalty_function(function, constraint, dim, r)
    target =  str(object_function.fitness())
    r *= 1.1
    algorithm = powell(target, start_point, threshold, times,
                       step_range, gold_precision)
    x = algorithm.algorithm_run()
```

```
start_point = x[:]
res  = [i - j for i, j in zip(x_last, x)]
error = 0
for item in res:
    error += item ** 2
distance = sqrt(error)
time += 1
```

在本例中直接使用无约束优化方法——鲍威尔法,具体的调用方式可见鲍威尔法章节,控制收敛精度和迭代轮数。当满足点距收敛准则时,继续增大惩罚因子并计算无约束最优值,得到原约束优化问题的最优解:

$$x_1 = 2,\ x_2 = 0$$
$$\min f(x) = 4 \tag{4-52}$$

4.4　增广乘子法

4.4.1　方法原理

增广乘子法是求解约束优化问题的一种重要方法,其基本原理是在拉格朗日乘子法的基础上,联合了惩罚函数外点法,在计算过程中的数值稳定性和计算效率均优于惩罚函数法。

1) 拉格朗日乘子法

设有等式约束优化问题

$$\min f(x)$$
$$\text{s. t.} \quad h_p(x) = 0 \quad (p = 1, 2, \cdots, l) \tag{4-53}$$

将其转化成拉格朗日函数

$$L(x, \lambda) = f(x) + \sum_{p=1}^{l} \lambda_p h_p(x) \tag{4-54}$$

式中:$\lambda = [\lambda_1, \lambda_2, \cdots, \lambda_l]^T$ 称为拉格朗日乘子。用解析法求解式(4-54),即令 $\nabla L(x, \lambda) = 0$,可求得函数 $L(x, \lambda)$ 的极值点 x^*,且此时 $\lambda = \lambda^*$ 为相应的拉格朗日乘子矢量。

用拉格朗日乘子法求解等式约束优化问题,看起来似乎很简单,但实际上这种方法存在着许多问题,如对于非凸问题容易失败;对于大型的非线性优化问题,需求解高次联立方程组,其数值解法几乎和求解优化问题同样困难;此外,还必须分离出方程组的重根。因此,拉格朗日乘子法用来求解一般的约束优化问题并不十分有效。

2) 等式约束的增广乘子法

在上述构造了等式约束的拉格朗日函数 $L(x, \lambda)$ 之后,若构造外点惩罚函数

$$\phi(x, r) = f(x) + \frac{r}{2} \sum_{p=1}^{l} [h_p(x)]^2 \qquad (4-55)$$

当 $r \to \infty$ 时,对函数 $\phi(x, \lambda)$ 求极小值,可求得原问题的极值点 x^*,且 $h_p(x^*) = 0 \ (p = 1, 2, \cdots, l)$。

上文提到过,用拉格朗日乘子法求解约束优化问题时并不十分有效,而用惩罚函数求解,又因需要求 $r \to \infty$ 而使计算效率低下,因此将两种方法结合起来,构造增广乘子函数

$$M(x, \lambda, r) = f(x) + \frac{r}{2} \sum_{p=1}^{l} [h_p(x)]^2 + \sum_{p=1}^{l} \lambda_p h_p(x)$$

$$= L(x, \lambda) + \frac{r}{2} \sum_{p=1}^{l} [h_p(x)]^2 \qquad (4-56)$$

令 $\nabla M(x, \lambda, r) = \nabla L(x, \lambda) + r \sum_{p=1}^{l} h_p(x) \nabla h_p(x) = 0$,求得约束极值点 x^*,且使 $h_p(x^*) = 0 (p = 1, 2, \cdots, l)$。

对于增广乘子函数(4-56),当惩罚因子 r 取足够大的定值,且恰好取 $\lambda = \lambda^*$ 时,x^* 就是函数 $M(x, \lambda, r)$ 的极小点。即为了求得原问题的约束最优点,只需对增广乘子函数 $M(x, \lambda, r)$ 求一次无约束极值,但 λ^* 是未知的,采取如下办法求得 λ^*。

假设惩罚因子 r 取为大于 r' 的定值,那么增广乘子函数的自变量为 x 和 λ。若改变 λ 的值,并求其对应的 $\min M(x, \lambda)$,则得到极小值点的点列 x_k^* ($k = 1, 2, \cdots$)。当 $\lambda^k \to \lambda^*$ 时,$x^* = x_k^*$ 是原问题的最优解。为了使 $\lambda^k \to \lambda^*$,采用如下公式来校正 λ^k 的值。

$$\lambda^{k+1} = \lambda^k + \Delta \lambda^k \qquad (4-57)$$

这一步骤称为乘子迭代。为确定校正量 $\Delta \lambda^k$,再定义

$$M(\lambda) = M(x(\lambda), \lambda) \tag{4-58}$$

函数的极大值点即为 λ^*。目前常采用近似的牛顿法求解,得到的乘子迭代公式为

$$\lambda_p^{k+1} = \lambda_p^k + rh_p(x^k) \quad (p = 1, 2, \cdots, l) \tag{4-59}$$

初始乘子向量一般取零向量,即 $\lambda^0 = 0$,此时增广乘子函数和外点惩罚函数形式相同。

惩罚因子可以采用简单的递增公式计算:

$$r^{k+1} = \beta r^k \tag{4-60}$$

一般取 $\beta = [2, 4]$,以免 r 增长太快使乘子迭代不能充分发挥作用。

设计变量初值 x^0 一般按照外点法选取。

3) 不等式约束的增广乘子法

对于含不等式约束的优化问题

$$\begin{aligned} &\min f(x) \\ &\text{s.t.} \quad g_j(x) \leqslant 0 \quad (j = 1, 2, \cdots, m) \end{aligned} \tag{4-61}$$

引入松弛变量 $z = [z_1 \quad z_2 \quad \cdots \quad z_m]^{\mathrm{T}}$,且令

$$g_j'(x, z) = g_j(x) + z_j^2 \quad (j = 1, 2, \cdots, m) \tag{4-62}$$

此时,原不等式约束转化为等式约束的优化问题

$$\begin{aligned} &\min f(x) \\ &\text{s.t.} \quad g_j'(x) = 0 \quad (j = 1, 2, \cdots, m) \end{aligned} \tag{4-63}$$

这样就可以采用等式约束的增广乘子法求解。增广乘子函数的形式为

$$M(x, z, \lambda) = f(x) + \sum_{j=1}^{m} \lambda_j g_j'(x, z) + \frac{r}{2} \sum_{j=1}^{m} [g_j'(x, z)]^2 \tag{4-64}$$

同理,按照式(4-59)进行乘子迭代计算新的乘子矢量

$$\lambda_j^{k+1} = \lambda_j^k + rg_j'(x, z) = \lambda_j^k + r[g_j(x) + z_j^2] \quad (j = 1, 2, \cdots, m) \tag{4-65}$$

将增广乘子函数的极小化和乘子迭代交替进行,直至 x、z 和 λ 分别趋近于 x^*、z^* 和 λ^*。

虽然从理论上讲上述计算可以进行,但是由于增加了松弛变量 z,使原来的 n 维问题扩充成 $n+m$ 维问题,增加了计算量导致求解困难,因此有必要将计算进行简化。将式(4-64)所示增广乘子函数改写为

$$M(x,z,\lambda)=f(x)+\sum_{j=1}^{m}\lambda_j[g_j(x)+z_j^2]+\frac{r}{2}\sum_{j=1}^{m}[g_j(x)+z_j^2]^2$$

$$(4-66)$$

利用解析法求函数 $M(x,z,\lambda)$ 关于 z 的极值,即令 $\nabla_z M(x,z,\lambda)=0$,可得

$$z_j[\lambda_j+r(g_j(x)+z_j^2)]=0 \quad (j=1,2,\cdots,m) \qquad (4-67)$$

若 $\lambda_j+rg_j(x) \geqslant 0$,则 $z_j^2=0$;若 $\lambda_j+rg_j(x)<0$,则 $z_j^2=-\left[\dfrac{1}{r}\lambda_j+g_j(x)\right]$。

于是,可得

$$z_j^2=\frac{1}{r}\{\max[0,-(\lambda_j+rg_j(x))]\} \quad (j=1,2,\cdots,m) \qquad (4-68)$$

将式(4-68)代入式(4-66)可得不等式优化问题的增广乘子函数

$$M(x,\lambda)=f(x)+\frac{1}{2r}\sum_{j=1}^{m}\{\max[0,\lambda_j+rg_j(x)]^2-\lambda_j^2\} \qquad (4-69)$$

将式(4-67)代入式(4-65)可得乘子迭代公式为

$$\lambda_j^{k+1}=\max\{0,\lambda_j^k+rg_j(x)\} \quad (j=1,2,\cdots,m) \qquad (4-70)$$

4) 混合约束的增广乘子法

对于同时具有等式约束和不等式约束的优化问题

$$\begin{aligned}
&\min f(x)\\
&\text{s.t.} \quad g_j(x)\leqslant 0 \quad (j=1,2,\cdots,m) \qquad (4-71)\\
&\qquad\quad h_p(x)=0 \quad (p=1,2,\cdots,l)
\end{aligned}$$

构造的增广乘子函数的形式为

$$M(x,\lambda,r)=f(x)+\frac{1}{2r}\sum_{j=1}^{m}\{\max[0,\lambda_{1j}+rg_j(x)]^2-\lambda_{1j}^2\}+$$

$$\sum_{p=1}^{l}\lambda_{2p}h_p(x)+\frac{r}{2}\sum_{p=1}^{l}\left[h_p(x)\right]^2 \qquad (4-72)$$

式中：λ_{1j} 为不等式约束函数的乘子矢量；λ_{2p} 为等式约束的乘子矢量。λ_{1j} 和 λ_{2p} 的校正公式为

$$\begin{cases} \lambda_{1j}^{k+1}=\max[0,\lambda_{1j}^{k}+rg_j(x)] & (j=1,2,\cdots,m) \\ \lambda_{2p}^{k+1}=\lambda_{2p}^{k}+rh_p(x) & (p=1,2,\cdots,l) \end{cases} \qquad (4-73)$$

　　算法的收敛条件可根据乘子矢量是否稳定不变来决定，若前后两轮迭代的乘子矢量之差充分小，则认为迭代已经收敛。

4.4.2　方法步骤

　　增广乘子法流程图如图 4-6 所示。

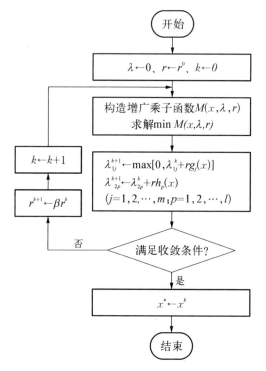

图 4-6　增广乘子法流程图

增广乘子法步骤如下：

（1）选择一个可行的初始点 x^0，选取惩罚因子初值 r^0，增长系数 β，收敛精度 ε，并令 $\lambda_{1j}^0=\lambda_{2p}^0=0$，迭代轮数 $k=0$。

（2）按照式(4-56)构造增广乘子函数 $M(x,\lambda,r)$，并求 $\min M(x,\lambda,r)$，得无约束最优解 $x^k=x^*(\lambda^k,r^k)$。

（3）按照式(4-57)校正乘子矢量，求 λ_{1j}^{k+1} 和 λ_{2p}^{k+1}。

（4）判断乘子矢量是否稳定不变，即算法是否满足收敛精度，若满足，则迭代终止，约束最优解为 $x^*=x^k$；否则，转下一步。

（5）按照式(4-60)计算惩罚因子 r^{k+1}，再令 $k=k+1$，转步骤(2)。

4.4.3 数学算例

例题：用增广乘子法求解下列问题

$$\min f(x)=\frac{1}{2}\left(x_1^2+\frac{1}{3}x_2^2\right) \tag{4-74}$$
$$\text{s. t.}\quad h(x)=x_1+x_2-1=0$$

解：其精确解为 $x^*=[0.25,0.75]^{\mathrm{T}}$，$f(x^*)=0.125$，相应的乘子矢量为 $\lambda^*=0.25$。

按照式(4-72)构造增广乘子函数

$$M(x,\lambda,r)=\frac{1}{2}\left(x_1^2+\frac{1}{3}x_2^2\right)+\lambda(x_1+x_2-1)+\frac{r}{2}(x_1+x_2-1)^2 \tag{4-75}$$

用解析法求 $\min M(x,\lambda,r)$，即令 $\nabla M(x,\lambda,r)=0$，可得最优解

$$\begin{cases} x_1^k=\dfrac{r^k-\lambda^k}{1+4r^k} \\[3mm] x_2^k=\dfrac{3(r^k-\lambda^k)}{1+4r^k} \end{cases} \tag{4-76}$$

取 $r^0=0.1$，$\beta=2$，$\lambda^0=0$，$x^0=[0.071,0.214]^{\mathrm{T}}$，共迭代 6 轮得到最优解

$$x^*=[0.25,0.75]^{\mathrm{T}} \tag{4-77}$$
$$f(x^*)=0.125$$

4.4.4 程序实现

1) 增广乘子法类初始化

初始化参数如下：

（1）目标函数参数为 function。

（2）等式约束函数参数为 constraint_equality。

（3）不等式约束函数参数为 constraint_inequality。

（4）搜索起始点参数为 start_point，作为第一轮寻优搜索的原始迭代点，初始点必须在可行域内。

（5）乘子矢量参数为 lambda1、lambda2，乘子矢量初值一般均置 0。

（6）惩罚因子参数为 r，一般按照外点法设置初值。

（7）惩罚因子增长系数参数为 beta_rate，每轮迭代时惩罚因子的增长率，一般设为 2～4。

（8）设计变量维度参数为 dim，目标设计变量的维度数。

（9）乘子收敛精度参数为 lambda_range，一般取一个较小的正数，若前后两次迭代乘子之差小于精度值，则判断算法收敛。

Python 程序如下所示：

```python
class augmented_multiplier:
    def __init__(self, function, constraint_equality,
                 constraint_inequality, start_point,
                 lambda1, lambda2, r, beta_rate, lambda_range):
        self.function = sympify(function)
        self.constraint_equality = sympify(constraint_equality)
        self.constraint_inequality = constraint_inequality
        self.start_point = start_point
        self.lambda1 = lambda1
        self.lambda2 = lambda2
        self.r = r
        self.beta_rate = beta_rate
        self.dim = len(start_point)
        self.lambda_range = lambda_range
```

2）增广乘子函数

根据式（4-72）计算增广乘子函数。Python 程序如下所示：

```python
def get_aug_func(self):
```

```
fitness = 0
max_list = "max(,0)"
constraint_inequ_new = []
for i, cons_inequ in enumerate(self.constraint_inequality):
    index = max_list.find(',')
    lambda1_idx = self.lambda1[i]
    lambda1_idx_str = str(lambda1_idx)
    r_str = str(self.r)
    max_cons_inequ = max_list[:index] + lambda1_idx_str + '+' +
                    r_str + '*' + '(' + cons_inequ + ')' +
                    max_list[index:]
    constraint_inequ_new.append(max_cons_inequ)
for i, cons_inequ_new in enumerate(constraint_inequ_new):
    constraint_inequality_function = sympify(cons_inequ_new)
    fitness += (constraint_inequality_function ** 2 -
                self.lambda1[i] ** 2) / (2 * self.r)
for i, cons_equ in enumerate(self.constraint_equality):
    fitness += self.lambda2[i] * cons_equ + self.r / 2 *
                cons_equ ** 2
fitness += self.function
return fitness
```

3）判断收敛条件

判断两轮迭代得到的乘子之差是否小于收敛精度。Python 程序如下所示：

```
def get_convergence(self, lambda1):
    judge = np.ones((len(lambda1)))
    for i in range(len(lambda1)):
        if lambda1[i] > self.lambda_range:
            judge[i] = 0
    return judge.all()
```

4）增广乘子法

下面给出增广乘子法主函数程序。由于需要用到无约束优化方法求得增广乘子函数的最优值，这里采用牛顿法，并进行初始化，包括精度 threshold，迭代轮数 times，步长 step_range，黄金分割法判据 gold_precision，初始点 start_point。Python 程序如下所示：

```
def algorithm_run(self):
    k = 0
    threshold = 1e - 4
    times = 200
    step_range = 1
    gold_precision = 1e - 9
    start_point = self.start_point.copy()
```

获得增广乘子函数，并使用牛顿法获得其无约束最优值。Python 程序如下所示：

```
while true:
    aug_func = self.get_aug_func()
    target = str(aug_func)
    myalgorithm = newton(target, start_point, threshold,
                         times,step_range, gold_precision)
    best_x = myalgorithm.algorithm_run()
    self.start_point = best_x.copy()
    k += 1
```

保存上一代的乘子矢量用于判断收敛判断。Python 程序如下所示：

```
lambda1_save = self.lambda1.copy()
lambda2_save = self.lambda2.copy()
```

根据式（4-73）更新不等式约束的乘子矢量。Python 程序如下所示：

```
X = self.symbol_variable()
cons_inequ = sympify(self.constraint_inequality)
```

```
for i, constraint_function in enumerate(cons_inequ):
    constraint_value = constraint_function.evalf
                     (subs = dict(zip(X, best_x)))
    compare_value = self.lambda1[i] +
                     self.r * constraint_value
    self.lambda1[i] = max(0, compare_value)
```

更新等式约束的乘子矢量。Python 程序如下所示：

```
for i, constraint_function in
    enumerate(self.constraint_equality):
    constraint_value = constraint_function.evalf
                     (subs = dict(zip(X, best_x)))
    self.lambda2[i] = self.lambda2[i] +
                     self.r * constraint_value
```

判断乘子矢量是否满足收敛条件。Python 程序如下所示：

```
if not self.lambda1:
    lambda1_diff = [0]
else:
    lambda1_diff = [0] * len(self.lambda1)
if not self.lambda2:
    lambda2_diff = [0]
else:
    lambda2_diff = [0] * len(self.lambda2)
if len(self.lambda1) ! = 0:
    for i in range(len(self.lambda1)):
        lambda1_diff[i] = (abs(self.lambda1[i] -
                         lambda1_save[i]))
if len(self.lambda2) ! = 0:
    for i in range(len(self.lambda2)):
```

```
        lambda2_diff[i] = (abs(self.lambda2[i] -
                                lambda2_save[i]))
if self.get_convergence(lambda1_diff) and
  self.get_convergence(lambda2_diff):
    break
else:
    self.r * = self.beta_rate
```

每完成一轮迭代,对乘子矢量的稳定性进行判断,若不满足则更新 chengfa 因子,继续进行寻优。

5) 算法运行

下面针对 4.4.3 节中给出的数学算例,结合本节给出的程序进行求解。对于增广乘子法类进行参数的初始化。Python 程序如下所示:

```
function = '0.5 * (x1 ** 2 + x2 ** 2 / 3')
constraint_inequality = []
constraint_equality = ["x1 + x2 - 1"]
start_point = [0, 0]
lambda1 = [] ; lambda2 = [0]
r = 2
beta_rate = 4
lambda_range = 1e-3
algorithm = augmented_multiplier(function, constraint_equality,
                                constraint_inequality, start_point,
                                lambda1, lambda2, r, beta_rate,
                                lambda_range)
algorithm.algorithm_run()
```

得到最优的设计变量坐标值和目标函数值,并保留三位小数:

$$x = [0.25, 0.75]$$
$$\min f(x) = 0.125$$

$$(4-78)$$

4.5 序列二次规划法

4.5.1 方法原理

非线性约束最优化问题是目标函数或约束条件中包含非线性函数的规划问题；二次规划（quadratic programming，QP）指目标函数为二次函数，约束条件为线性约束的一类问题，属于最简单的一种非线性约束最优化问题。一般来说，求解非线性约束最优化问题比求解线性规划问题困难得多；而且，不像线性规划有单纯形法这一通用方法，非线性规划目前还没有适用于各种问题的通用算法，已有的方法都有其特定的适用范围，序列二次规划（sequential quadratic programming，SQP）是一种对于非线性约束最优化问题非常有效的算法，与其他算法相比，SQP 的优点是收敛性好、计算效率高、边界搜索能力强，因此被广泛应用于各种非线性约束最优化问题。在序列二次规划法的迭代过程中，每一步都将原问题转换为求解一个或多个二次规划子问题，求解该子问题得到每一步的搜索方向，并沿搜索方向进行一维寻优，逐步逼近最优解。

考虑下面的非线性规划问题

$$
\begin{aligned}
&\min f(x)\\
&\text{s. t.}\quad c(x)=0
\end{aligned}
\tag{4-79}
$$

式中：$c(x)$ 表示约束矢量函数，$c(x)=[c_1(x), c_2(x), \cdots, c_m(x)]^{\mathrm{T}}$。

上述问题的拉格朗日函数为

$$
\boldsymbol{L}(x, \lambda)=f(x)-\sum_{i=1}^{m}\lambda_i c_i(x)
\tag{4-80}
$$

$L(x, \lambda)$ 关于 x 的梯度矢量和 Hessian 矩阵分别记为

$$
\nabla_x \boldsymbol{L}(x, \lambda)=\nabla f(x)-\sum_{i=1}^{m}\lambda_i \nabla c_i(x)
\tag{4-81}
$$

$$
\nabla_x^2 \boldsymbol{L}(x, \lambda)=\nabla^2 f(x)-\sum_{i=1}^{m}\lambda_i \nabla^2 c_i(x)
\tag{4-82}
$$

用 $\nabla c(x)$ 表示矢量函数 c 在点 x 处的雅可比矩阵，即以偏导数 $\dfrac{\partial c_j(x)}{\partial x_i}$ 为第 (i, j) 个元素的 $n \times m$ 的矩阵。记拉格朗日函数关于 x 和 λ 的梯度矢量和 Hessian 矩阵分别为 $\nabla \boldsymbol{L}(x, \lambda)$ 和 $\nabla^2 \boldsymbol{L}(x, \lambda)$，则

$$\nabla \boldsymbol{L}(x, \lambda) = \begin{bmatrix} \nabla f(x) - \nabla c(x)\lambda \\ -c(x) \end{bmatrix} \qquad (4-83)$$

$$\nabla^2 \boldsymbol{L}(x, \lambda) = \begin{bmatrix} \nabla_x^2 \boldsymbol{L}(x, \lambda) & -\nabla c(x) \\ -\nabla c(x)^{\mathrm{T}} & 0 \end{bmatrix} \qquad (4-84)$$

函数 $\nabla \boldsymbol{L}(x, \lambda)$ 在 (x^*, λ^*) 处的一阶泰勒展开近似为

$$\nabla \boldsymbol{L}(x, \lambda) = \nabla \boldsymbol{L}(x^k, \lambda^k) + \nabla^2 \boldsymbol{L}(x^k, \lambda^k) \begin{bmatrix} x - x^k \\ \lambda - \lambda^k \end{bmatrix} \qquad (4-85)$$

拉格朗日函数[式(4-80)]的最优解所必须满足的条件为

$$\nabla \boldsymbol{L}(x, \lambda) = 0 \qquad (4-86)$$

与问题[式(4-79)]的 K-T 条件[1]一致。由此条件和式(4-83)~(4-85)可得，(x, λ) 是问题[式(4-79)]的拉格朗日稳定解的近似条件为

$$\begin{bmatrix} \nabla_x^2 \boldsymbol{L}(x^k, \lambda^k) & -\nabla c(x^k) \\ -\nabla c(x^k)^{\mathrm{T}} & 0 \end{bmatrix} \begin{bmatrix} x - x^k \\ \lambda - \lambda^k \end{bmatrix} = \begin{bmatrix} -\nabla f(x^k) + \nabla c(x^k)\lambda^k \\ c(x^k) \end{bmatrix}$$
$$(4-87)$$

式(4-87)正是对拉格朗日函数使用牛顿法求稳定点的迭代公式。

$$\nabla_x^2 \boldsymbol{L}(x^k, \lambda^k)(x - x^k) - \nabla c(x^k)(\lambda - \lambda^k) = -\nabla f(x^k) + \nabla c(x^k)\lambda^k$$
$$(4-88)$$

可写成

$$\nabla_x^2 \boldsymbol{L}(x^k, \lambda^k)(x - x^k) - \nabla c(x^k)\lambda = -\nabla f(x^k) \qquad (4-89)$$

故式(4-87)又可写成如下形式

$$\begin{bmatrix} \nabla_x^2 \boldsymbol{L}(x^k, \lambda^k) & -\nabla c(x^k) \\ -\nabla c(x^k)^{\mathrm{T}} & 0 \end{bmatrix} \begin{bmatrix} d \\ \lambda \end{bmatrix} = \begin{bmatrix} -\nabla f(x^k) \\ c(x^k) \end{bmatrix} \qquad (4-90)$$

式中：$d = x - x^k$。若矩阵 $\boldsymbol{B}^k$ 是 Hessian 矩阵 $\nabla_x^2 \boldsymbol{L}(x^k, \lambda^k)$ 的良好近似，则式(4-91)成为拟牛顿法的迭代公式

---

[1] K-T 条件是最优化(特别是非线性规划)领域最重要的成果之一，且判断某点是极值点的必要条件。

$$\begin{bmatrix} \boldsymbol{B}^k & -\nabla c(x^k) \\ -\nabla c(x^k)^{\mathrm{T}} & 0 \end{bmatrix} \begin{bmatrix} d \\ \lambda \end{bmatrix} = \begin{bmatrix} -\nabla f(x^k) \\ c(x^k) \end{bmatrix} \tag{4-91}$$

不难发现,式(4-91)恰是二次规划问题

$$\min \frac{1}{2} d^{\mathrm{T}} \boldsymbol{B}^k d + \nabla f(x^k)^{\mathrm{T}} d \tag{4-92}$$

$$\text{s. t.} \quad \nabla c(x^k)^{\mathrm{T}} d + c(x^k) = 0$$

的 K-T 条件。

综上所述,若能适当地利用拟牛顿法公式,使 $\boldsymbol{B}^k$ 是 Hessian 矩阵 $\nabla_x^2 \boldsymbol{L}(x^k, \lambda^k)$ 的良好近似并不断更新,则可以通过逐次计算二次规划问题[式(4-92)]的解而得到问题[式(4-79)]的稳定解。这种方法实质上是对拉格朗日函数采用拟牛顿法,将其推广至有约束的最优化问题的结果。矩阵 $\boldsymbol{B}^k$ 的更新方法,可以由

$$s^k = x^{k+1} - x^k \tag{4-93}$$

$$\boldsymbol{y}^k = \nabla_x \boldsymbol{L}(x^{k+1}, \lambda^{k+1}) - \nabla_x \boldsymbol{L}(x^k, \lambda^{k+1}) \tag{4-94}$$

定义矢量 s^k 和 $\boldsymbol{y}^k$,将式(4-93)、式(4-94)代入 BFGS 公式①,从而由 $\boldsymbol{B}^k$ 确定 $\boldsymbol{B}^{k+1}$。

但是,将无约束最优化问题的拟牛顿法的思想推广到有约束的问题时,有必要注意一个问题:即矩阵 $\boldsymbol{B}^k$ 总保持是正定的,否则求解没有保障。然而当

$$(\boldsymbol{y}^k)^{\mathrm{T}} s^k > 0 \tag{4-95}$$

不成立时,即使 $\boldsymbol{B}^k$ 正定,$\boldsymbol{B}^{k+1}$ 也不一定正定。在无约束问题的情况下,一般式(4-95)是成立的。在有约束的情况下,满足式(4-93)和式(4-94)的矢量并不总满足式(4-95),将导致 $\boldsymbol{B}^{k+1}$ 非正定。为了在式(4-95)不成立的情况下仍保持 $\boldsymbol{B}^{k+1}$ 的正定性,可以如下修正拟牛顿法的更新公式。

首先,令

$$\theta = \begin{cases} 1 & ((s^k)^{\mathrm{T}} \boldsymbol{y}^k \geqslant \beta (s^k)^{\mathrm{T}} \boldsymbol{B}^k s^k) \\ (1-\beta)(s^k)^{\mathrm{T}} \boldsymbol{B}^k s^k / [(s^k)^{\mathrm{T}} \boldsymbol{B}^k s^k - (s^k)^{\mathrm{T}} \boldsymbol{y}^k] & ((s^k)^{\mathrm{T}} \boldsymbol{y}^k < \beta (s^k)^{\mathrm{T}} \boldsymbol{B}^k s^k) \end{cases} \tag{4-96}$$

———————

① BFGS 公式为 $\boldsymbol{B}^{k+1} = \boldsymbol{B}^k + \dfrac{\boldsymbol{y}^k \boldsymbol{y}_k^{\mathrm{T}}}{(\boldsymbol{y}^k)^{\mathrm{T}} s^k} - \dfrac{\boldsymbol{B}^k s^k (s^k)^{\mathrm{T}} \boldsymbol{B}^k}{(s^k)^{\mathrm{T}} \boldsymbol{B}^k s^k}$。

式中：β 为大于零的常数，经验表明 $0.1 \leqslant \beta \leqslant 0.2$ 为宜。然后，以式(4-96)确定的 θ 定义矢量

$$\tilde{\boldsymbol{y}}^k = \theta \boldsymbol{y}^k + (1-\theta)\boldsymbol{B}^k \boldsymbol{s}^k \qquad (4-97)$$

最后，在 BFGS 公式中，用 $\tilde{\boldsymbol{y}}^k$ 代替 $\boldsymbol{y}^k$，得到 $\boldsymbol{B}^k$ 的更新公式为

$$\boldsymbol{B}^{k+1} = \boldsymbol{B}^k + \frac{\tilde{\boldsymbol{y}}^k (\tilde{\boldsymbol{y}}^k)^{\mathrm{T}}}{(\tilde{\boldsymbol{y}}^k)^{\mathrm{T}} \boldsymbol{s}^k} - \frac{\boldsymbol{B}^k \boldsymbol{s}^k (\boldsymbol{s}^k)^{\mathrm{T}} \boldsymbol{B}^k}{(\boldsymbol{s}^k)^{\mathrm{T}} \boldsymbol{B}^k \boldsymbol{s}^k} \qquad (4-98)$$

由式(4-96)和式(4-97)易知，此时因为 $\beta > 0$ 和 $(\boldsymbol{s}^k)^{\mathrm{T}} \tilde{\boldsymbol{y}}^k \geqslant \beta (\boldsymbol{s}^k)^{\mathrm{T}} \boldsymbol{B}^k \boldsymbol{s}^k$，所以只要 $\boldsymbol{B}^k$ 是正定的，则 $\boldsymbol{B}^{k+1}$ 总是正定的。

　　但是，一般这样更新得到的矩阵 $\boldsymbol{B}^k$，不一定会始终保持与 $\nabla_x^2 \boldsymbol{L}(x^k, \lambda^k)$ 近似相等。特别地，当最优解处 Hessian 矩阵 $\nabla_x^2 \boldsymbol{L}(x^*, \lambda^*)$ 为不定的情况时，两者的近似性难以得到保证。在无约束问题中，最优解处目标函数的 Hessian 矩阵总是半正定的，但在有约束的问题中 $\nabla_x^2 \boldsymbol{L}(x^*, \lambda^*)$ 就不一定是半正定的。然而，即使 $\boldsymbol{B}^k$ 不接近 $\nabla_x^2 \boldsymbol{L}(x^k, \lambda^k)$，但若在某个适当的子空间上始终保持是 $\nabla_x^2 \boldsymbol{L}(x^k, \lambda^k)$ 的良好近似，则可以证明"每轮迭代求二次规划问题的解 d^k，下一个点是 $x^{k+1} = x^k + d^k$"这种迭代方法，有超一次收敛性。

4.5.2　方法步骤

　　综上所述，序列二次规划流程图如图 4-7 所示。

　　序列二次规划法的迭代步骤如下：

　　(1) 给定初始点 x^0，令 $\boldsymbol{B}^0 = \boldsymbol{I}$（单位矩阵）。

　　(2) 计算原问题目标函数和约束函数的函数值、梯度值，构造二次规划子问题。

$$\min \frac{1}{2} d^{\mathrm{T}} \boldsymbol{B}^k d = \nabla f(x^k)^{\mathrm{T}} d \qquad (4-99)$$
$$\text{s. t.} \quad \nabla c(x^k)^{\mathrm{T}} d + c(x^k) = 0$$

　　(3) 求解二次规划子问题，确定新的乘子矢量 λ^{k+1} 和搜索方向 d^k。

　　(4) 令 $x^{k+1} = x^k + d^k$，获得下一轮搜索起始点 x^{k+1}。

　　(5) 收敛判断采用点距收敛准则，若满足收敛精度

$$\left| \frac{f(x^{k+1}) - f(x^k)}{f(x^k)} \right| \leqslant \varepsilon \qquad (4-100)$$

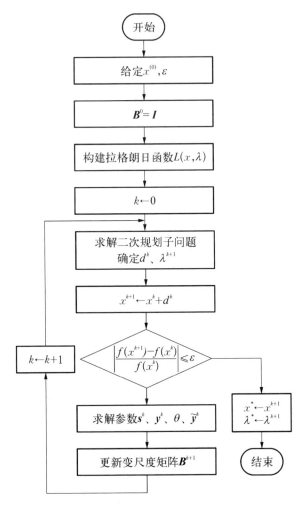

图 4-7　序列二次规划流程图

则停止计算,输出最优解 $(x^*, \lambda^*) = (x^{k+1}, \lambda^{k+1})$;否则,转步骤(6)。

(6) 采用拟牛顿法公式(如 BFGS 公式)对 $\pmb{B}^k$ 进行修正更新,得到 $\pmb{B}^{k+1}$,返回步骤(2)。

4.5.3　数学算例

例题:用序列二次规划法求解下列约束优化问题,精度要求 $\varepsilon = 1\mathrm{e} - 3$。

$$\min f(x) = \frac{1}{2}\left(x_1^2 + \frac{1}{3}x_2^2\right) \tag{4-101}$$

$$\mathrm{s.\,t.}\quad c(x) = x_1 + x_2 - 1 = 0$$

解:

第一轮迭代: 给定初值 $x^0 = [1, 0]^T$, 初始矩阵 $\boldsymbol{B}^0$ 为单位矩阵 $\boldsymbol{I}$。 解对应二次规划问题

$$\min \frac{1}{2} d^T \boldsymbol{B}^0 d = \nabla f(x^0)^T d \tag{4-102}$$
$$\text{s. t.} \quad \nabla c(x^0)^T d + c(x^0) = 0$$

得 $d^1 = \begin{bmatrix} -0.5 \\ 0.5 \end{bmatrix}$, $\lambda^1 = 0.5$。 根据 $x^{k+1} = x^k + d^k$ 可得下一轮迭代点 $x^1 = [0.5, 0.5]^T$, 判断是否满足收敛条件

$$\left| \frac{f(x^1) - f(x^0)}{f(x^0)} \right| = 0.667 > \varepsilon \tag{4-103}$$

第二轮迭代: 求矢量 $\boldsymbol{s}^k$、$\boldsymbol{y}^k$, 有

$$\boldsymbol{s}^1 = x^1 - x^0 = \begin{bmatrix} -0.5 \\ 0.5 \end{bmatrix} \tag{4-104}$$

$$\boldsymbol{y}^1 = \nabla_x \boldsymbol{L}(x^1, \lambda^1) - \nabla_x \boldsymbol{L}(x^0, \lambda^1) = \begin{bmatrix} -0.5 \\ 0.167 \end{bmatrix} \tag{4-105}$$

根据拟牛顿法公式取 $\beta = 0.15$, 计算得 $\theta = 1$, $\tilde{\boldsymbol{y}}^k = \boldsymbol{y}^k = \begin{bmatrix} -0.5 \\ 0.167 \end{bmatrix}$, 则 $\boldsymbol{B}^0$ 更新为

$$\boldsymbol{B}^1 = \begin{bmatrix} 1.250 & 0.250 \\ 0.250 & 0.584 \end{bmatrix} \tag{4-106}$$

解对应二次规划问题

$$\min \frac{1}{2} d^T \boldsymbol{B}^1 d = \nabla f(x^1)^T d \tag{4-107}$$
$$\text{s. t.} \quad \nabla c(x^1)^T d + c(x^1) = 0$$

得 $d^2 = \begin{bmatrix} -0.25 \\ 0.25 \end{bmatrix}$, $\lambda^2 = 0.25$。 根据 $x^{k+1} = x^k + d^k$ 可得下一轮迭代点 $x^2 = [0.25, 0.75]^T$, 判断是否满足收敛条件

$$\left| \frac{f(x^2) - f(x^1)}{f(x^1)} \right| = 0.25 > \varepsilon \tag{4-108}$$

第三轮迭代：求矢量 s^k、y^k，有

$$s^2 = x^2 - x^1 = \begin{bmatrix} -0.25 \\ 0.25 \end{bmatrix} \tag{4-109}$$

$$y^2 = \nabla_x \boldsymbol{L}(x^2, \lambda^2) - \nabla_x \boldsymbol{L}(x^1, \lambda^2) = \begin{bmatrix} -0.25 \\ 0.083 \end{bmatrix} \tag{4-110}$$

根据拟牛顿法公式计算得 $\theta = 1$，$\tilde{\boldsymbol{y}}^k = \boldsymbol{y}^k = \begin{bmatrix} -0.5 \\ 0.083 \end{bmatrix}$，则 $\boldsymbol{B}^1$ 更新为

$$\boldsymbol{B}^2 = \begin{bmatrix} 1.250 & 0.250 \\ 0.250 & 0.583 \end{bmatrix} \tag{4-111}$$

解对应二次规划问题

$$\min \frac{1}{2} d^{\mathrm{T}} \boldsymbol{B}^2 d = \nabla f(x^2)^{\mathrm{T}} d \tag{4-112}$$

$$\text{s. t.} \quad \nabla c(x^2)^{\mathrm{T}} d + c(x^2) = 0$$

得 $d^3 = \begin{bmatrix} 0 \\ 0 \end{bmatrix}$，$\lambda^3 = 0.25$。根据 $x^{k+1} = x^k + d^k$ 可得下一轮迭代点 $x^2 = [0.25,$ $0.75]^{\mathrm{T}}$，判断是否满足收敛条件

$$\left| \frac{f(x^2) - f(x^1)}{f(x^1)} \right| = 0 < \varepsilon \tag{4-113}$$

满足收敛条件，迭代终止，最优解为

$$x^* = [0.25, 0.75]^{\mathrm{T}}$$
$$f(x^*) = 0.125 \tag{4-114}$$

4.5.4　程序实现

1) 序列二次规划法类初始化

初始化参数如下：

(1) 等式约束条件参数为 constraint。

(2) 搜索起始点参数为 start_point，作为第一轮寻优搜索的原始迭代点，选择的起始点应在与目标最优点尽可能近的位置。

(3) 收敛精度参数为 threshold，用于作为收敛准则判断寻优算法是否需继

续进行。

（4）迭代上限参数为 times，用于作为迭代轮数准则控制寻优算法是否继续进行。

Python 程序如下所示：

```
class sqp():
    def __init__(self,function,constraint,start_point, threshold,
                 times):
        self.function = sympify(function)
        self.constraint = sympify(constraint)
        self.start_point = start_point
        self.dim = len(start_point)
        self.precision = threshold
        self.times = times
```

2）$\boldsymbol{B}^k$ 矩阵更新

根据式（4-98）对 $\boldsymbol{B}^k$ 矩阵进行更新。Python 程序如下所示：

```
def update_B(self,B,x0,x1,lamda):
    s = x1 - x0
    yk = self.lagrange_grad(x1,lamda) - self.lagrange_grad(x0,
         lamda)
    theta = self.theta(yk,s,B)
    ykp = theta * yk + (1 - theta) * B@s
    BK1 = B + ykp @ ykp.T / (ykp.T @ s) - B @s@s.T @B / (s.T@B@s)
    return BK1
```

序列二次规划法每轮迭代完成后都需要更新矩阵 $\boldsymbol{B}^k$，更新矩阵 $\boldsymbol{B}^k$ 需要求解参数 $\tilde{\boldsymbol{y}}^k$、θ、$\boldsymbol{y}^k$ 的值。参数 $\boldsymbol{y}^k$ 通过拉格朗日函数的梯度差值计算。Python 程序如下所示：

```
def lagrange_grad(self,x,lamda):
    x = x.T.tolist()[0]
```

```
la_grad = self.gradf(x) - self.grad_cons(x)@lamda
return la_grad
```

求解参数 θ 时的 β 取经验值 0.15。Python 程序如下所示：

```
def theta(self,yk,s,B,beta = 0.15):
    if_left = s.T @ yk
    if_right = beta * s.T @ B @ s
    flag = if_left - if_right
    if(float(flag) >= 0):
        theta = 1
    else:
        theta = ((1 - beta) * s.T * B * s)/(s.T @ B @ s - if_left)
    return float(theta)
```

3) 序列二次规划主体

在更新完矩阵 $\boldsymbol{B}^k$ 后，通过求解目标函数和约束函数的梯度值，可得到一个二次规划子问题，采用拉格朗日法求解二次规划子问题得到 d^k、λ^{k+1}。

首先，进行迭代初始化，设置起始点，起始矩阵 $\boldsymbol{B}$ 为单位矩阵，迭代轮数为 0。Python 程序如下所示：

```
def run(self):
    x0 = self.start_point
    B0 = np.identity(self.dim)
    time = 0
```

其次，开始迭代求解二次规划子问题，要先建立二次规划子问题，再求解得到 d^k 和 λ^{k+1}。Python 程序如下所示：

```
while(True):
    grad_cons = self.grad_cons(x0)
    a = B0
    c = -grad_cons.T
```

```python
b = self.gradf(x0).reshape(-1,1)
d = self.cons(x0)
a1 = np.linalg.inv(a)
ct = c.T
calct1 = np.linalg.inv(c@a1@ct)
q = a1 - a1 @ ct @ calct1 @ c @ a1
r = np.dot(np.dot(calct1, c), a1)
s = -calct1
D = -q@b + r.T@d
lamda = r@b - s@d
```

再次，求解下一轮迭代点与下一轮矩阵 $\boldsymbol{B}^k$ 。Python 程序如下所示：

```python
x0 = np.asarray(x0).reshape(-1,1)
x1 = x0 + D
time += 1
BK1 = self.update_B(B0,x0,x1,lamda)
```

最后，进入收敛准则判断。若满足点距准则或最大迭代轮数准则，则结束迭代；否则，更新迭代点与矩阵 $\boldsymbol{B}^k$，继续迭代。Python 程序如下所示：

```python
distance = 0
for i in range(self.dim):
    distance += float(x1[i] - x0[i]) ** 2
distance ** = 0.5
if (time == self.times or distance < self.threshold):
    break
x1 = x1.T.tolist()[0]
x0 = x1
B0 = BK1
```

下面针对给出的数学算例，结合本节给出的程序进行验证，对序列二次规划法类进行参数的初始化。Python 程序如下所示：

```
function = '0.5 * x1 * * 2 + 1 / 6 * x2 * * 2'
constraint = ["x1 + x2 - 1"]
start_point = [1, 0]
threshold = 1e - 4
times = 20
myalgorithm = sqp(function, constraint, start_point, threshold, times)
myalgorithm.run()
```

在主程序中给定目标函数 $f(x) = \dfrac{1}{2}\left(x_1^2 + \dfrac{1}{3}x_2^2\right)$，搜索的起始点为 $[1, 0]^{\mathrm{T}}$，精度要求为 $\varepsilon = 10^{-4}$，迭代轮数上限为 20。序列二次规划运行结果如图 4-8 所示。

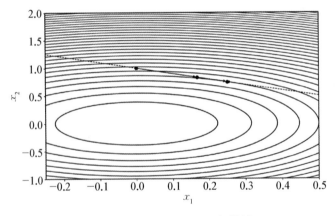

图 4-8　序列二次规划运行结果

得到最优的设计变量坐标值和目标函数值：

$$x^* = [0.25, 0.75]$$
$$\min f(x) = 0.125$$

$$(4-115)$$

习题

4-1　用随机方向法求解优化问题

$$\min f(x) = (x_1 - 2)^2 + x_2^2$$

$$\text{s. t.}\quad g_1(x)=-x_1+x_2^2\geqslant 0$$

$$g_2(x)=x_1-x_2\leqslant 0$$

的约束最优解。

4-2　写出优化问题

$$\min f(x)=4x_1+3x_2^2+x_1x_2$$

$$\text{s. t.}\quad g_1(x)=x_1^2+x_2^2-1\geqslant 0$$

$$g_2(x)=x_1+x_2-2\leqslant 0$$

$$g_3(x)=x_1+2x_1x_2-3\geqslant 0$$

所满足的可行下降方向 $d=(d_1,d_2)$ 在点$(1,1)$处的条件。

4-3　用外点惩罚函数法求解优化问题

$$\min f(x)=\frac{1}{3}(x_1+1)^3+x_2$$

$$\text{s. t.}\quad g_1(x)=x_1\geqslant 0$$

$$g_2(x)=x_2\geqslant 0$$

的约束最优解。

4-4　用增广乘子法求解优化问题

$$\min f(x)=(x_1-1)^2+(x_2-2)^2$$

$$\text{s. t.}\quad g_1(x)=x_2-x_1-1=0$$

$$g_2(x)=x_2+x_1-2\leqslant 0$$

$$x_1,\ x_2\geqslant 0$$

的约束最优解。

4-5　用序列二次规划法求解优化问题

$$\min f(x)=x_1x_2$$

$$\text{s. t.}\quad g_1(x)=x_1^2+x_2^2-1=0$$

的约束最优解。

第5章　智能优化方法

智能优化方法（intelligent optimization algorithm，IOA），又称为元启发式方法（meta-heuristic），是基于计算智能的机制求解复杂优化问题最优解或满意解的方法。智能优化通过对生物、物理、化学、社会、艺术等系统或领域中相关行为、功能、经验、规则、作用机理的认识，揭示优化算法的设计原理，在特定问题特征的引导下提炼相应的特征模型，设计智能化的迭代搜索型优化算法。常见的智能优化方法包括遗传算法、粒子群算法和差分进化算法等。相比于传统优化方法，智能优化方法能够处理复杂的目标函数与约束条件，尤其是在目标空间有较多鞍点、局部最优点时。本章分别介绍常用的单目标智能优化方法和多目标智能优化方法。

5.1　单目标遗传算法

遗传算法（genetic algorithm，GA）是模拟达尔文生物进化论的自然选择和遗传学机理的生物进化过程的随机化全局优化方法，由美国的 John Holland 教授于 20 世纪 70 年代提出。

遗传算法具有很好的并行运算能力，直接对结构对象进行操作。不存在求导和函数连续性的限定，采用概率化的寻优方法，能自动获取和指导优化的搜索空间，不需要确定的规则。遗传算法的这些特点，已被人们广泛地应用于工程设计、机器学习、信号处理、自适应控制等领域。

5.1.1　原理与步骤

在遗传算法的应用过程中，针对不同的优化问题，可设计不同的编码方法来表示问题的可行解，并相应发展各种遗传算子来模拟自然环境下生物的遗传进化特性。这样由不同的编码方法和相应的遗传算子就构成了各种不同的遗传算法。但这些遗传算法都具有共同点，即通过对生物遗传和进化过程中选择、交叉和变异机理的模拟来完成对问题最优解的自适应搜索过程。在介绍遗传算法的步骤之前,首先对遗传算法中的一些名词进行解释。

(1) 个体(individual):称 $S = \{0, 1\}^l$ 为个体空间,个体空间的元素 $a = a_0 a_1 \cdots a_{l-1} [a_i \in S (i = 0, 1, \cdots, l-1)]$ 称为个体,它是染色体带有特征的实体。分量 $a_j \in S$ 称为基因,正整数 l 称为个体的基因长度。

(2) 种群(population):称个体空间 S 中 N 个个体组成的一个子集(个体允许重复)为一个种群,记为

$$A = (A_1, A_2, \cdots, A_N) \tag{5-1}$$

式中:$A_j (j = 1, 2, \cdots, N) \in S$;$N$ 为种群规模。

(3) 适应度(fitness):在研究自然界中生物的遗传和进化现象时,生物学家使用适应度这个术语来度量某个物种对于生存环境的适应程度。对生存环境适应程度较高的物种将获得更多的繁殖机会,而对生存环境适应程度较低的物种,其繁殖机会就会相对较少,甚至逐渐灭绝。在遗传算法中,一般通过适应度函数(fitness function)来衡量某一个体的适应度高低。

(4) 编码(coding):将一个待求解的问题的实际解从其解空间转换到遗传算法所能处理的搜索空间的过程,称为编码。

(5) 解码(decoding):解码是将遗传算法所搜索到的最优个体的染色体转换成待求解问题的实际最优解的过程,即编码的逆过程。

(6) 选择操作(selection):根据各个个体的适应度,按照一定的规则,从第 t 代种群 $P(t)$ 中选择出一些优良的个体遗传到下一代种群 $P(t+1)$ 中。一般地,选择操作通过选择算子(selection operator)进行。

(7) 交叉操作(crossover):将种群 $P(t)$ 内的每个个体随机搭配成对,对每一对个体,以交叉概率(crossover rate)按照一定的规则交换它们之间的部分染色体。

(8) 变异操作(mutation):对种群 $P(t)$ 中的每一个个体,以变异概率(mutation rate)改变一个或多个基因座上的基因值为其他的等位基因。

遗传算法的完整步骤包括初始化种群、种群编码、种群选择、种群交叉、种群变异与种群解码等操作。以目标极大化问题为例,该优化问题的设计变量维度为 D,遗传算法的步骤可以归纳如下:

(1) 步骤1:定义种群规模为 N,即种群中个体数为 N。 初始化种群,根据优化问题的设计变量约束范围,随机初始化生成 N 个 D 维的个体。这些个体组

成的种群称作初始种群 $P(0)$。

（2）步骤 2：定义适应度函数 $F(X(x_1, x_2, \cdots, x_D))$ 用于表征个体在优化目标上的表现情况，适应度函数直接衡量种群中每个个体对应的解的优劣。

（3）步骤 3：对种群 $P(0)$ 进行选择操作，基于个体的适应度，按照一定的选择方法在父代种群 $P(0)$ 中选择出 N 个在当前种群表现更好的个体，这些个体被认为更接近最优解，组成新的种群 P_1。

（4）步骤 4：对种群 P_1 进行交叉操作。首先对种群 P_1 进行编码得到对应的染色体信息，便于在个体之间实现信息的交换。基因编码是将个体的表现型按照编码规则，转换为具有更多信息的染色体。两个个体之间的交叉，是将两个染色体上的部分信息交换。常见的编码方式包括二进制编码法、格雷码方法、浮点编码法、符号编码法等。根据定义的交叉概率 p_{cross}，得出参与交叉的个体数为 $N \cdot p_{\text{cross}}$，并根据所选择的交叉方法将这些个体进行交叉，其余个体维持不变，得到新的种群 P_2。

（5）步骤 5：对种群 P_2 进行变异操作。根据交叉概率 p_{mutation}，得出需要变异的基因数为全部基因数 $\times p_{\text{mutation}}$，将这些基因替换为相应的等位基因。变异完成后得到新的种群 P_3。

（6）步骤 6：对种群 P_3 进行评估。计算 P_3 中个体的适应度，寻找最优个体。并判断种群 P_3 是否满足收敛条件。若不满足收敛条件，则更新子代种群 $P(1) \leftarrow P_3$，返回步骤 3，直至种群满足收敛条件。

遗传算法流程图如图 5-1 所示。

在遗传算法设计中常用的终止准则如下：

（1）基于迭代轮数上限的终止准则，即设定迭代轮数上限，当种群的更新代数达到上限时，无论优化算法是否收敛都停止迭代并输出当前的种群最优值。

（2）基于种群坐标方差的收敛准则，即当所有种群个体的坐标位置分布足够集中时，个体坐标分布的方差小于收敛精度，认为算法达到收敛，此时的种群最优值就是本次算法求解出的最优值。

遗传算法中适应度函数的构造方式决定在迭代过程中个体解优劣的评估结果，影响算法的计算结果，而在遗传过程中的选择算子、交叉算子、变异算子直接影响算法的收敛效率和迭代速度。针对不同的约束优化问题，构造合理的适应度函数，设计合适的遗传算子将提高算法的运行效率。下面介绍适应度函数的构造方法及编码、选择、交叉、变异的设计，并讨论遗传算子对遗传算法性能的影响程度。

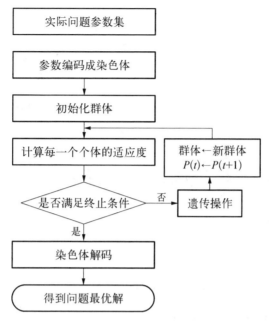

图 5-1　遗传算法流程图

5.1.2　算法要素与参数

1）适应度函数

常用的适应度函数构造方法主要包括如下三种：

（1）以待求解的目标函数为适应度函数。

若目标函数为最大值问题，则 $\text{Fit}(f(X)) = f(X)$；若目标函数为最小值问题，则 $\text{Fit}(f(X)) = -f(X)$。 这种方法的优点是简单直观，缺点是当某些代求解的函数值分布相差很大时，由此方法得到的平均适应度可能不利于体现种群的平均性能。同时，由于种群对应的目标函数的值可能包含正值和负值，因此在后续进行选择操作时，异号的适应度值不易处理。

（2）界限构造法。

若目标函数为最大值问题，则

$$Fit(f(X)) = \begin{cases} f(x) - c_{\min} & f(x) > c_{\min} \\ 0 & \text{其他} \end{cases} \qquad (5-2)$$

式中：$c_{\min}$ 为 $f(x)$ 的最小值估计。在这种情况下，绝大部分个体坐标对应的目标函数值大于 $c_{\min}$，少部分函数值小于 $c_{\min}$ 的个体，适应度函数值为 0，因此种群适应度函数的值将控制在正向区间内。

若目标函数为最小值问题，则

$$Fit(f(X)) = \begin{cases} c_{\max} - f(x) & f(x) < c_{\max} \\ 0 & 其他 \end{cases} \tag{5-3}$$

式中：$c_{\max}$ 为 $f(x)$ 的最大值估计。在这种情况下，种群的适应度函数值同样可以控制在正向区间内。

由上述方法构造的适应度函数，函数值越大，个体对应的解越接近最优解。该构造方法，控制了适应度值的分布，避免了适应度值分布在正负方向两端。但这种构造方法存在界限值预先估计困难或估计不精确等问题。

（3）倒数法。

若目标函数为最大值问题，则

$$Fit(f(x)) = \frac{1}{1 + c - f(x)} [c \geqslant 0, \ c - f(x) \geqslant 0] \tag{5-4}$$

若目标函数为最小值问题，则

$$Fit(f(x)) = \frac{1}{1 + c + f(x)} [c \geqslant 0, \ c + f(x) \geqslant 0] \tag{5-5}$$

式中：c 为目标函数界限的保守估计值。倒数法也属于界限构造法的一种。

2）编码与解码

编码是遗传算法完成遗传步骤的先决条件：编码决定选择与交叉等操作的作用方式；决定从搜索空间的基因型到解空间的表现型的解码方式；同时决定算法对问题的计算精度。标准遗传算法采用二进制编码方式，将决策变量用二进制字符串表示，二进制编码串的长度由计算精度确定。将各决策变量的二进制编码串联在一起，构成一个染色体，得到一个个体的二进制编码。具体编码方式分为如下两步：

（1）根据区间长度和精度要求确定二进制字符串长度。

（2）将原始坐标表现型转换为二进制编码基因型。

例题：若变量 x 的定义域为 $[-2, 3]$，精度要求为 10^{-5}，给出 $a = 2.123\,45$ 的二进制编码基因型。

解：首先根据精度，确定 $[-2, 3]$ 范围内包含十进制数目

$$\delta = \frac{X_h - X_l}{10^{-5}} = \frac{3 - (-2)}{10^{-5}} + 1 = 5 \times 10^5 + 1 \tag{5-6}$$

表达 δ 个十进制数需要的二进制字符串长度为

$$L = \log_2\delta = \log_2(5 \times 10^5 + 1) = 18.9 \approx 19(\text{向上取整}) \qquad (5-7)$$

由此可知编码的字符串长度 $L=19$，则 $a=2.123\,45$ 的二进制编码基因型求解过程为

$$\frac{a - X_l}{10^{-5}} = \frac{2.123\,45 - (-2)}{10^{-5}} = \frac{4.123\,45}{10^{-5}} = 412\,345 \qquad (5-8)$$

$$\xrightarrow{\text{转换为二进制}} 1100100101010111001$$

解码过程与编码过程相反，首先将二进制字符串转化为十进制得

$$2^0 + 2^3 + 2^4 + 2^5 + 2^7 + 2^9 + 2^{11} + 2^{14} + 2^{17} + 2^{18}$$
$$= 1 + 8 + 16 + 32 + 128 + 512 + 2\,048 + 16\,384 + 131\,072 + 262\,144$$
$$= 412\,345 \qquad (5-9)$$

解码后的原始坐标表现型为 $412\,345 \times 10^{-5} + X_l = 4.123\,45 + (-2) = 2.123\,45$。

　　3）选择算子

　　遗传算法常用的选择算子包括轮盘赌法、锦标赛选择法、随机遍历抽样法、局部选择法、截断选择法等。本书将详细介绍轮盘赌法。

　　轮盘赌法是一种基于个体适应度值确定个体被选中的选择方法，又称为比例选择法。在轮盘赌法中，每个个体被选中的概率与其适应度大小成正比，具体操作如下：

　　（1）步骤 1：首先根据适应度函数计算出每个个体的相对适应度，并计算出每个个体被选择的概率 P，概率计算如式(5-10)所示。

$$P(x_i) = \frac{f(x_i)}{\sum_{j=1}^{N} f(x_j)} \qquad (5-10)$$

　　（2）步骤 2：根据每个个体的选择概率 $\{P(x_i), i=1, 2, \cdots, N\}$ 将轮盘分为 N 份，如图 5-2 所示。其中第 i 个扇形的中心角为 $2\pi P(x_i)$。

　　（3）步骤 3：通过生成[0，1]内的随机数进行个体选择，计算累积概率区间，如图 5-3 所示。将上述轮盘转换为累积概率区间后，判断生成的随机数

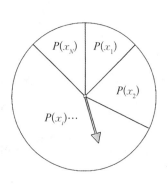

图 5-2　轮盘赌转盘示意图

落入的区间位置,若满足

$$P(x_1) + P(x_2) + \cdots + P(x_{i-1}) < r \leqslant P(x_1) + P(x_2) + \cdots + P(x_i)$$

$$(5-11)$$

则个体 x_i 被选中。

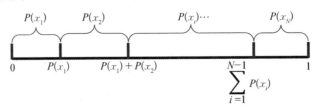

图 5-3　累积概率示意图

4) 交叉算子

对于二进制编码,常用的交叉方法有单点交叉、多点交叉和均匀交叉等。单点交叉时,待交叉的两个父代染色体从一个相同的断点处分离为两个部分,分别交换得到两个新的子代染色体。单点交叉方法如图 5-4 所示。

多点交叉指在染色体上选择两个或两个以上的断点,将父代染色体划分为多个部分,再对每个部分进行交换,得到多个染色体段经过交换的子代。多点交叉方法如图 5-5 所示。

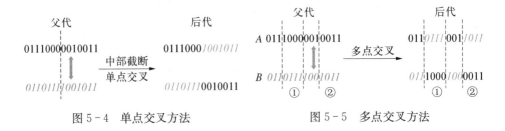

图 5-4　单点交叉方法　　　　　　图 5-5　多点交叉方法

5) 变异

遗传算法中的变异算子将个体染色体编码串中的某些基因位上的基因值用该基因位的其他等位基因来替换,从而形成一个新的个体。对于二进制编码方式的基因型,被选中的变异基因通过 0 和 1 互相突变完成变异。二进制编码基因型的变异算子如图 5-6 所示。

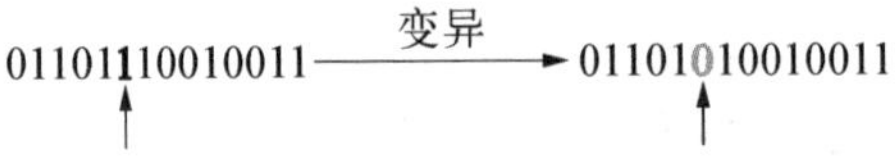

变异算子为遗传算法提供了个体的多样性,使种群不容易陷入局部最优,全局搜索能力强。

图 5-6　变异算子

　6）遗传参数

　　遗传算子包含选择、交叉、变异三个步骤，每个步骤都由特定的遗传参数控制，对于一个种群，在交叉过程由交叉概率 p_{cross} 控制交叉的程度；在变异过程由变异概率控制个体的变异程度。每一步方法的选择和参数调整设置都对算法的执行效率和全局收敛情况产生影响。下面讨论遗传算法中的关键参数的设置对算法性能的影响。在实际工程优化问题中，这些参数需要针对问题的特点，设置合理的取值，以获得满意的优化性能。

　　(1) 种群规模。

　　种群规模指种群中的个体数，反映算法中种群信息量的大小。种群规模越大，种群个体越多，包含的信息越丰富，算法能搜索到全局最优解的可能性就越大，收敛所需的计算量和计算时间也会增加；种群规模越小，种群在遗传更新过程中缺失多样性，容易陷入局部最优，导致算法停滞，因此种群规模不宜是一个过小的值。但优化解的质量和算法的求解效率并非会随种群规模的一味增大而变好，有时种群规模增大，反而会使最优解的精度降低，这是因为较大的种群规模能保持种群的多样性，但会降低收敛速度，此时若设定的进化代数不随之变大，得到的最优解的精度就得不到保证。因此，合理选取种群规模对算法搜索效率的提高具有重要意义。通常根据决策变量的取值范围和求解精度确定种群规模，对于取值范围大的决策变量、精度要求较高的优化问题，可以设置大的种群规模；而对于取值范围小、精度要求低的优化问题，可适当减小种群规模。

　　(2) 交叉概率。

　　交叉是染色体基因重新组合的过程，作为遗传算法迭代过程中更新得到子代的步骤，交叉算子决定了遗传算法的全局搜索能力。交叉概率是控制个体之间进行交叉的概率。交叉概率的选择决定了交叉的频率，较大的交叉概率使各代充分交叉，但群体中的优良模式遭到破坏的可能性增大，无法保留优良个体，使遗传走向随机化；交叉概率越低，种群内进行交叉的个体数量越少，尽管对父代种群的保留更完整，使更多的个体直接复制到下一代，但会导致遗传搜索可能陷入停滞状态，难以获得新的个体，全局搜索能力下降，一般建议取值范围为 0.4～0.9。

　　(3) 变异概率。

　　变异算子是一种局部随机搜索，使遗传算法具有局部随机搜索能力；同时使遗传算法保持种群的多样性，以防止出现非成熟收敛。变异算子不能取得太大，如果大于 0.5，那么遗传算法就退化为随机搜索，使遗传算法失效，一般建议取值范围为 0.001～0.1。

5.1.3　数学算例

例题：利用标准遗传算法求解函数

$$y = -x_1^2 + 5x_1 - x_2^2 - 4x_2 + 100 \qquad (5-12)$$

在约束条件 $x_1 + 2x_2 + 1 \geqslant 0$ 下的最大值，其中 $x_1 \in (-5, 5)$，$x_2 \in (-5, 5)$，精度为 10^{-3}。

解：

（1）步骤 1：初始化。

假设种群大小 $N = 8$，在搜索空间中随机初始化每个个体，基于可行性准则，若个体不满足约束，则个体被直接淘汰，重新初始化该个体。初始化完成后得到种群 $P(0)$，组成如表 5-1 所示。

表 5-1　种群 $P(0)$ 组成

s_i	x_1	x_2
s_1	2.115	−1.231
s_2	2.187	4.309
s_3	4.740	1.772
s_4	−4.285	3.548
s_5	0.473	2.840
s_6	4.705	3.882
s_7	−4.481	4.098
s_8	−0.609	0.506

（2）步骤 2：轮盘赌选择。

本题求目标最大值问题，设定适应度函数为 $f(s_i) = y(s_i)$。根据适应度函数可以算出每个个体的适应度 F：

$$F = \begin{bmatrix} 109.510 \\ 70.349 \\ 91.004 \\ 33.434 \\ 82.716 \\ 70.790 \\ 24.330 \\ 94.304 \end{bmatrix} \qquad (5-13)$$

可以得出，初代种群的最优个体为 $s_1 = [2.115, -1.231]$，最优值为 $y(s_1) = 109.510$。

根据适应度计算每个个体的被选择概率 $p(s_i)$，首先计算适应度值之和：

$$\sum_{j=1}^{8} f(s_j) = 109.5104 + 70.3485 + \cdots + 94.3041 = 576.437 \quad (5-14)$$

得到选择概率 $p(s_i)$ 为

$$p(s_i) = \frac{f(s_i)}{\sum\limits_{j=1}^{N} f(s_j)} \Rightarrow p = \frac{F}{576.437} = \begin{bmatrix} 0.190 \\ 0.122 \\ 0.158 \\ 0.058 \\ 0.144 \\ 0.123 \\ 0.042 \\ 0.164 \end{bmatrix} \quad (5-15)$$

根据选择概率 p 计算每个个体的累积概率 p'

$$p'(s_i) = \sum_{j=1}^{i} p(s_j) \Rightarrow p' = \begin{bmatrix} 0.190 \\ 0.312 \\ 0.470 \\ 0.528 \\ 0.671 \\ 0.794 \\ 0.836 \\ 1.000 \end{bmatrix} \quad (5-16)$$

随后需生成 8 个 $[0, 1)$ 的随机数并判断其在累积概率区间位置来选择个体，如图 5-7 所示。

随机数	0.0407	0.0112	0.1115	0.5921	0.2945	0.2392	0.9442	0.5278
选中个体	s_1	s_1	s_1	s_5	s_2	s_2	s_8	s_4

图 5-7　个体选择结果图

至此轮盘赌选择完成，更新后得到新的种群 $P_{\text{select}}(0)$，如表 5-2 所示。

表 5-2 种群 $P_{\text{select}}(0)$ 组成

s_i	x_1	x_2
s_1	2.115	−1.231
s_2	2.115	−1.231
s_3	2.115	−1.231
s_4	0.473	2.840
s_5	2.187	4.309
s_6	2.187	4.309
s_7	−0.609	0.506
s_8	−4.285	3.548

（3）步骤 3：编码。

对 $P_{\text{select}}(0)$ 中的个体通过二进制编码求其基因型。首先求出 x_1 和 x_2 维度上的二进制字符串长度。

每个维度上搜索域内可能出现的表现型个数为

$$\delta_1 = \delta_2 = \frac{x_h - x_l}{10^{-3}} = \frac{5 - (-5)}{10^{-3}} + 1 = 10^4 + 1 \qquad (5-17)$$

所以 x_1 和 x_2 维度上的基因型长度为

$$L_1 = L_2 = \log_2 \delta = \log_2(10^4 + 1) = 13.3 \approx 14(\text{向上取整}) \qquad (5-18)$$

以 s_1 个体为例，其基因型为

$$s_1(x_1') = \frac{s_1(x_1) - x_l}{10^{-3}} = \frac{2.115 - (-5)}{10^{-3}} = \frac{7.115}{10^{-3}} = 7\,115$$

$$\xrightarrow{\text{转换为二进制}} \quad 01101111001011 \qquad (5-19)$$

$$s_1(x_2') = \frac{s_1(x_2) - x_l}{10^{-3}} = \frac{-1.231 - (-5)}{10^{-3}} = \frac{3.769}{10^{-3}} = 3\,769$$

$$\xrightarrow{\text{转换为二进制}} \quad 00111010111001 \qquad (5-20)$$

同理，将种群 $P_{\text{select}}(0)$ 内个体全部编码得 $P'_{\text{select}}(0)$，如表 5-3 所示。

表 5-3　种群 $P'_{\text{select}}(0)$ 组成

s_i	x'_1	x'_2
s_1	01101111001011	00111010111001
s_2	01101111001011	00111010111001
s_3	01101111001011	00111010111001
s_4	01010101100001	01111010100000
s_5	01110000010011	10010001011101
s_6	01110000010011	10010001011101
s_7	01000100100111	01010110000010
s_8	00001011001011	10000101100100

（4）步骤 4：交叉。

交叉概率 p_{cross} 设为 0.7，故需要 $p_{\text{cross}} \cdot N = 0.7 \times 8 = 5.6 \approx 6$ 个个体参与交叉。首先在 $[1, 8]$ 生成 6 个不重复的随机数确定交叉个体，如图 5-8 所示。

随机数	6	3	1	5	7	8
交叉个体	s_6	s_3	s_1	s_5	s_7	s_8

图 5-8　确定交叉个体图

将选中个体按顺序两两交叉，交叉方式采用单点交叉，假设 s_6 与 s_3 单点交叉如图 5-9 所示。

图 5-9　交叉示意图

假设其余 4 个个体同样单点交叉，得到种群 $P'_{\text{cross}}(0)$，如表 5-4 所示。

表 5-4　种群 $P'_{\text{cross}}(0)$ 组成

s_i	x'_1	x'_2
s_1	01101110010011	00111011011101
s_2	01101111001011	00111010111001
s_3	01101110010011	00111011011101
s_4	01010101100001	01111010100000
s_5	01110001001011	10010000111001
s_6	01110001001011	10010000111001
s_7	01000101001011	01010111100100
s_8	00001010100111	10000100000010

将 $P'_{\text{cross}}(0)$ 解码，以 s_1 为例，则有

$$s_1(x_1): \quad \begin{aligned} & 01101111000011 \xrightarrow{\text{转换为十进制}} 7\,107 \\ & 7\,107 \times 10^{-3} + x_l = 7.\,107 + (-5) = 2.\,107 \end{aligned} \tag{5-21}$$

$$s_1(x_2): \quad \begin{aligned} & 00111011011101 \xrightarrow{\text{转换为十进制}} 3\,805 \\ & 3\,805 \times 10^{-3} + x_l = 3.\,805 + (-5) = -1.\,195 \end{aligned} \tag{5-22}$$

按上述例子的方式将种群内个体全部解码得 $P_{\text{cross}}(0)$，组成如表 5-5 所示。

表 5-5　种群 $P_{\text{cross}}(0)$ 组成

s_i	x_1	x_2
s_1	2.059	-1.195
s_2	2.115	-1.231
s_3	2.059	-1.195
s_4	0.473	2.840
s_5	2.243	4.273
s_6	2.243	4.273
s_7	-0.573	0.604
s_8	-4.321	3.450

交叉过后种群中会出现新的个体,所以需判断个体是否在设计域内且满足可行性准则。若个体不在设计域内,则判断其更接近区间下限还是区间上限,然后将其拉回到更接近的区间界限。根据可行性准则,若个体不满足可行域,则个体被直接淘汰,并将前一个种群 $P_{\text{select}}(0)$ 中的个体按适应度由大到小的顺序依次填补种群 $P_{\text{cross}}(0)$ 的个体空缺。通过计算 $P_{\text{cross}}(0)$ 都满足设计域和可行域,所以全部保留。

(5) 步骤 5:变异。

变异概率 p_{mutation} 设为 0.05,故每个维度上需要参与变异的基因数为

$$N \cdot L \cdot p_{\text{mutation}} = 8 \times 14 \times 0.05 = 5.6 \approx 6 \qquad (5-23)$$

对于每个维度,分别在[1,8]和[1,14]生成 6 个可重复的随机数确定变异基因的个体位置和基因位置。

对于 x_1 维度,假设生成的变异位置如图 5-10 所示。

随机数	1	8	2	7	2	6
个体位置	s_1	s_8	s_2	s_7	s_2	s_6
随机数	6	1	13	14	7	13
基因位置	第 6 位	第 1 位	第 13 位	第 14 位	第 7 位	第 13 位

图 5-10　x_1 维度变异位置

对于 x_2 维度,假设生成的变异位置如图 5-11 所示。

随机数	8	2	5	3	1	7
个体位置	s_8	s_2	s_5	s_3	s_1	s_7
随机数	14	11	5	14	6	13
基因位置	第 14 位	第 11 位	第 5 位	第 14 位	第 6 位	第 13 位

图 5-11　x_2 维度变异位置

这里仅演示 x_1 维度的第一个变异基因,如图 5-12 所示,其位于个体 s_1 的第 6 位基因。

01101110010011 ——变异——→ 01101010010011

图 5-12　个体 s_1 变异示意图

同理,更新种群 $P'_{\text{mutation}}(0)$,如表 5-6 所示。

表 5-6 种群 $P'_{\text{mutation}}(0)$ 组成

s_i	x'_1	x'_2
s_1	01101010010011	00111111011101
s_2	01101101001001	00111010110001
s_3	01101110010011	00111011011100
s_4	01010101100001	01111010100000
s_5	01110001001011	10011000111001
s_6	01110001001001	10010000111001
s_7	01000101001010	01010111100110
s_8	10001010100111	10000100000011

然后将 $P'_{\text{mutation}}(0)$ 解码得 $P_{\text{mutation}}(0)$,如表 5-7 所示。

表 5-7 种群 $P_{\text{mutation}}(0)$ 组成

s_i	x_1	x_2
s_1	1.803	-0.939
s_2	1.985	-1.239
s_3	2.059	-1.196
s_4	0.473	2.840
s_5	2.243	4.785
s_6	2.241	4.273
s_7	-0.574	0.606
s_8	3.871	3.451

变异操作完成后,需要判断变异后的个体是否在设计域和可行域内。根据计算可知 $P_{\text{mutation}}(0)$ 内所有个体均在设计域和可行域内。

(6) 步骤 6:更新种群。

经过第一轮遗传操作后,种群更新为 $P(1)$,如表 5-8 所示。

表 5‐8　种群 $P(1)$ 组成

s_i	x_1	x_2
s_1	1.803	−0.939
s_2	1.985	−1.239
s_3	2.059	−1.196
s_4	0.473	2.840
s_5	2.243	4.785
s_6	2.241	4.273
s_7	−0.574	0.606
s_8	3.871	3.451

计算种群 $P(1)$ 所有个体的适应度值 F：

$$F = \begin{bmatrix} 108.639 \\ 109.406 \\ 109.409 \\ 82.716 \\ 64.148 \\ 70.832 \\ 94.009 \\ 78.657 \end{bmatrix} \tag{5-24}$$

第一轮进化后最优个体为 $s_3 = [2.059, -1.196]$，最优值为 $y(s_3) =$ 109.409。至此第一轮进化结束，判断种群 $P(1)$ 是否满足收敛条件。若不满足收敛条件，则返回至步骤 2，继续迭代直至收敛。

在后续算法实现小节将此例题带入 Python 编写的标准遗传算法中，由于种群数量仅有 8，故大致在 2 000 代时收敛，得到最优个体和最优解为

$$\begin{aligned} s^* &= [2.600, 1.800] \\ y^* &= 110.200 \end{aligned} \tag{5-25}$$

若适当增大种群规模，则可提高收敛效率和求解精度。

5.1.4　程序实现

1) 遗传类初始化

对遗传算法类进行各个参数的初始化如下：

（1）定义种群规模参数为 population_size。

（2）最大迭代轮数参数为 max_iter。

（3）设计变量维数参数为 dim。

（4）设计变量上、下限参数为 low 和 high。

（5）交叉概率参数为 cr。

（6）变异概率参数为 mu。

（7）编码精度参数为 precision。

（8）约束不等式参数为 constraints。

（9）目标函数参数为 fitness。

Python 程序如下所示：

```python
class GA：
    def __init__(self, population_size, max_iter,dim,fitness,
                    constraints,cr,mu,low,high,precision)：
        self.population_size = population_size
        self.max_iter = max_iter
        self.dim = dim
        self.low = low
        self.high = high
        self.cr = cr
        self.mu = mu
        self.precision = precision
        self.constraints = constraints
        self.fit = fitness
```

2）可行性准则

可行性准则用来判断个体是否满足所有约束，在种群初始化、交叉过后、变异过后都需要进行可行性判断。在初始化时，若个体不满足约束，则重新初始化该个体；在交叉和变异过程中，若个体不满足约束，则淘汰该个体。Python 程序如下所示：

```python
def flag_cons(self, x)：
    cons_value = []
```

```
turn = np.asarray(x).reshape(-1, 1).T
for cons in self.constraints:
    cons_value.append(cons(turn))
flag = all(value >= 0 for value in cons_value)
return flag
```

3）种群初始化

根据种群规模在搜索域内随机均匀分布初始化个体坐标,并对每个个体进行可行性准则判断,对于不满足准则的个体重新初始化。Python 程序如下所示:

```
def init_Population(self):
    X = np.random.uniform(size = (self.population_size, self.dim),
                          low = self.low, high = self.high)
    # 判断个体是否满足可行性准则
    for i in range(self.population_size):
        while(self.flag_cons(X[i]) == 0):
            X[i] = np.random.uniform(size = (1, self.dim),
                                     low = self.low,
                                     high = self.high)
    X = np.round(X, math.ceil(-math.log(self.precision, 10)))
    return X
```

4）轮盘赌选择

使用轮盘赌法进行个体选择,首先计算种群中每个个体适应度值 p_fit。Python 程序如下所示:

```
# 轮盘赌法选择
def roulette_select(self, X):
    x_select = np.zeros_like(X)
    p_fit = self.fit(X).reshape(-1, 1)
    probability = p_fit/np.sum(p_fit)
```

```
# 计算累积概率
for i in range(self.population_size - 1):
    probability[i + 1] = probability[i] + probability[i + 1]
```

通过生成随机数 number，根据累积概率 probability 区间选择个体，直至个体填满种群规模。Python 程序如下所示：

```
for i in range(self.population_size):
    number = random.random()
    if number < probability[0] and number >= 0:
        for j in range(self.dim):
            x_select[i][j] = X[0][j]
        for h in range(self.population_size - 1):
            if number >= probability[h] and number < probability
            [h + 1]:
                for j in range(self.dim):
                    x_select[i][j] = X[h + 1][j]
return x_select
```

5）种群的编码与解码

种群编码采用二进制编码方式，先将原种群二维数组转换为三维矩阵，并计算每一维度上的基因型长度。再将十进制转换为二进制，存入 X_binary 中，存放按从后向前的顺序存入，这样可以自动在前面用"0"补齐基因长度。Python程序如下所示：

```
# 三维列表编码
def encode(self, X):
    X_binary = np.zeros_like(X)
    X_binary = X_binary.reshape(self.population_size, self.dim, 1)
    X_binary = X_binary.tolist()
    for i in range(self.dim):
```

```
            individual_size = (self.high[i] - self.low[i]) /
                                self.precision + 1
            Binary_bits = math.ceil(math.log(individual_size,2))
            # 编码
            for j in range(self.population_size):
                X_binary[j][i] = [0] * Binary_bits
                decimal_value = X[j][i]
                binary_value = int(bin(int((decimal_value -
                                    self.low[i])/self.precision)).
                                    replace('0b',''))
                Strbinary = str(binary_value)
                for h in range(len(strbinary)):
                    X_binary[j][i][-(h+1)] = int(strbinary
                    [-(h+1)])
        return X_binary
```

解码时将编码过程逆向操作即可得到表现型。Python 程序如下所示：

```
# 解码
def decode(self,X_binary):
    X = np.zeros((self.population_size,self.dim))
    for i in range(self.population_size):
        for j in range(self.dim):
            # 计算每个维度上基因长度
            long = len(X_binary[i][j])
            sum = 0
            for h in range(long):
                sum += X_binary[i][j][-(h+1)] * (2 * * (h))
            X[i][j] = sum * self.precision + self.low[j]
    return X
```

6）交叉

首先根据交叉概率确定交叉个体数 cross_size。若 cross_size 为奇数，则指

定其中一个个体不参与交叉,利用随机数选择出种群中参与交叉的个体。Python 程序如下所示:

```
def Crossover(self, x_select):
    # 确定交叉个体
    cross_size = int(math.ceil(self.population_size * self.cr))
    if cross_size % 2 ! = 0:
        cross_size = cross_size - 1
    sample_index = random.sample([h for h in range(0,
                                        self.population_size)],
                                        cross_size)
```

将选择后的种群编码,交叉个体两两单点交叉,互相交换后一半对应基因型。在一些问题中单点交叉也可适当采用斜交叉,斜交叉指将其中一个个体的前一半基因与另一个个体的后一半基因交叉,这样可以避免种群收敛至局部最优解时无法出现新个体的问题。当采用斜交叉时,即使父代两个个体基因型完全一样也能交叉出不同于父代的子代个体,但相应的斜交叉在一定程度上会破坏优良个体的基因。Python 程序如下所示:

```
x_crossbinary = self.encode(x_select)
for i in range(int(cross_size/2)):
    for j in range(self.dim):
        for h in range(int(len(x_crossbinary[i][j]) / 2)):
            temp = x_crossbinary[sample_index[2 * i]][j][-(h + 1)]
            x_crossbinary[sample_index[2 * i]][j][-(h + 1)] =
            x_crossbinary[sample_index[2 * i + 1]][j][-(h + 1)]
            x_crossbinary[sample_index[2 * i + 1]][j][-(h + 1)] =
            temp
x_cross = self.decode(x_crossbinary)
return x_cross
```

7) 变异

首先根据变异概率计算每一维度上参与变异的基因数量 mut_size,并通过

随机方式锁定变异基因位置,种群变异后解码得到种群 x_mut。Python 程序如
下所示:

```python
def mutation(self, x_cross):
    x_mutbinary = self.encode(x_cross)
    for i in range(self.dim):
        mut_size = math.ceil(self.mu * self.population_size *
                             len(x_mutbinary[0][i]))
        mut_row = [random.randint(0, self.population_size - 1) for
                   h in range(mut_size)]
        mut_conlumn = [random.randint(0, len(x_mutbinary[0][i]) -
                       1) for h in range(mut_size)]
        for j in range(mut_size):
            if x_mutbinary[mut_row[j]][i][mut_conlumn[j]] == 1:
                x_mutbinary[mut_row[j]][i][mut_conlumn[j]] = 0
            elif x_mutbinary[mut_row[j]][i][mut_conlumn[j]] == 0:
                x_mutbinary[mut_row[j]][i][mut_conlumn[j]] = 1
    x_mut = self.decode(x_mutbinary)
    return x_mut
```

8) 种群更新

进行种群更新,计算初始适应度值,标记初始最优个体 best_position_iter,
初始最优值 best_optim_iter,全局最优个体 best_position,全局最优值 best_
optim。Python 程序如下所示:

```python
def GA_solve(self):
    X = self.init_Population()
    p_fit = self.fit(X).tolist()
    best_optim_iter = max(p_fit)
    best_position_iter = X[p_fit.index(best_optim_iter)]
    best_optim = best_optim_iter
    best_position = best_position_iter
```

进行选择、交叉后需进行种群可行性判断,若个体在上、下限之外,则将个体调整至上下限之内;若个体不满足约束,则直接淘汰个体,用选择过后适应度值高的个体取代。Python 程序如下所示:

```python
for i in range(self.max_iter):
    X_select = self.roulette_select(X)    # 选择
    X_cross = self.Crossover(X_select)    # 交叉
    for j in range(self.population_size):
        for h in range(self.dim):
            if X_cross[j][h] < self.low[h]:
                X_cross[j][h] = self.low[h]
            elif X_cross[j][h] > self.high[h]:
                X_cross[j][h] = self.high[h]
    # 判断是否满足可行性准则
    p_fit = self.fit(X_select).tolist()
    p = sorted(p_fit)
    for j in range(self.population_size):
        if self.flag_cons(X_cross[j]) == 0:
            X_cross[j] = X_select[p_fit.index(p[-(j+1)])]
```

交叉过后进行种群变异,与选择交叉一样,也要进行种群可行性判断。若个体不满足可行性准则,则个体直接淘汰,选用交叉过后适应度值高的个体取代。Python 程序如下所示:

```python
X_mut = self.mutation(X_cross)    # 变异
for j in range(self.population_size):
    for h in range(self.dim):
        if X_mut[j][h] < self.low[h]:
            X_mut[j][h] = self.low[h]
        elif X_mut[j][h] > self.high[h]:
            X_mut[j][h] = self.high[h]
```

```
# 判断是否满足可行性准则
p_fit = self.fit(X_cross).tolist()
p = sorted(p_fit)
for j in range(self.population_size):
    if self.flag_cons(X_mut[j]) == 0:
        X_mut[j] = X_cross[p_fit.index(p[-(j+1)])]
```

完成变异后再更新种群个体,并使用精英保留策略。精英保留策略具体操作指在每一代种群中指定适应度最差的个体直接淘汰,并用历史全局最优个体代替其在种群中的位置。这样做的好处是可以明显地提高结果的收敛速度。完成一轮迭代后,更新全局最优位置和全局最优信息。当迭代轮数到达最大迭代轮数时,退出种群更新。Python 程序如下所示:

```
X = copy.deepcopy(X_mut)
p_fit = self.fit(X).tolist()
X[p_fit.index(min(p_fit))] = best_position
p_fit[p_fit.index(min(p_fit))] = best_optim
best_optim_iter = max(p_fit)
best_position_iter = X[p_fit.index(best_optim_iter)]
if best_optim_iter > best_optim:
    best_optim = best_optim_iter
    best_position = best_position_iter
```

9) 算法运行

利用遗传算法程序求解 5.1.3 节中的优化问题,分别写入目标函数、约束函数,并对遗传算法所有的参数初始化。Python 程序如下所示:

```
def objective(x):
    x1 = (x[:, 0])
    x2 = (x[:, 1])
    return -x1 ** 2 + 5 * x1 - x2 ** 2 - 4 * x2 + 100
def c1(x):
    x1 = (x[:, 0])
```

```
    x2 = (x[:, 1])
    return x1 + 2 * x2 + 1
constraints = [c1]
ga = GA(population_size = 8, max_iter = 3000, dim = 2, fitness =
        objective, constraints = constraints, cr = 0.7, mu = 0.05,
        low = [-5, -5],
        high = [5, 5], precision = 1e-3)
ga.GA_solve()
```

遗传参数设置如下：种群规模 N 取 8，最大迭代轮数取 3 000，设计变量维度为 2，交叉概率 cr 取 0.7，变异概率 mu 取 0.05，设计变量的下限均为 -5、上限均为 5，精度取 10^{-3}。

执行算法后在 2 000 代收敛得到最优解和最优值：

$$s^* = [2.600, 1.800]$$
$$y^* = 110.200$$

$$(5-26)$$

5.2　单目标粒子群算法

粒子群算法利用群体中的个体对信息的共享使整个群体的运动在问题求解空间中产生从无序到有序的演化过程，从而获得最优解。在粒子群算法中，每个优化问题的解称为"粒子"。粒子具有两个属性：速度和位置，速度代表移动的快慢，位置代表移动的方向。每个粒子在搜索空间中单独的搜寻最优解，并将其记为当前个体极值，并将个体极值与整个粒子群里的其他粒子共享，找到最优的那个个体极值作为整个粒子群的当前全局最优解，粒子群中的所有粒子根据自己找到的当前个体极值和整个粒子群共享的当前全局最优解来调整自己的速度和位置。粒子群算法能够较为简单容易地实现，并且没有许多参数的调节。目前已被广泛应用于函数优化、神经网络训练、模糊系统控制以及其他遗传算法的应用领域。本节将针对粒子群算法的基本原理与步骤、算法的实现、算法参数设计，结合具体的算例展开介绍。

5.2.1　原理与步骤

在粒子群算法中，每个粒子在设计空间中所处位置对应的目标值属性和约束属性可以使用适应度进行刻画，每个粒子在记住自己搜索位置的同时，寻找其中最佳的位置(局部最优),粒子群中所有个体的最佳位置是整个粒子群的全局最优点。在整个粒子群的寻优过程中,通过不断移动位置进而迭代更新速度,粒子群整体向最优位置步步逼近,即向全局最优区域运动。

假设粒子群包含粒子数目为 M,其寻优空间维度为 N,那么对每个粒子赋予的"位置"可以表示为

$$X_i = (x_i^1,\ x_i^2,\ \cdots,\ x_i^N) \qquad (i=1,\ 2,\ 3,\ \cdots,\ M) \qquad (5-27)$$

每当一个粒子移动到新的位置时,该位置即为该约束优化问题的潜在解。根据粒子所处位置的坐标计算出的其相应目标值和约束函数值,以此联合计算获得该位置的适应度,进而根据适应度的大小来评价该设计变量的优劣。根据每一个粒子的每一步搜索,记录其截至最近一步位置更新后的最佳位置(即适应度最优处),具体记录形式可表示如下:

$$P_i = (p_i^1,\ p_i^2,\ \cdots,\ p_i^N) \qquad (i=1,\ 2,\ 3,\ \cdots,\ M) \qquad (5-28)$$

在迭代更新粒子坐标的过程中,将所有粒子中的最优位置视为整个粒子群的最佳位置:

$$G_i = (g_i^1,\ g_i^2,\ \cdots,\ g_i^N) \qquad (i=1,\ 2,\ 3,\ \cdots,\ M) \qquad (5-29)$$

粒子群算法通过粒子移动以不断迭代更新,反复进行,直到寻找到最优解或满足迭代终止准则。在更新每次位置后,同时对粒子下一次更新位置的移动速度也进行更新,记第 i 个粒子的速度为

$$V_i = (v_i^1,\ v_i^2,\ \cdots,\ v_i^N) \qquad (i=1,\ 2,\ 3,\ \cdots,\ M) \qquad (5-30)$$

粒子的速度以及位置的更新方式如下:

$$\begin{aligned} v_i^d &= wv_i^d + c_1 r_1 (p_i^d - x_i^d) + c_2 r_2 (p_g^d - x_i^d) \\ x_{i+1}^d &= x_i^d + \alpha v_i^d \end{aligned} \qquad (5-31)$$

式中:$i=1,\ 2,\ \cdots,\ M$;$d=1,\ 2,\ \cdots,\ N$;p_i、p_g 分别为个体和种群最优位置;w 是非负常数,称为惯性因子,在较大程度上影响算法的收敛速度。w 值越大,粒子飞跃范围越广,越容易找到全局最优,然而局部搜寻的能力会在一定程度上降低。速度常数 c_1、c_2 是非负常数,分别表征局部最优和全局最优的权重分配值。如果 $c_1=0$,那么在搜寻过程中只存在社会方向而丢失了个性方向,容易陷入局部最优解;反之,如果 $c_2=0$,那么只有社会经验,没有自身经验,算法将过

早陷入不成熟收敛,偏离最优值。r_1、r_2 是[0,1]范围内的随机数,α 是步长,可以控制速度的权重。

粒子群算法的程序设计步骤如表 5-9 所示。

表 5-9　粒子群算法的程序设计步骤

算法　粒子群算法
步骤 1　随机初始化粒子群体的位置和速度
步骤 2　每个粒子的个体最优坐标设置为其当前位置,计算出个体最优适应度和种群最优适应度
步骤 3　计算每个粒子的适应度
步骤 4　对每个粒子,将其适应度与个体极值进行比较,如果较优,则更新当前的个体极值
步骤 5　对每个粒子,将其适应度与全局极值进行比较,如果较优,则更新当前的全局极值
步骤 6　根据速度更新公式和坐标更新公式,计算每个粒子的最新位置和速度
步骤 7　如未达到预先设定的停止准则(通常设置为最大迭代轮数),则返回步骤 3;若达到则停止计算

在上述粒子速度和位置式(5-31)中,粒子在每一轮速度值更新后,直接用当前速度更新粒子的位置。因此,可以将时间步长视作为 1,在得到粒子的更新位置后再计算新一轮粒子的适应度。此外,式(5-31)中的参数设置会影响到全局搜索的广度和局部搜索的精度。因此,速度和设置的更新是粒子群算法的核心。

粒子群算法主要包括计算粒子适应度、更新个体最优与种群最优适应度、更新粒子移动速度以及更新粒子坐标位置,其算法实现流程图如图 5-13 所示,图中 Gen 表示遗传代数。

粒子群算法的核心在于记录种群中的个体历史最优位置作为个性方向前进的准则,同时记录种群全体粒子的总体最优位置作为社会方向前进的准则。因此每一次粒子移动后都要对粒子的个体信息和种群信息进行更新,从而得到新的移动方向。其中,粒子群算法的终止准则归纳为如下两种:

(1)基于迭代轮数上限的终止准则,即设定迭代轮数上限,当粒子的移动次数达到上限,无论优化算法是否收敛都停止迭代并输出当前的种群最优值。

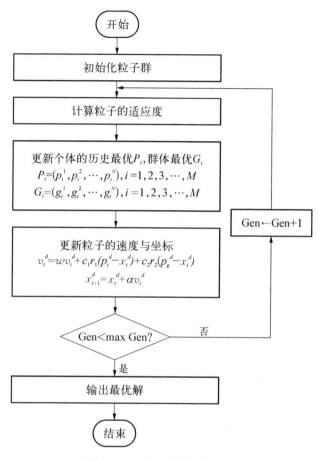

图 5-13 粒子群算法流程图

（2）基于种群坐标方差的收敛准则，即当全体粒子的坐标位置分布足够集中，以至于粒子坐标分布的方差足够小到小于设定的精度收敛精度，说明此时粒子集中收敛到一个足够小的范围，则认为此时的算法已经达到收敛，此时的种群最优值就是本次算法求解出的最优值。

在实际应用中，往往会综合采取两种终止准则同时对优化算法的运行进行控制。

5.2.2 算法要素与参数

在粒子群算法中，速度更新和位置更新的参数设置都对算法的执行效率和计算精度有显著的影响，在进行算法实现前我们对粒子群算法中各个计算式的参数进行讨论，针对不同的优化问题，参数的设计也有所不同。

在速度更新计算式中,主要涉及三个参数:惯性权重 w、个性权重 c_1、社会权重 c_2。在位置更新计算式中,涉及的参数是步长 α。

1) 惯性权重 w

惯性权重 w 用于衡量上一代速度在新一代速度中占据的成分。惯性权重越大,粒子移动能力越强,在全局范围内的搜索能力随之越强。根据式(5-31),当惯性权重大于 1 时,更新后的速度保留了原始速度的趋势,保证了搜索前期过程有较大的步幅,能够快速接近最优值。然而过大的惯性权重会使在最优值附近仍然具有较大的速度,导致极易错过最优值而无法收敛。当惯性权重小于 1 时,更新后的速度并不考虑个性速度和社会速度,速度随着迭代的进行而逐渐减小,使前期搜索速度较慢。然而当搜索接近最优值附近时(即进入搜索后期),由于惯性权重带来的速度衰减,因此粒子更新后的速度会因为个性速度和社会速度较小而趋近于 0,此时粒子的运动能力较弱,算法容易收敛。

2) 个性权重 c_1

个性权重 c_1 用于衡量粒子在更新速度过程中对自身历史最优位置的倾向性。记录种群中的每个粒子在自身移动的历史位置中的最优位置作为个体最优,个体最优位置与粒子的当前位置用于计算个性速度。当个性权重较大时,每个粒子对于自身的历史最优的倾向性都很高,偏向于按照自己的历史最优去进行搜索,而对于社会方向将有较小的偏向。故难以达到全部粒子的统一,不容易实现算法的收敛。因此,个性权重越大,粒子的全局搜索能力越强,收敛速度越慢。

3) 社会权重 c_2

社会权重 c_2 用于衡量粒子在更新速度过程中对整个种群中的最优位置的倾向性。种群的最优位置由整个种群经过每一步移动时记录的历代最优位置决定,得到一个全局(整个种群的全部历史迭代)的最优值用于计算社会速度。当社会权重较大时,粒子对于整个种群的历史最优的倾向性很高,偏向于按照种群中的最优位置去进行搜索,而对自身的个体最优偏向较小。在每个粒子趋向于自己的个性搜索方向时,所有的粒子移动都趋于相同的位置并容易达到统一,算法更容易收敛。因此,社会权重越大,粒子的全局搜索能力越弱,算法收敛越快。

4) 步长 α

步长 α 同大部分优化算法类似,在更新坐标的过程中,当设置的步长较大时,粒子移动距离较大,能够快速接近最优极值。然而,在算法后期,收敛效果会变差。当设置的步长较小时,搜索速度较慢,容易收敛至局部最优值。由于步长小使粒子移动能力较弱,因此往往更容易陷入局部最优,导致算法无法成熟收敛。

5.2.3　数学算例

例题：利用粒子群算法求解函数

$$y = x_1^2 + x_2^2 \tag{5-32}$$

在约束条件 $x_1 + x_2 < -1$ 下的最小值,其中 $x_1 \in (-10, 10)$, $x_2 \in (-10, 10)$。

解：

(1) 步骤 1：初始化。

假设种群大小 $N=3$,在搜索空间中随机初始化每个解的速度和位置,并计算目标函数和约束值,得到粒子的历史最优位置和群体的全局最优位置。在本优化问题中,约束值(记作 c)的计算式为

$$c = \max(x_1 + x_2 + 1, 0)^2 \tag{5-33}$$

对于满足约束的坐标,约束值为 0,不会对适应度产生影响;当约束值大于 0,即不满足约束时返回约束值,对适应度函数产生影响。将粒子坐标直接代入目标可计算得到目标值(记作 o),适应度表达式为

$$\text{fitness} = o(\boldsymbol{X}) + c(\boldsymbol{X}), \quad \boldsymbol{X} = [X_1, X_2, \cdots, X_n] \tag{5-34}$$

式中：$\boldsymbol{X}$ 表示一个粒子的坐标矢量。在本例题中 $\boldsymbol{X}$ 为二维矢量,分别代表两个设计变量维度;pbest 表示个体的最优位置;gbest 表示种群最优位置。

$$p_1 = \begin{cases} v_1 = (3, 2) \\ X_1 = (8, -5) \end{cases}$$

$$\begin{cases} f_1 = 8^2 + (-5)^2 + \max(8 - 5 + 1, 0) = 64 + 25 + 4 = 93 \\ \text{pbest}_1 = X_1 = (8, -5) \end{cases} \tag{5-35}$$

$$p_2 = \begin{cases} v_2 = (-3, -2) \\ X_2 = (-5, 9) \end{cases}$$

$$\begin{cases} f_2 = (-5)^2 + 9^2 + \max(-5 + 9 + 1, 0) = 25 + 81 + 5 = 111 \\ \text{pbest}_2 = X_2 = (-5, 9) \end{cases}$$

$$\tag{5-36}$$

$$p_3 = \begin{cases} v_3 = (5, 3) \\ X_3 = (-7, -8) \end{cases}$$

$$\begin{cases} f_3 = (-7)^2 + (-8)^2 + \max(-7 - 8 + 1, 0) = 49 + 64 + 0 = 113 \\ pbest_3 = X_3 = (-7, -8) \end{cases}$$

$$(5 - 37)$$

$$gbest = pbest_1 = X_1 = (8, -5) \tag{5 - 38}$$

(2) 步骤 2：坐标与速度更新。

粒子的速度和位置更新，根据自身的历史最优位置和全局的最优位置，更新每个粒子的速度和位置。惯性权重 w 取 0.5，个性权重 c_1 和社会权重 c_2 均取 2.0，r_1、r_2 取区间[0, 1]范围内的随机数。

$$p_1 = \begin{cases} v_1 = w \times v_1 + c_1 \times r_1 \times (pbest_1 - X_1) + c_2 \times r_2 \times (gbest - X_1) \\ \qquad \Rightarrow v_1 = \begin{cases} 0.5 \times 3 + 0 + 0 = 1.5 \\ 0.5 \times 2 + 0 + 0 = 1 \end{cases} = (1.5, 1) \\ X_1 = X_1 + v_1 = (8, -5) + (1.5, 1) = (9.5, -4) \end{cases}$$

$$(5 - 39)$$

$$p_2 = \begin{cases} v_2 = w \times v_2 + c_1 \times r_1 \times (pbest_2 - X_2) + c_2 \times r_2 \times (gbest - X_2) \\ \Rightarrow v_2 = \begin{cases} 0.5 \times (-3) + 0 + 2 \times 0.3 \times [8 - (-5)] = 6.1 \\ 0.5 \times (-2) + 0 + 2 \times 0.1 \times [(-5) - 9] = 1.8 \end{cases} = (6.1, 1.8) \\ X_2 = X_2 + v_2 = (-5, 9) + (6.1, 1.8) = (1.1, 10.8) = (1.1, 10) \end{cases}$$

$$(5 - 40)$$

$$p_3 = \begin{cases} v_3 = w \times v_3 + c_1 \times r_1 \times (pbest_3 - X_3) + c_2 \times r_2 \times (gbest - X_3) \\ \Rightarrow v_3 = \begin{cases} 0.5 \times (-3) + 0 + 2 \times 0.3 \times [8 - (-5)] = 6.1 \\ 0.5 \times (-2) + 0 + 2 \times 0.1 \times [(-5) - 9] = 1.8 \end{cases} = (6.1, 1.8) \\ X_3 = X_3 + v_3 = (-7, -8) + (3.5, 6.3) = (-3.5, -1.7) \end{cases}$$

$$(5 - 41)$$

(3) 步骤 3：更新粒子个体最优和种群最优。

评估粒子的适应度函数值，更新粒子的个体最优和种群的全局最优位置。

$$f_1^* = 9.5^2 + (-4)^2 + \max(9.5 - 4 + 1, 0) = 90.25 + 16 + 6.5$$
$$= 112.75 > f_1 = 93$$

$$\begin{cases} f_1 = 93 \\ \text{pbest}_1 = (8, -5) \end{cases} \tag{5-42}$$

$$f_2^* = 1.1^2 + 10^2 + \max(1.1 + 10 + 1, 0) = 1.21 + 100 + 12.1$$
$$= 113.31 > f_2 = 111$$

$$\begin{cases} f_2 = 111 \\ \text{pbest}_1 = (-5, 9) \end{cases} \tag{5-43}$$

$$f_3^* = (-3.5)^2 + (-1.7)^2 + \max(-3.5 - 1.7 + 1, 0) = 12.25 + 2.89 + 0$$
$$= 15.14 < f_3 = 113$$

$$\begin{cases} f_3 = f_3^* = 15.14 \\ \text{pbest}_3 = (-3.5, -1.7) \end{cases} \tag{5-44}$$

$$\text{gbest} = \text{pbest}_3 = (-3.5, -1.7) \tag{5-45}$$

按照上述步骤即为完成了一轮迭代,对比粒子移动后的种群全局最优坐标 $(-3.5, -1.7)$ 和移动前的全局最优坐标 $(8, -5)$,前者计算出的目标函数值为 15.14,后者计算出的目标函数值为 89,有明显的优化效果。完成足够轮次的迭代后,即可使得该优化问题的最优设计变量收敛至 $(-0.5, -0.5)$,最优目标值收敛至 0.5。

5.2.4 程序实现

1) 粒子群类初始化

粒子群算法参数的初始化如下:个性权重、社会权重、惯性权重、速度放缩因子、最大速度限制、种群数量、最大迭代数、优化问题维数、设计变量上下限、个体最优坐标、种群最优坐标、种群坐标、种群速度、个体最优坐标、种群适应度。Python 程序如下所示:

```python
class PSOKW:
    def __init__(self, population_size, max_iter, dim, fitness,
                 constraints, low, high):
        self.c1 = 1.5
        self.c2 = 2.5
        self.w = 1
        self.kai = 1
        self.vmax = 4
```

```
self.population_size = population_size
self.max_iter = max_iter
self.dim = dim
self.low = low
self.high = high
self.X = np.zeros((self.population_size, self.dim))
self.V = np.zeros((self.population_size, self.dim))
self.pbest = np.zeros((self.population_size, self.dim))
self.gbest = np.zeros((1, self.dim))
self.p_fit = np.zeros(self.population_size)
self.fit = float("inf")
```

在粒子群算法中的个性权重 c_1 和社会权重 c_2 分别设置为 1.5、2.5,保持社会权重大于个性权重,有利于算法在后期完成收敛。同时两者差距不应过大,保证粒子群有足够的全局搜索能力。惯性权重 w 设置为 1,速度放缩因子 K 设置为 1,使粒子速度不容易太快以避免算法发散,同时避免由于粒子速度衰减太快导致算法不成熟收敛。

种群中的粒子数量定义为种群数量 population_size,种群数量更大,全局搜索能力更强,但是计算速度变慢。最大迭代轮数 max_iter 用于作为迭代轮数上限的终止准则控制算法的运行。dim 为优化目标的维度数,记录所求解问题的设计变量的维度数。low 和 high 分别表示设计变量的上、下限,用于限制粒子坐标更新时的范围。X 和 V 分别为初始化的种群坐标和初始化粒子速度,即种群中每个粒子在每个坐标维度上的分速度所组成的矩阵。pbest 和 gbest 分别用于记录在粒子移动过程中基于适应度最优的准则下,个体的最优坐标和种群的最优坐标。P_fit 用于记录粒子的适应度,从而用于更新粒子的个体最优坐标和种群最优坐标。

2) 约束惩罚函数

在粒子群算法中构造基于惩罚函数准则的约束方法,对于在约束范围外的粒子,根据其违反约束的程度在其适应度上施加相应的惩罚项。违反约束的程度越大,适应度值上所施加的惩罚值越大。Python 程序如下所示:

```
# 违反约束判断
def q(self, g):
```

```
            return np.maximum(0, g)
    # 惩罚函数的幂
    def gamma(self, qscore):
            result = np.zeros_like(qscore)
            result[qscore >= 1] = 2
            result[qscore < 1] = 1
            return result
    # 惩罚放缩因子
    def theta(self, qscore):
            result = np.zeros_like(qscore)
            result[qscore == 0] = 0
            result[(qscore > 0) & (qscore <= 0.1)] = 1
            result[(qscore > 0.1) & (qscore <= 1)] = 5
            result[qscore > 1] = 10
            return result
    # 惩罚函数
    def H(self, x):
            res = 0
            for cons_func in self.constraints:
                qscore = self.q(cons_func(x))
                if len(qscore.shape) == 1 or qscore.shape[1] == 1:
                    qscore = qscore.reshape((-1, 1))
                    res += self.theta(qscore) * np.power(qscore,
                            self.gamma(qscore))
                else:
                    for i in range(qscore.shape[1]):
                        qscorei = qscore[:, i].reshape((-1, 1))
                        res += self.theta(qscorei) * np.power(qscorei,
                                self.gamma(qscorei))
            return res
```

默认约束的构造类型都是小于约束,即由小于号构造出约束表达式,表达式的计算值在小于 0 时即为满足约束，因此首先使用 q 函数对坐标值是否违反约束进行判断：对于每个约束计算值（后文简称约束值），当小于 0 时即为满足约束条件，故返回的约束值为 0（即不做惩罚）；当大于 0 时即为不满足约束条件，故直接返回约束计算值，用于计算惩罚值。gamma 函数和 theta 函数用于对约束值进行如下放缩计算：

（1）其中 theta 函数对约束值进行放缩，当约束值大于 1 时，将其放缩为 10；当约束值介于（0.1，1］时，将其放大为 5；当约束值介于（0，0.1］时，将其放大为 1；约束值为 0 时，保持不变。

（2）gamma 函数用于对约束值做幂指数放大，对小于 1 的约束值返回一次幂，对大于 1 的约束值返回其二次幂。这样进行约束值处理的好处在于，利用幂指数的放大性质对较大的约束值构造更大的惩罚值；同时，保证较小的约束值（小于 1）不会因为幂指数而变小，保持原约束值不变而输出。

H 函数是计算惩罚函数值的方法，调用 theta、gamma 函数将种群粒子的坐标代入惩罚函数计算相应的惩罚值。这样构造的好处在于如下方面：

（1）保证即使违反约束函数程度较大的惩罚值也不会过大，有利于计算适应度和适应度之间的比较，防止计算时值的溢出。

（2）保证不同程度违反约束函数的惩罚值之间有固定的区分度，即较大的约束值有较大的惩罚值，较小的约束值有较小的惩罚值，且统一了惩罚值计算标准，使得惩罚值有较为确定的上、下限。

综上所述，基于以上算法设计实现了粒子群算法中的约束控制。

3）适应度函数

在粒子群算法中，粒子的适应度是由其坐标位置计算出的目标函数值和约束满足情况是否接近最优值的综合反映。每一轮粒子完成移动后，都需要对粒子当前坐标计算适应度，根据适应度更新粒子的最优位置和种群最优位置，进而更新粒子的个性速度和种群的社会速度。Python 程序如下所示：

```
def fitness(self, x):
    obj = self.sub_fitness(x).reshape((-1, 1))
    return obj + self.H(x)
```

以求目标函数的最小值的极小值优化为例:当某个粒子的坐标代入目标函数,计算得到的目标函数值是全局最小值且满足了约束条件,即计算出的约束值为 0 时,由粒子当前坐标计算出的目标函数值与约束值之和也达到全局最小。综上,粒子群算法的适应度函数构造方法是目标函数值和约束值。适应度越小的粒子越接近满足约束条件下的全局最优。

4) 种群初始化

粒子群的坐标和速度需要初始化设定,得到初代种群信息。计算初代的适应度和个体最优值及种群最优值。Python 程序如下所示:

```python
def init_Population(self):
    self.X = np.random.uniform(size = (self.population_size, self.dim),
                               low = self.low, high = self.high)
    self.V = np.random.uniform(size = (self.population_size, self.dim),
                               low = - self.vmax, high = self.vmax)
    self.pbest = self.X
    self.p_fit = self.fitness(self.X, 1)
    best_idx = np.argmin(self.p_fit)
    self.gbest = self.X[best_idx]
```

基于种群数量,设计变量的上、下限,粒子速度上、下限,初始化种群的坐标和速度,每个粒子的个体最优取粒子的初始位置,种群的最优取当前所有粒子的最优位置。

5) 粒子群坐标与速度更新

首先将每个粒子在更新位置前后的适应度进行对比,从而对个体最优坐标进行更新。接着对种群的最优适应度和最优坐标进行更新。粒子群算法的迭代轮数根据算法类种初始化的迭代上限为准则,达到迭代上限即停止算法迭代。具体的更新策略是对比每个粒子在移动前后的适应度,记录更优适应度和对应的更新前还是更新后的粒子标签,所有粒子的适应度标签构成一个序列。根据该序列更新个体最优坐标,并更新种群的最优适应度和坐标。Python 程序如下所示:

```python
def solve(self):
    fitness = []
    for k in range(1, self.max_iter + 1):
        # 当前种群与移动前的种群比较,更新得到个体最优
        tmp_obj = self.fitness(self.X)
        stack = np.hstack((tmp_obj.reshape((-1, 1)),
                          self.p_fit.reshape((-1, 1))))
        # 记录移动前后个体最优的标签和适应度
        best_arg = np.argmin(stack, axis=1).ravel().tolist()
        self.p_fit = np.minimum(tmp_obj, self.p_fit)
        # 更新个体最优的坐标
        X_expand = np.expand_dims(self.X, axis=2)
        p_best_expand = np.expand_dims(self.pbest, axis=2)
        concat = np.concatenate((X_expand, p_best_expand), axis=2)
        self.pbest = concat[range(0, len(best_arg)), :, best_arg]
        # 更新种群最优的适应度和坐标
        best = np.min(self.p_fit)
        best_idx = np.argmin(self.p_fit)
        if best < self.fit:
            self.fit = best
            self.gbest = self.X[best_idx]
```

下一步是更新粒子的速度和坐标。根据上一步得到的每个粒子的最优坐标和粒子当前的坐标,作差确定粒子的个体速度;根据当前种群的最优坐标和粒子的当前坐标,作差确定粒子的社会速度;根据粒子上一步移动的速度作为惯性速度。每个速度分量与对应的权重相乘,并进行速度上、下限约束得到粒子更新后速度。根据最新的速度更新粒子的坐标,并进行坐标上、下限约束得到粒子更新后的坐标。完成上述步骤后即为完成一轮迭代。Python 程序如下所示:

```python
# 更新粒子群速度
rand1 = np.random.random(size=(self.population_size,
                               self.dim))
```

```
        rand2 = np.random.random(size=(self.population_size,
                                       self.dim))
        self.V = self.kai * (self.w * self.V +
                        self.c1 * rand1 * (self.pbest - self.X) +
                        self.c2 * rand2 * (self.gbest - self.X))
        self.V[self.V > self.vmax] = self.vmax
        self.V[self.V < - self.vmax] = - self.vmax
        # 更新粒子群坐标
        self.X = self.X + self.V
        self.X = np.maximum(np.minimum(self.high, self.X), self.low)
        fitness.append(self.fit)
return fitness
```

6）算法运行

利用粒子群算法程序求解 5.2.3 节中的优化问题。分别写入目标函数、约束函数，并对粒子群算法所有的参数初始化。Python 程序如下所示：

```
# 目标函数
def objective(x):
    x1 = x[:, 0]
    x2 = x[:, 1]
    res = x1 ** 2 + x2 ** 2
    return res
# 约束函数
def c1(x):
    x1 = x[:, 0]
    x2 = x[:, 1]
    return x1 + x2 + 1
constraints = [c1]
pso = PSOKW(population_size=200, max_iter=50, dim=2, fitness=
            objective, constraints=constraints, low=[- 10,
            -10], high=[10, 10])
```

```
pso.c1 = 1.5
pso.c2 = 2.5
# 初始化种群
pso.init_Population()
pso.solve()
x = pso.gbest.reshape((1, -1))
```

```
# 目标函数
def objective(x):
    x1 = x[:, 0]
    x2 = x[:, 1]
    res = x1 ** 2 + x2 ** 2
    return res
# 约束函数
def c1(x):
    x1 = x[:, 0]
    x2 = x[:, 1]
    return x1 + x2 + 1
constraints = [c1]
# 初始化粒子群算法类
pso = PSOKW(population_size = 200, max_iter = 50, dim = 2, fitness =
          objective, constraints = constraints, low = [-10,
          -10], high = [10, 10])
# 个性权重
pso.c1 = 1.5
# 社会权重
pso.c2 = 2.5
# 初始化种群
pso.init_Population()
# 求解
pso.solve()
```

```
# 得到设计变量(最终的种群最优)和目标函数值
x = pso.gbest.reshape((1,-1))
y = objective(x)
```

个性权重 c_1 取 1.5,社会权重 c_2 取 2.5,粒子群数量取 500,最大迭代轮数取 100,设计变量的下限均为 -10、上限均为 10。执行算法后得到最优解和最优值:

$$x_1 = -0.447, \ x_2 = -0.553$$
$$y = 0.506$$

$$(5-46)$$

5.3 单目标差分进化算法

差分进化算法(differential evolution algorithm,DEA)是一种高效的全局优化算法,由 Storn 和 Price 于 1995 年首次提出。和遗传算法一样,差分进化算法也是一种基于现代智能理论的优化算法,通过群体内个体之间的相互合作与竞争产生的群体智能来指导优化搜索的方向。该算法的基本思想:从一个随机产生的初始种群开始,通过把种群中任意两个个体的矢量差与第三个个体求和来产生新个体,然后将新个体与当代种群中相应的个体相比较。如果新个体的适应度优于当前个体的适应度,则在下一代中就用新个体取代旧个体;否则,仍保存旧个体。通过不断地进化,保留优良个体,淘汰劣质个体,引导搜索向最优解逼近。相比遗传算法,差分进化算法只通过差分变异算子完成种群更新,对单一参数的调节使算法更易调优。差分进化算法具有结构简单、容易实现、收敛快速、鲁棒性强等特点,因而被广泛应用于数据挖掘、模式识别、数字滤波器设计、人工神经网络、电磁学等各个领域。

5.3.1 原理与步骤

差分进化算法采用浮点矢量进行编码生成种群个体。在算法寻优过程中,首先从父代个体中选择三个个体,其中一个个体与另两个个体的差分矢量求和生成变异中间体;其次将父代个体与变异中间体进行交叉操作生成试验个体;最后在父代个体与试验个体之间进行选择操作,将符合要求的个体保留到下一代种群之中。差分进化算法的主要步骤包括初始化种群、计算个体适应度值、变异操作、交叉操作、选择操作,如图 5-14 所示。

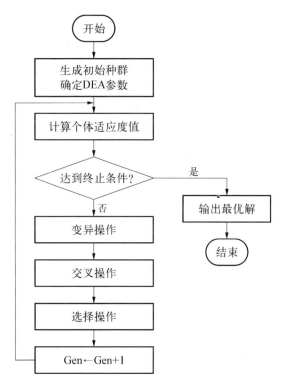

图 5-14 差分进化算法流程图

假设优化模型如下：

$$\min f(x_1, x_2, \cdots, x_D)$$
$$\text{s. t.} \quad x_j^{\mathrm{L}} \leqslant x_j \leqslant x_j^{\mathrm{U}} \quad (j = 1, 2, \cdots, D) \tag{5-47}$$

式中：D 为设计空间的维度；x_j^{L}、x_j^{U} 分别表示第 j 个设计变量 x_j 取值范围的上界和下界。

（1）步骤 1：初始化种群。

$$\{x_i(0) \mid x_{j,i}^{\mathrm{L}} \leqslant x_{j,i}(0) \leqslant x_{j,i}^{\mathrm{U}}, i = 1, 2, \cdots, \mathrm{NP}; j = 1, 2, \cdots, D\} \tag{5-48}$$

式中：NP 表示种群大小，一般介于 $5 \times D$ 与 $10 \times D$ 之间，不能少于 $4 \times D$。

在设计空间范围内随机均匀生成个体。第 i 个个体的第 j 维变量取值方式如下：

$$x_{j,i}(0) = x_{j,i}^{L} + \text{rand}(0, 1) \cdot (x_{j,i}^{U} - x_{j,i}^{L})$$

$$(j = 1, 2, \cdots, D; \ i = 1, 2, \cdots, NP) \tag{5-49}$$

(2) 步骤 2：变异。

差分进化算法与遗传算法最显著的区别在于其个体变异是通过差分策略实现的，常用的差分策略如下：

$$v_i(g+1) = x_{r_1}(g) + F \cdot (x_{r2}(g) - x_{r3}(g))$$

$$i \neq r_1 \neq r_2 \neq r_3 \tag{5-50}$$

式中：F 为放缩因子；$x_i(g)$ 为第 g 代种群中第 i 个个体。即通过随机选取种群中两个不同的个体，将其差分矢量缩放后与待变异个体进行矢量合成。

在进化过程中，必须保证新生成的解的有效性。因此，必须判断生成的解是否满足边界条件，如不满足，则需要重新生成。

下面给出一些常用的变异差分策略：

DE/rand/1：$V_i(g) = X_{r1}(g) + F \cdot (X_{r2}(g) - X_{r3}(g))$

DE/rand/2：$V_i(g) = X_{r1}(g) + F \cdot (X_{r2}(g) - X_{r3}(g)) + F \cdot (X_{r4}(g) - X_{r5}(g))$

DE/best/1：$V_i(g) = X_{\text{best}}(g) + F \cdot (X_{r1}(g) - X_{r2}(g))$

DE/best/2：$V_i(g) = X_{\text{best}}(g) + F \cdot (X_{r1}(g) - X_{r2}(g)) + F \cdot (X_{r3}(g) - X_{r4}(g))$

DE/current to best/1：$V_i(g) = X_i(g) + F \cdot (X_{\text{best}}(g) - X_i(g)) + F \cdot (X_{r1}(g) - X_{r2}(g))$

DE/rand to best/1：$V_i(g) = X_{r1}(g) + F \cdot (X_{\text{best}}(g) - X_{r1}(g)) + F \cdot (X_{r2}(g) - X_{r3}(g))$

式中：$r1$、$r2$、$r3$、$r4$、$r5$ 为 $[1, NP]$ 范围内的随机整数。

(3) 步骤 3：交叉。

使用第 g 代种群和其变异中间体进行交叉：

$$u_{j,i}(g+1) = \begin{cases} v_{j,i}(g+1) & \text{rand}(0, 1) \leqslant P_{CR} \ \text{或} \ j = j_{\text{rand}} \\ x_{j,i}(g) & \text{其他} \end{cases} \tag{5-51}$$

式中：P_{CR} 为交叉概率；j_{rand} 为 $[1, 2, \cdots, D]$ 的随机整数。

为了确保变异中间体 $v_{j,i}(g+1)$ 的每个"染色体"至少有一个"基因"遗传给下一代,第一个交叉操作的基因是随机选择 $v_{j,i}(g+1)$ 的第 j_{rand} 维基因作为交叉后的个体 $u_{j,i}(g+1)$ 第 j_{rand} 位的等位基因。后续的交叉操作则是通过交叉概率 P_{CR} 来选取 $x_i(g)$ 或 $v_i(g+1)$ 的等位基因作为 $u_i(g+1)$ 的等位基因。

(4)步骤4:选择。

采用贪婪算法来选择下一代种群个体,个体的更新方式如下:

$$x_i(g+1) = \begin{cases} u_i(g+1) & f(u_i(g+1)) \leqslant f(x_i(g)) \\ x_i(g) & \text{其他} \end{cases} \tag{5-52}$$

若得到的试验个体的适应度优于父代个体,则选择试验个体作为子代个体;否则,选择父代个体作为子代个体。

(5)步骤5:迭代。

得到完整的子代个体组成新一轮种群之后,将新一轮种群作为父代继续进行变异、交叉、选择操作,不断迭代直至达到预设的迭代轮数。

5.3.2 算法要素与参数

在差分进化算法中,种群规模 NP、变异放缩因子 F 以及交叉概率 P_{CR} 对算法的收敛速度以及精度都会有不同程度的影响,部分参数设置的好、坏甚至直接影响算法能否收敛至最优解。

1)种群规模 NP

NP 值主要反映算法中种群信息量的大小。种群规模越大,种群信息也越丰富,算法能搜索到全局最优解的可能性就越大,然而收敛所需的计算量和计算时间也会增加;反之,若 NP 值过小,会使种群多样性受到限制,可能使算法陷入局部最优解,甚至导致算法停滞。最优解的质量并非会随种群规模的一味增大而变好,有时种群规模增大,反而会使得到的最优解的精度降低。这是因为较大的种群规模能保持种群的多样性,但会降低收敛速度。此时,若设定的进化代数不随之变大,得到的最优解的精度就得不到保证;并且,由于种群规模矩阵过大,因此计算成本也将提高。综上所述,合理选取种群规模对算法搜索效率的提高具有重要意义。

2)变异放缩因子 F

变异放缩因子 F 用于控制差分矢量对变异个体 v 的影响,主要影响算法的全局寻优能力。当 F 较大时,差分矢量对 v 的影响较大,能产生较大的扰动,从而有利于保持种群的多样性;当 F 较小时,扰动较小,放缩因子能起到局部精细化搜索的作用。因此,F 对种群的多样性能起到一定的调节作用。然而,若 F 取值过大,虽然能保持种群的多样性,但算法近似随机搜索,搜索效率低下,求得精度较低;若 F 取值过小,种群多样性丧失很快,算法容易陷入局部最优。

变异放缩因子的取值介于[0.5,1]之间,一般情况下取 0.5。

3) 交叉概率 P_{CR}

P_{CR} 主要反映在交叉过程中子代与父代、变异中间体之间交换信息量的大小。当 P_{CR} 值较小时,所需的函数评价次数较大,收敛速度较慢,但成功率较高,算法的稳定性好;当 P_{CR} 值较大时,常常会加速收敛,但易于陷入局部最优,发生早熟现象,达到给定精度的成功率低,稳定性差。因此,为了同时保证较高的成功率和较快的收敛速度,对于单峰函数,P_{CR} 取值相对较大些,在[0.6,0.8]之间;对其他复杂、多峰函数,P_{CR} 取值应相对小些,在[0.1,0.5]之间。

5.3.3 数学算例

例题:利用差分进化算法求解算例

$$\min f(x) = x_1^2 + x_2^2$$
$$\text{s. t.} \quad x_1 + x_2 < -1 \tag{5-53}$$
$$-10 < x_1 < 10$$
$$-10 < x_2 < 10$$

解:

(1) 步骤 1:初始化种群。

假设种群规模为 NP=8,维度根据算例可确定 $D=2$,在搜索空间内随机生成满足约束条件的初始种群为 8×2 的矩阵:

$$P(X, 0) = \begin{bmatrix} -6.5 & -3.3 \\ -1.1 & -0.5 \\ 2.6 & -7.7 \\ 2.2 & -9.1 \\ -4.2 & -7.3 \\ -6.7 & 5.4 \\ -5.9 & -0.4 \\ -1.1 & -3.6 \end{bmatrix} \tag{5-54}$$

式中：P 表示种群；X 表示个体。如 $X_{1,0} = [-6.519, -3.366]$ 表示第 0 代种群中的第 1 个个体，$x_{2,1,0} = -3.366$ 表示第 0 代种群第 1 个个体的第 2 维基因。

(2) 步骤 2：变异。

采用如下变异策略生成变异中间体 $V(X, 0)$：

$$\text{DE/rand/1}: V(i, g) = X(r_1, g) + F \cdot (X(r_2, g) - X(r_3, g)) \tag{5-55}$$

式中：r_1、r_2、r_3 为 $[1, \text{NP}]$ 范围内三个不重复的随机整数；取变异放缩因子 $F = 0.5$。如随机取初始种群中的三个个体 $r_1 = 3$，$r_2 = 2$，$r_3 = 7$，变异中间体的第 1 个个体为

$$\begin{aligned}
V(1, 0) &= X(3, 0) + 0.5 \times [X(2, 0) - X(7, 0)] \\
&= [2.6 \quad -7.7] + 0.5 \times ([-1.1 \quad -0.5] - [-5.9 \quad -0.4]) \\
&= [5 \quad -7.75]
\end{aligned} \tag{5-56}$$

以此类推，可得到变异中间体 $V(X, 0)$：

$$V(X, 0) = \begin{bmatrix}
5 & -7.75 \\
-6.6 & 1.05 \\
-8.25 & 2 \\
3.45 & -5.8 \\
-6.7 & 5.4 \\
-9.9 & -3.1 \\
2.6 & -7.7 \\
2.2 & -7.55
\end{bmatrix} \tag{5-57}$$

得到变异中间体后，判断其中每个个体是否满足约束，若不满足，则需重新变异。显然，上述得到的变异中间体均满足算例给定的约束条件。

(3) 步骤 3：交叉。

使用初始种群 $P(X, 0)$ 和其变异中间体 $V(X, 0)$ 进行交叉得到试验种群 $U(X, 0)$，交叉策略如下，取 $P_{CR} = 0.3$：

$$u_j(i, 0) = \begin{cases} v_j(i, 0) & \text{rand}(0, 1) \leqslant P_{CR} \text{ 或 } j = j_{\text{rand}} \\ x_j(i, 0) & \text{其他} \end{cases} \tag{5-58}$$

式中：$u_j(i, 0)$ 表示试验种群第 i 个个体的第 j 维基因；rand(0，1)表示 0~1 之间的随机数；j_{rand} 表示随机维数，在本例中取 1 或 2。

该交叉策略表示变异中间体 $V(i, 0)$ 每个个体上的基因都有 0.3 的概率继承给试验个体 $U(i, 0)$，并且每个变异中间体都至少有一个基因继承给试验个体。

如对于试验种群的第 1 个个体，$j_{rand}=2$，则继承变异中间体的第 1 个个体的第 2 维基因，$u_2(1, 0)=v_2(1, 0)=-7.75$；对第 1 维基因，rand(0，1) = $0.586 > P_{CR}$，则继承初始种群第 1 个个体的第 1 维基因，$u_1(1, 0)=x_1(1, 0)=-6.5$。得到试验种群的第 1 个个体为

$$U(1, 0)=\begin{bmatrix} -6.5 & -7.75 \end{bmatrix} \tag{5-59}$$

以此类推，得到试验种群为

$$U(X, 0)=\begin{bmatrix} -6.5 & -7.75 \\ -6.6 & -0.5 \\ -8.25 & -7.7 \\ 3.45 & -5.8 \\ -6.7 & -7.3 \\ -6.7 & -3.1 \\ 2.6 & -7.7 \\ 2.2 & -7.55 \end{bmatrix} \tag{5-60}$$

此时，判断得到的试验种群的每个个体是否满足给定约束，若不满足，则需重新交叉。

显然，上述试验种群的个体均满足给定约束。

(4) 步骤 4：选择。

采用如下贪婪算法进行选择操作：

$$X(i, g+1)=\begin{cases} U(i, g) & f(U(i, g)) \leqslant f(X(i, g)) \\ X(i, g) & 其他 \end{cases} \tag{5-61}$$

分别计算初始种群和试验种群中每个个体的适应度值，即函数值，对比函数值更小的个体选入下一代种群。

计算初始种群和试验种群的适应度值如下：

$$f(P(X,0)) = \begin{bmatrix} 53.14 \\ 1.46 \\ 66.05 \\ 87.65 \\ 70.93 \\ 74.05 \\ 34.97 \\ 14.17 \end{bmatrix}, f(U(X,0)) = \begin{bmatrix} 102.312\,5 \\ 43.81 \\ 127.352\,5 \\ 45.542\,5 \\ 98.18 \\ 54.5 \\ 66.05 \\ 61.842\,5 \end{bmatrix} \qquad (5-62)$$

得到的下一代种群为

$$P(X,1) = \begin{bmatrix} -6.5 & -3.3 \\ -1.1 & -0.5 \\ 2.6 & -7.7 \\ 3.45 & -5.8 \\ -4.2 & -7.3 \\ -6.7 & -7.3 \\ -5.9 & -0.4 \\ -1.1 & -3.6 \end{bmatrix} \qquad (5-63)$$

将 $P(X,1)$ 设为初始种群。记录第一轮迭代的最优个体及其适应度值为

$$X_{best}(1) = \begin{bmatrix} -1.1 & -0.5 \end{bmatrix}$$
$$f_{best}(1) = 1.46 \qquad (5-64)$$

(5) 步骤 5：迭代。

设置迭代轮数为 500，重复上述步骤 2 至步骤 4 操作，最终得到的最优个体及其适应度值如下：

$$X_{best} = \begin{bmatrix} -0.5 & -0.5 \end{bmatrix}$$
$$\min f = 0.5 \qquad (5-65)$$

5.3.4　程序实现

1) 差分进化类初始化

差分进化算法类的参数初始化包括定义变异放缩因子，交叉概率，种群数量，最大迭代数，优化问题维数，设计变量上、下界，变异中间体矢量，试验矢量。

Python 程序如下所示:

```python
class DE:
    def __init__(self, population_size, max_iter, dim, factor, CR,
                 fitness, constraints, low, high):
        self.factor = factor
        self.CR = CR
        self.population_size = population_size
        self.max_iter = max_iter
        self.dim = dim
        self.low = low
        self.high = high
        self.v, self.u = None, None
        # 差分进化法参数
        self.X = np.zeros((self.population_size, self.dim))
        self.v = np.zeros((self.population_size, self.dim)
        self.u = np.zeros((self.population_size, self.dim))
        self.p_fit = np.zeros(self.population_size)
        self.fit = float("inf")
        self.xbest = None
        self.xbest_idx = None
        self.constraints = constraints
```

变异放缩因子定义为 factor, 一般取 0.5; 交叉概率定义为 P_{CR}, 取 [0.1, 0.5] 之间; 种群个体数量定义为 population_size; 最大迭代数定义为 max_iter, 用于作为迭代轮数上限的终止准则控制算法的运行, 需要根据种群数量合理选择; 优化目标的维度数 dim, 记录所求解问题的设计变量的维度数。low 和 high 分别表示设计变量的上、下界, 用于限制个体进化时的范围; X、v 和 u 分别为初始化的种群坐标、变异中间体矢量和试验矢量, 均为种群数量×变量维度的矩阵; p_fit 用于记录种群适应度; fit 记录种群全局最优解; xbest 定义为全局最优解对应的最优个体; xbest_idx 记录最优个体的标签, 用于更新全局最优个体; constraints 用于调用约束条件。

2) 约束惩罚函数

在差分进化算法中构造基于惩罚函数准则的约束方法,该方法与单目标粒子群方法定义一致。Python 程序如下所示:

```python
# 违反约束判断
def q(self, g):...
# 惩罚函数的幂
def gamma(self, qscore):...
# 惩罚放缩因子
def theta(self, qscore):...
# 惩罚函数
def H(self, x):...
```

3) 适应度函数

在差分进化算法中,个体的适应度是由其坐标位置计算出的目标函数值和约束满足情况是否接近最优值的综合反映。每一轮个体完成进化后,都需要对个体当前坐标计算适应度,根据适应度更新种群的全局最优适应度值和最优个体。Python 程序如下所示:

```python
def fitness(self, x):
    obj = self.sub_fitness(x).reshape((-1, 1))
    return obj + self.H(x)
```

以求目标函数的极小值优化为例:当某个个体的坐标代入目标函数计算得到的目标函数值是全局最小值且满足约束条件,即计算出的约束值为 0 时,由个体当前坐标计算出的目标函数值与约束值之和也达到全局最小。综上,差分进化算法的适应度函数构造方法是目标函数值加上约束值。适应度越小的个体越接近满足约束条件下的全局最优。

4) 种群初始化

初始化种群个体坐标得到初代种群信息,并计算初代种群中的最优个体及最优适应度值,作为全局最优个体和最优适应度的初始值。Python 程序如下所示:

```
# 初始化种群
    def init_Population(self):
        self.X = np.random.uniform(size=(self.population_size, self.dim),
                                   low=self.low, high=self.high)
        self.p_fit = self.fitness(self.X, 1)
        best = np.min(self.p_fit)
        best_idx = np.argmin(self.p_fit)
        xbest = self.X[best_idx].copy()
        # 判断初始种群的最优个体是否满足约束条件,若满足,则更新
        全局最优
        xbest_judge = xbest.reshape((1, self.dim))
        con_value = []
        for con_func in self.constraints:
            con_value.append(con_func(xbest_judge))
        if best < self.fit and [_ for _ in con_value if _ < 0]:
            self.fit = best
            self.xbest = xbest
```

基于种群数量、优化问题维数,以及设计变量上、下限初始化种群,更新全局最优个体时,需要判断得到的最优解是否在约束范围内,若满足约束,则更新。

5) 变异

变异是差分进化算法提高种群多样性、搜索最优解的核心方法之一,利用一定的差分策略从初始种群中选取个体差分生成变异中间体。Python 程序如下所示:

```
def mutate(self):
    random_idx = np.random.randint(0, self.population_size,
                                   size=(self.population_size, 3))
    r0, r1, r2 = random_idx[:, 0], random_idx[:, 1], random_idx[:, 2]
    # 变异策略:v = Xr0 + F * (Xr1 - Xr2)
```

```
self.v = self.X[r0, :] + self.factor * (self.X[r1, :] -
        self.X[r2, :])
# 超出解的边界,保留原始解
mask = np.random.uniform(size = (self.population_size,self.dim),
                         low = self.low, high = self.high)
self.v = np.where(self.v < self.low, mask, self.v)
self.v = np.where(self.v > self.high, mask, self.v)
```

值得注意的是,虽然在初始化种群时已经限制个体均满足上、下限以及约束要求,但变异之后得到的变异中间体仍有可能超出边界,因此需要判断,若超出边界,则对应的个体需要重新变异。

6) 交叉

交叉能进一步提高种群多样性,便于向不同方向进行最优解搜索,利用一定的交叉策略继承变异中间体以及初始种群的基因,生成试验种群。Python 程序如下所示:

```
def crossover(self):
    for i in range(self.population_size):
        Jrand = np.random.randint(0, self.dim)
        for j in range(self.dim):
            if np.random.rand() < self.CR and j! = Jrand:
                self.u[i][j] = self.X[i][j]
            else:
                self.u[i][j] = self.v[i][j]
```

7) 选择

利用贪婪算法,分别计算初始种群和试验种群对应个体的适应度值,选择适应度更优的个体组成下一代种群,并将其更新。Python 程序如下所示:

```
def select(self, k):
    for i in range(self.population_size):
        A = self.u[i]
```

```
    B = self.X[i]
    A = A.reshape((1, self.dim))
    B = B.reshape((1, self.dim))
    if self.fitness(A, k) < = self.fitness(B, k):
        self.X[i] = self.u[i]
```

8) 差分进化

集成变异、交叉和选择操作,完成每一轮进化之后,计算所有个体的适应度值并选出每轮迭代的最优个体,与所记录的全局最优个体的适应度值进行对比。若该轮迭代的最优个体适应度值优于全局最优个体,则更新全局最优个体,注意更新之前需要判断该轮最优个体适应度值是否满足约束条件。Python 程序如下所示:

```
def run(self):
    for k in range(1, self.max_iter + 1):
        self.mutate()   # 变异
        self.crossover()   # 交叉
        self.select(k)   # 选择
        C = self.X[0]
        xbest = C.copy()
        C = C.reshape((1, self.dim))
        ini = self.fitness(C, k)
        for i in range(self.population_size):
            D = self.X[i]
            D = D.reshape((1, self.dim))
            if self.fitness(D, k) < ini:
                ini = self.fitness(D, k)
                xbest_idx = i
                xbest = self.X[xbest_idx].copy()
```

判断迭代之后得到的点是否满足约束条件。Python 程序如下所示:

```
# 求出每轮迭代的符合约束的最优目标值,并更新全局最优
ini = self.fit
for i in range(self.population_size):
    E = self.X[i]
    E = E.reshape((1, self.dim))
    _con_value = []
    for _con_func in self.constraints:
        _con_value.append(_con_func(E))
    if self.fitness(E, k) < ini and [e for e in _con_value if e < 0]:
        self.fit = self.fitness(E, k).copy()
        self.xbest = self.X[i].copy()
```

9) 算法运行

利用差分进化算法程序求解 5.3.3 节中的优化问题。分别写入目标函数、约束函数,并对差分进化算法的所有参数进行初始化。Python 程序如下所示:

```
# 目标函数
def objective(x):
    x1 = (x[:, 0])
    x2 = (x[:, 1])
    res = x1 ** 2 + x2 ** 2
    return res
# 约束函数
def c1(x):
    x1 = (x[:, 0])
    x2 = (x[:, 1])
    return x1 + x2 + 1
constraints = [c1]
DE = DE(population_size = 20, max_iter = 500, dim = 2, factor = 0.5,
        CR = 0.3, fitness = objective, constraints = constraints,
        low = [-10, -10], high = [10, 10])
```

```
DE.init_Population()
DE.run()
```

设定种群数量为 20,最大迭代轮数为 500,取变异放缩因子为 0.5,取交叉概率为 0.3,每个设计变量下界均为 −10、上界均为 10。执行算法后得到最优解和最优值为

$$x_1 = -0.5, \ x_2 = -0.5$$
$$y = 0.5$$
$$(5-66)$$

5.4　多目标优化问题及其求解方法

5.4.1　概述

在第 1 章中我们已经介绍了多目标优化问题的基本要素和问题形式,下面直接给出通用的多目标优化问题的数学模型。

对于设计变量 $X \doteq [x_1 \ x_2 \ \cdots \ x_n]$、目标函数 $F(X)$ 求解如下约束优化问题:

$$\min/\max F(x)$$
$$\text{s. t.} \begin{cases} l_k(X) = 0 & (k = 1, 2, \cdots, K) \\ g_j(X) \leqslant 0 & (j = 1, 2, \cdots, J) \end{cases} \qquad (5-67)$$

式中: D 表示优化问题的可行设计空间; x 表示一个可行设计点。以极小化目标为例,目标函数 $F(X)$ 记作

$$F(X) = \begin{cases} \min f_1(X_1) \\ \min f_2(X_2) \\ \cdots \\ \min f_i(X_i) \\ \cdots \\ \min f_m(X_m) \end{cases} \qquad (X_i \subseteq X, \ X = [x_1 \ x_2 \ \cdots \ x_n], \ x \in D)$$
$$(5-68)$$

多目标优化问题相比于单目标优化问题更为复杂,在计算最优解的过程中需要权衡多个目标之间的优劣。多目标优化问题的求解方法可以分为直接法和

间接法。其中,直接法直接求出非劣解,根据工程需求选择更好的解;而间接法则将多目标问题通过适当的处理转化为单目标问题,通过求解新的单目标问题间接求解原多目标问题。本节首先介绍间接法中的统一目标法,再介绍基于 Pareto 支配原则的直接法。考虑到读者已经有一定的单目标优化问题求解的基础,因此我们默认读者已掌握一些单目标问题的常用求解方法。

1) 多目标转换策略

统一目标法顾名思义是将多目标问题转化为单目标问题,再利用单目标优化的基本方法间接求出最优解,又称为综合目标法。这里所说的"转化",从优化问题三要素的角度来看,是对目标函数进行转化,通过一些手段将原来的多个不易同时求取的目标函数整合为一个新的评价函数,原问题就变成了我们熟悉的单目标问题。因此,统一目标法的核心问题在于如何将多个目标函数转化为一个单目标函数。下面介绍几种常用的转化方法。

(1) 线性加权法。

线性加权法即将多个目标函数通过给定的加权系数组合成一个新的目标函数,故又称为线性组合法,是最简单且直接的多目标转化方法。该方法的理论依据较强,基于工程系统的实际需求而人工设定的加权系数决定了不同目标函数在新的单目标函数中所占的比重,因此更被关注的目标往往拥有更大的权重系数。例如对于一个包含两个目标函数的极小化多目标优化问题,两个目标函数分别表示为 $\min f_1(x)$ 和 $\min f_2(x)$,经过线性加权后得到新的目标函数的表达式为

$$\min F(x) = w_1 f_1(x) + w_2 f_2(x) \tag{5-69}$$

式中: w_1、w_2 为加权系数。

线性加权后的目标函数是不考虑量纲的,即新的目标函数为无量纲的函数表达式,仅用作从数值角度求解优化解。因此对于多个目标函数因存在不同量纲而导致目标函数的值在数量级上有较大差异,需要从加权系数的角度去平衡各个目标函数之间大小的差异,避免某个目标函数的值过大占据支配地位,从而影响优化算法的求解。

对于一般的多目标优化问题,线性加权法的过程如下:

首先,根据在多目标优化问题中每个目标函数 $f_1(X)$, $f_2(X)$, …, $f_m(X)$ 的重要程度和目标值的大小确定一组加权系数 $w_1, w_2, …, w_m$,并有

$$\sum_{i=1}^{m} w_i = 1 \quad w_i \geqslant 0 \tag{5-70}$$

由此可以得到一个由原目标函数与对应的加权系数线性组合得到的新的单目标函数

$$\min F(x) = \sum_{i=1}^{m} w_i f_i(x) \tag{5-71}$$

此时原多目标优化问题即转化为求单目标函数 $F(x)$ 的极小化问题。使用前文已经介绍过的单目标优化问题的求解方法,可近似等效得到原多目标问题的最优解。

其次,线性加权法的核心和难点在于如何确定一组合适的加权系数,这组加权系数要能够确保反映出各个目标对整个系统的重要程度和设计者对每个目标优先级的考量。因此加权系数应依据系统的具体情况进行选取,有时需要凭经验估算多次得到。下面介绍一种确定加权系数的方法——最优倒数法,此方法仅从目标函数值的大小角度出发,并不考虑设计者对某些重要目标函数的倾向性。

最后,以极小值为例,将多目标问题中的每个单目标函数分别在可行域上计算最优值,设最优值分别为 f_1^*, f_2^*, $\cdots$, f_m^*,即满足

$$f_i^* = \min_{x \in D} f_i(x) \quad (i=1, 2, \cdots, m) \tag{5-72}$$

将每个单目标函数的最优值的倒数作为与之对应的目标函数的加权系数,即

$$w_i = 1/f_i^* \quad (i=1, 2, \cdots, m) \tag{5-73}$$

这样设计的加权系数能够真实反映单个目标与自身最优值的偏离程度,对于每个目标有同等地位的多目标优化问题而言是适用的。对于这种方法的另外一种理解是,目标函数最优值的倒数作为加权系数,本质上是一种无量纲化的处理,使新的目标函数不会受到各分目标值大小的影响。在实际情况中,每个目标的重要程度并不对等,此时需要在最优倒数法的基础上再添加新的加权系数,以充分反映各个目标的实际重要程度。

（2）极大极小法。

以极小化多目标优化问题为例,极大极小法的思想在于,考虑多目标中每个单目标函数的极大值,得到一个在可行域上极大化每个目标后的新的评价函数。

这样得到的新评价函数是考虑了对各个分量目标最不利的情况（极大化）下，再进一步求新评价函数的极小值。下面给出多目标极小化问题经过极大化后的评价函数表达式

$$F(x) = \max_{i=1}^{m}\{f_i(x)\} \tag{5-74}$$

接下来将原多目标优化问题转化为对新的单目标评价函数的极小化问题，该极小化问题可以写作

$$\min_{x \in D} F(x) = \min_{x \in D}\max_{i=1}^{m}\{f_i(x)\} \tag{5-75}$$

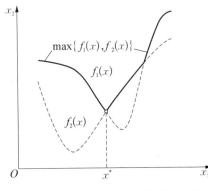

图 5-15　极大极小法构造评价函数

把上述单目标优化问题的极小化最优解作为原多目标优化问题的解，即实现了对原始问题的统一目标转化。在所有目标都进行极大化后确定的评价函数对于任意一个目标而言都考虑了其他的目标，确保目标之间产生了联系，在这样的情况下往往能得到非劣解。以单一自变量的多目标极小化问题为例，两个目标函数分别为 $f_1(x)$、$f_2(x)$，经过极大化后的评价函数如图 5-15 所示。

在图 5-15 中虚线部分分别为两个目标函数，实线部分为极大化的评价函数，即求 $f_1(x)$、$f_2(x)$ 的极大值 $\max_{i=1}^{2}\{f_i(x)\}$。最终转化后所求单目标极小化问题的目标函数就是实线部分所构成的新函数。事实上我们不难发现，在图 5-15 中所呈现出的极大极小法的最优解 x^* 对于原极小化多目标问题是一个比较理想的解。

在实际工程中多目标问题往往需要考虑目标之间的优先级次序，即目标之间的重要性存在差异，因此类似于线性加权法中的加权系数，在极大极小法中同样可以考虑添加加权系数。若考虑加权系数 $w_1, w_2, \cdots, w_m$ 分别对应每个分目标的重要程度，以控制目标函数值在新的评价函数中占据相当的地位，则可将新的评价函数写为带有加权系数的形式：

$$F'(x) = \max_{i=1}^{m}\{w_i f_i(x)\} \tag{5-76}$$

由此可以得到转化后的单目标优化问题形式：

$$\min_{x \in D} F'(x) = \min_{x \in D} \max_{i=1}^{m} \{ w_i f_i(x) \} \tag{5-77}$$

根据线性加权法中所介绍的确定加权系数的方法同样可以确定极大极小法中的系数，从而使计算出的最优解不受到过大或过小目标函数值的影响，并能考虑不同目标的重要性。

（3）分目标乘除法。

一般情况下，在多目标问题中会出现部分目标需要极大化，部分目标需要极小化的情况。尽管已经介绍过可以在极大化的目标函数前添加负号将其转化为极小化问题，从而将包含极大化和极小化的多目标问题统一转化为极小化问题，但是下面我们仍然再介绍一类多目标混合优化问题的统一目标转化方法——分目标乘除法。

对于包含 m 个目标的多目标混合优化问题，其中前 r 个为极小化目标函数，余下的 $m-r$ 个为极大化目标函数，构造目标函数如下：

$$\min F(x) = \min \frac{f_1(x) \times f_2(x) \times \cdots \times f_r(x)}{f_{r+1}(x) \times f_{r+2}(x) \times \cdots \times f_m(x)} \tag{5-78}$$

在新构造的单目标极小化问题中，原多目标优化问题中的极小化目标函数的乘积作为分子，极大化目标函数的乘积作为分母。由该评价函数可以看出，对原多目标优化问题中的极小化目标和极大化目标的优化均可通过对 $F(x)$ 进行极小化优化而实现。对该评价函数求极小化最优解的方法与单目标方法相同。

2）Pareto 支配原则

统一目标法虽然方法简单、容易操作，但在进行新评价函数的转化过程中如果原问题的目标较多且目标函数值之间的差异较大，则转化容易出现问题，导致无法得到最优解或最优解无效。

第 1 章已经对多目标优化问题中的非劣解做过介绍，对于一个多目标优化问题，直接在考虑所有目标函数的情况下得到一组能够满足所有约束条件且对不同目标"有所侧重的最优化"的一组解，是设计者更希望得到的解。这样的一组解是基于原问题直接得到的，因此设计者可以在此基础上根据系统的实际需求对解进行取舍。在这一节我们介绍 Pareto 支配原则与 Pareto 前沿解，作为后续介绍使用智能优化算法结合 Pareto 支配原则求解多目标优化问题的非劣解集的基础。

首先,介绍 Pareto 支配解的概念。对于一个含有 m 个目标的极小化问题,考察在其可行域内的两个决策变量(矢量) x_1 和 x_2,当且仅当

$$\forall i \in \{1, 2, \cdots, m\}, f_i(x_1) \leqslant f_i(x_2)$$
$$\exists j \in \{1, 2, \cdots, m\}, f_j(x_1) < f_j(x_2)$$

$$(5-79)$$

均满足时,则称 x_1 支配 x_2。 即对于任意一个目标函数而言,决策变量 x_1 对应的目标函数值均不大于决策变量 x_2 所对应的目标函数值,且存在至少一个目标函数满足 x_1 的目标函数值小于 x_2 的目标函数值。如果在整个参数空间的可行域上不存在任何决策变量可以支配 x_1,则 x_1 为一个非支配解,或称 Pareto 最优解。所有 Pareto 最优解组成的集合称为 Pareto 最优解集合,最优解集在空间上形成的曲面称为 Pareto 前沿。

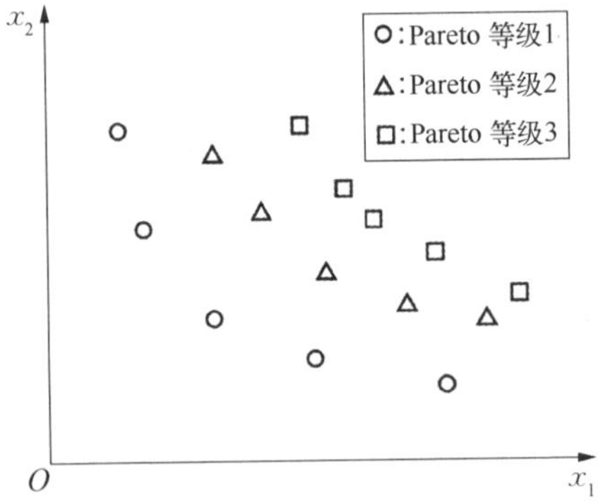

图 5-16 Pareto 等级关系

其次,介绍 Pareto 等级。在一组解中,非支配解 Pareto 等级定义为 1,将非支配解从解的集合中删除,剩下解中的非支配解 Pareto 等级定义为 2,依次类推,可以得到该解集合中所有解的 Pareto 等级。以有两个极小化目标的多目标优化问题为例,Pareto 等级关系如图 5-16 所示。

对比前两个 Pareto 等级,在 Pareto 等级 2 中的非劣解,始终可以在 Pareto 等级 1 中找到至少一个非劣解,其对应的两个目标函数值都小于等级 2 中非劣解的函数值。因此,实际上我们在求解多目标优化问题时,所追求并考察的是 1 级的 Pareto 非劣解,这些解具备最优的目标属性。

最后,由于多目标问题的目标函数多、目标函数复杂且常常伴随有约束条件,因此使用简单的多目标优化方法效率低且难以得到完整的非劣解集。下面我们将基于 Pareto 支配准则,结合智能优化方法,介绍多目标粒子群算法和多目标遗传算法。

5.4.2 多目标粒子群算法

1) 原理与步骤

本节在单目标粒子群算法的基础上,介绍基于 Pareto 支配原则的多目标粒子群算法。首先需要考虑如下两个问题:

（1）如何确定种群中的粒子个体最优。

（2）如何确定种群中的粒子群体最优。

这两个信息是更新粒子群移动速度公式的关键，即分别决定了粒子的个体速度和社会速度。对于第一个问题，考虑几种情况：如果当前粒子所处的位置可以支配当前粒子的个体最优位置，则将当前粒子的坐标作为个体最优；而如果当前粒子所处的位置无法支配当前粒子的个体最优位置，由于此时无法判断哪组位置的坐标对应的解更优，因此在这两组坐标中随机选择一个作为粒子的个体最优，用于更新个性速度。对于第二个问题，考虑在群体的支配解集里选择一个粒子作为群体最优，选择的准则是自适应网格原则，按照粒子分布的密度确定群体最优的粒子位置，用于更新社会速度。

下面介绍确定群体最优粒子的评选准则——自适应网格原则。首先将整个目标空间用网格等分成小区域，每个区域中会包含一定数量的粒子，一个网格区域中所包含的粒子数量即为该网格的密度，因此一个网格中的粒子越多，其密度越大。对目标空间划分好网格后，需要确定网格密度以及每个粒子所处的网格区域的编号。这些信息将用于选择群体最优粒子。

以含有两个目标函数的多目标优化问题为例，讨论粒子所处的网格区域的编号以及网格密度的计算，步骤如下：

（1）步骤 1：计算第 t 代目标空间的网格边界 $(\min f_1^t,\ \max f_1^t)$ 和 $(\min f_2^t,\ \max f_2^t)$。

（2）步骤 2：计算网格区域的边长 $\Delta f_1^t = \dfrac{\max f_1^t - \min f_1^t}{n}$，$\Delta f_2^t = \dfrac{\max f_2^t - \min f_2^t}{n}$。

（3）步骤 3：遍历非支配解集中所有粒子，计算每个粒子所在的网格区域的编号，计算方法如下：

$$\left(\text{int}\left(\frac{f_1^i - \min f_1^t}{\Delta f_1^t} \right) + 1,\ \text{int}\left(\frac{f_2^i - \min f_2^t}{\Delta f_2^t} \right) + 1 \right)$$

（4）步骤 4：根据网格编号相同的粒子的数量，确定一个网格区域中包含的粒子数量，将粒子数量作为网格密度。在选择种群最优粒子时，网格密度越低，选择该网格中的粒子（非劣解）作为群体最优的概率越大；在控制非劣解集中解的数量时，即删去超出限定数量的粒子时，网格密度越高，删除该网格中的粒子的概率越高。

　　值得读者注意的是,在进行程序设计的时候,对网格编号的方式是自由的,编号的目的在于辅助基于网格密度选择出种群最优粒子,从而确定粒子的社会速度。因此本节给出的编号方式仅供参考,读者在进行程序设计时可选择任意编号方式,前提是确保网格区域之间的编号不重复。

　　如图 5 - 17 所示为基于 Pareto 支配原则的多目标粒子群算法流程图。

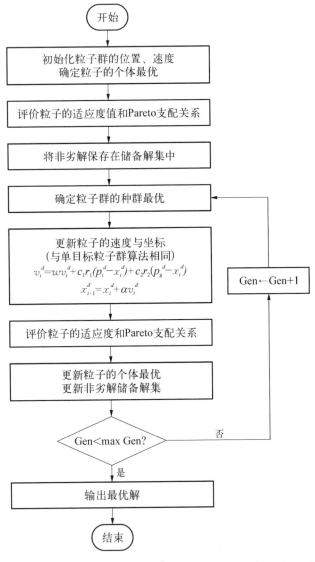

图 5 - 17　基于 Pareto 支配原则的多目标粒子群算法流程图

2) 算法程序设计

（1）适应度函数与约束。

首先，构造适应度函数，用于评价粒子坐标的优劣，此处粒子群算法在处理约束问题时采用可行性准则，即对不满足约束的粒子不予考虑，因此适应度函数就是优化问题的目标函数。以极小化为范式，对于极大化问题则在目标函数前添加负号将其转化为极小化问题。Python 程序如下所示：

```python
class Fitness(object):
    def __init__(self, function_list, constraint_list,
                 num_of_objectives, num_of_constraint, dim, max_min):
        self.num_of_objectives = num_of_objectives   # 目标函数数量
        self.num_of_constraint = num_of_constraint   # 约束数量
        self.max_min = max_min   # 最大 or 最小化目标函数
        self.dim = dim   # 设计变量的维度
        self.function = function_list   # 目标函数
        self.constraint = constraint_list   # 约束函数
```

其次，确定优化问题的基本要素：给定目标函数的数量、约束函数的数量、每个目标函数是极小化还是极大化的构造系数、优化问题中设计变量的维度、优化问题的目标函数。Python 程序如下所示：

```python
# 将符号化表达的 x1,x2,……,xn 赋以同名的变量,用于计算过程的取用
def symbol_variable(self):
    X = []
    for i in range(self.dim):
        vars()['x%s'% (i+1)] = Symbol('x%s'% (i+1))
        X.append(symbols('x%s'% (i+1)))
    return X
# 计算函数值通用函数
def cal_value(self, x, function):
    X = self.symbol_variable()
    dic = dict(zip(X, x))
    function_symbol = sy.lambdify(X, function, "numpy")
```

```
value = function_symbol( * dic.values())
return value
```

最后,为方便书写,目标函数和约束函数建立符号化表达机制,这一方式在单目标优化问题的程序中已经使用。建立用于计算函数值的表达式,在给定坐标的情况下可以直接计算目标函数和约束函数的值。

(2) 创建自适应网格需要先初始化两个信息:每个小网格区域的下界和上界,每个小网格区域的上界用来判断粒子当前处于哪个网格当中。Python 程序如下所示:

```
class GridDim(object):
    LowerBounds = []
    UpperBounds = []
```

要使用自适应网格原则选择种群最优粒子、删除非劣解集中的粒子,首先要根据目标函数空间创建自适应的网格区域。自适应指网格的维度、网格的模,网格数量是根据不同的目标函数人工设定并生成的。Python 程序如下所示:

```
def CreateGrid(pop, nGrid, alpha, nobj):
    costs = [item.cost for item in pop]   # 粒子群的目标函数值
    Cmin = np.min(costs, axis = 0)   # 目标函数值中的最小值
    Cmax = np.max(costs, axis = 0)   # 目标函数值中的最小值
    deltaC = Cmax - Cmin   # delta,目标函数值的极差
    # 给予一定的冗余度,适当放大网格区间的大小,确定网格区间上、下限
    Cmin = Cmin - alpha * deltaC
    Cmax = Cmax + alpha * deltaC
    # 初始化网格,网格列表的长度与目标函数个数相同
    grid = [GridDim() for p in range(nobj)]
    for i in range(nobj):
        # 生成网格序列
        dimValues = np.linspace(Cmin[i], Cmax[i], nGrid + 1).
        tolist()
```

```
        grid[i].LowerBounds = [- float('inf')] + dimValues
        grid[i].UpperBounds = dimValues + [float('inf')]
    return grid
```

初始化计算网格信息的各项参数,包括粒子群的目标函数值与网格数,并计算每个目标函数的上界、下界、极差,从而确定网格的边界、模长(单个网格区域的长度),得到网格序列。在创建网格的时候给予一定的冗余度,利用放缩因子适当扩大目标空间的边界。为了保证所有粒子都能被网格包含,将网格序列的下界设为负无穷,网格序列的上界设为正无穷。

(3) 确定粒子所处网格编号。

无论是选择群体最优粒子还是删除非支配解集中的粒子,都需要先确定粒子所处的网格的信息,网格信息包含网格编号和网格密度。只有先确定网格标号,统计每个粒子在网格区域中的分布情况,才可计算出网格密度。Python 程序如下所示:

```
# 确定粒子的网格编号
def FindGridIndex(particle, grid):
    nObj = len(particle.cost)  # 目标函数个数
    NGrid = len(grid[0].LowerBounds)  # 网格数
    particle.gridSubIndex = np.zeros((1, nObj))[0]
    for j in range(nObj):
        index_in_Dim = len([item for item in grid[j].Upper
                            Bounds if particle.cost[j] > item])
        particle.gridSubIndex[j] = index_in_Dim
    # 由 gridSubIndex 计算 gridIndex 编号
    particle.gridIndex = particle.gridSubIndex[0]
    for j in range(1, nObj):
        particle.gridIndex = particle.gridIndex
        particle.gridIndex = NGrid * particle.gridIndex
        particle.gridIndex = particle.gridIndex + particle.
                            gridSubIndex[j]
    return particle
```

　　用已创建的网格(序列)的上界与粒子对应的目标函数值的大小逐一做比较,确定粒子在每个目标函数上的网格编号。为了便于统计处在相同网格的粒子数量,用 gridIndex 计算粒子在整个网格空间的编号。以两个目标函数的优化问题为例,当每个目标空间的网格数为 10 时,空间内共计 $10 \times 10 = 100$ 个网格区域,gridSubIndex 编号为 $(9, 4)$ 的粒子在第一个目标函数空间处在第 9 个网格位置上,在第二个目标函数空间上处在第 4 个网格位置上,其对应的 gridIndex 编号为 $9 \times 10 + 4 = 94$。 Python 程序如下所示:

```
def fitnessfunc(self, x):
    ObjV = np.empty(self.num_of_objectives)
    for i in range(self.num_of_objectives):
        ObjV[i] = self.cal_value(x, self.function[i])
    return self.max_min * ObjV
# 计算约束函数的值,并判断是否满足约束
def constraintfunc(self, x):
    Constraint = np.empty(self.num_of_constraint)
    feasible = np.ones(1).astype(bool)    # 用于记录该粒子是否满足约束
    Outconstraint = np.zeros(1)    # 判断该粒子超出约束相对大小
    for i in range(self.num_of_constraint):
        Constraint[i] = self.cal_value(x, self.constraint[i])
    constraintCondition = [0] * len(Constraint)
    if constraintCondition ! = []:
        constraintCondition = np.array(constraintCondition)
        temp = Constraint > constraintCondition
        feasible[0] = (np.sum(temp) = = 0).astype(bool)
        if feasible[0] = = False:
            Outconstraint[0] = np.sum(Constraint[temp] -
                                      constraintCondition[temp])
    return feasible, Outconstraint
```

　　由粒子坐标来计算目标函数、约束函数的值。假定所有约束都是"小于"

类型的约束,即小于号左侧为约束函数,右侧为 0,在计算约束函数的值后,将约束函数值与约束条件进行比较,判断当前粒子的坐标变量是否满足所有约束。当粒子满足所有约束时,其超出约束值为 0;当粒子无法同时满足所有约束时,计算其超出约束的值。超出约束的值用于后续判断粒子之间的支配关系。

（4）删除非劣解集中的解。

非支配解集的大小是有限的,性能较好的解是位于 Pareto 前沿目标值所对应的解。随着算法的迭代进行,理论上会有越来越多的解被加入非支配解集中,控制解集中解的数量是保证解质量的关键,因此需要对解集中保存的解的数量加以限定,删除超额的解。删除解的原则是拥挤度数原则,即倾向于选择删除密度更大网格中的粒子,这样做是因为在同一层非支配个体集合中,为了保证解的个体能均匀分配在 Pareto 前沿,就需要使同一层中的非支配个体具有多样性;否则,个体都在某一处"扎堆",无法得到 Pareto 最优解集。

进行轮盘赌选择,Python 程序如下所示:

```python
def roulettewheelSelection(p):
    r = random.random()
    cumsum = np.cumsum(p)
    y = (cumsum < r)
    x = [i for i in y if i == True]
    return len(x)
```

给定一组概率序列,包含每个个体被选择的概率。概率越大,在轮盘赌中被选择的概率也越大。通过轮盘赌的方法,设计删除非支配解集中的粒子的方法。Python 程序如下所示:

```python
def deleteOneRepositoryMember(rep, gamma):
    # 获取非支配解集网格编号并计算网格密度
    gridindices = [item.gridIndex for item in rep]
    OCells = np.unique(gridindices)  # ocupied cells
    N = np.zeros(len(OCells))
```

```
for k in range(len(OCells)):
    N[k] = gridindices.count(OCells[k])
# 被选择删去的概率,密度越大概率越大
p = [exp(gamma * item) for item in N]
p = np.array(p) / sum(p)
# 轮盘赌选择网格区域
sci = roulettewheelSelection(p)
SelectedCell = OCells[sci]
selectedCellmembers = [item for item in gridindices if item = =
                SelectedCell]
# 在所选网格中随机删除一个粒子
selectedmemberindex = np. random. randint ( 0, len ( selected
                Cellmembers))
rep = np.delete(rep, selectedmemberindex)
return rep.tolist()
```

　　基于轮盘赌的选择方式,倾向于删除非支配解集中网格密度大的网格中的粒子,从而保证非支配解集的均匀性,以供设计者选择合适的解作为最终设计变量。

　　(5) 选择种群最优粒子。

　　确定每一代种群最优粒子的坐标,才能确定粒子移动的社会速度。在非支配解集中利用轮盘赌选择密度低的网格,使粒子在更新位置的过程中倾向于向着非支配解分布较为稀疏的网格区域移动,保证 Pareto 前沿分布的均匀性,即解空间在每个目标函数上都有较优的分布。Python 程序如下所示:

```
# 选择种群中的最优粒子,用于确定社会速度
def SelectLeader(rep, beta):
    # 获取非支配解集网格编号并计算网格密度
    gridindices = [item.gridIndex for item in rep]
    # 非支配解所占据的网格的序号(存在多个支配解在一个网格的情况)
```

```
OCells = np.unique(gridindices)
N = np.zeros(len(OCells))
for k in range(len(OCells)):
    N[k] = gridindices.count(OCells[k])
# 被选为群体最优的概率,密度越大被选择的概率越低
p = [exp(-beta * item) for item in N]
p = np.array(p) / sum(p)
# 轮盘赌选择网格
sci = roulettewheelSelection(p)
SelectedCell = OCells[sci]
selectedCellmembers = [item for item in gridindices if item = =
                SelectedCell]
# 从待选择的网格中随机选一个,作为种群最优的粒子
 selectedmemberindex = np.random.randint(0, len(selected
                Cellmembers))
# selectedmember = selectedCellmembers[selectedmemberindex]
return rep[selectedmemberindex]
```

　　由非支配解集中粒子所处的网格编号,统计网格密度 N ,轮盘赌选择种群最优粒子所处的网格的概率计算公式为

$$P = e^{-\beta N} \tag{5-80}$$

式中: β 为概率系数。该概率公式确保每个网格被选中的概率非负,且网格密度越小,被选择的概率越会呈指数级增长。确定网格后,由于网格中每个粒子都是非支配解,因此可以直接在该网格中随机选择一个粒子作为种群当前的最优个体。

　　(6) 判断支配关系。

　　判断粒子之间的支配关系,确定对于每个粒子而言个体的历史最优位置,从而更新粒子的个性速度。对种群中的粒子彼此之间进行支配关系判断,选取非支配的粒子更新 Pareto 非支配解集。

　　首先要判断两个粒子之间的支配关系。Python 程序如下所示:

```
# 判断支配关系的函数
def Dominates(costA, feasibleA, constraintA, costB, feasibleB, constraintB):
    and_condition = True
    or_condition = False
    if (feasibleA == True) and (feasibleB == False):
        return True
    elif (feasibleA == False) and (feasibleB == False):
        if constraintA < constraintB:
            return True
        else:
            return False
    elif (feasibleA == True) and (feasibleB == True):
        for first, second in zip(costA, costB):
            and_condition = and_condition and first <= second
            or_condition = or_condition or first < second
        return (and_condition and or_condition)
    else:
        return False
```

其次,比较粒子 A 与粒子 B 之间的支配关系。当粒子 A 满足约束,粒子 B 不满足约束时,粒子 A 支配粒子 B,反之则是粒子 B 支配粒子 A;当粒子 A 与粒子 B 均不满足约束时,违反约束程度小的粒子支配违反约束程度大的粒子;当粒子 A 与粒子 B 均满足约束时,若粒子 A 对应的每个函数值均不大于粒子 B 对应的每个函数值时,则粒子 A 支配粒子 B,否则粒子 A 不支配粒子 B;当粒子 A 对应的目标函数存在大于粒子 B 所对应的该目标函数值时,粒子 A 不支配粒子 B。该判断准则可以用来对整个种群中每个粒子是否被支配的情况进行统计。Python 程序如下所示:

```
def DetermineDomination(pop):
    pop_len = len(pop)
```

```
# 默认每个粒子的被支配情况为 False,即不被其他粒子支配
for i in range(pop_len):
    pop[i].IsDominated = False
# 从第一个粒子开始,判断它是否被后面的粒子所支配
for i in range(pop_len - 1):
    for j in range(i + 1, pop_len):
        if Dominates(
            pop[i].cost, pop[i].feasible, pop[i].constraint,
            pop[j].cost, pop[j].feasible, pop[j].constraint):
                # 后面的第 j 个粒子被第 i 个粒子支配
                pop[j].IsDominated = True
        if Dominates(
            pop[j].cost, pop[j].feasible, pop[j].constraint,
            pop[i].cost, pop[i].feasible, pop[i].constraint):
                # 第 i 个粒子被后面的第 j 个粒子支配
                pop[i].IsDominated = True
return pop
```

最后,对于给定的一个种群,调用判断两个粒子之间是否存在支配关系的函数,按顺序逐一检查每一个粒子是否被其他粒子所支配,对于被支配和不被支配的粒子分别做不同的标签。

(7) 粒子群算法主体。

初始化粒子群参数如下: 粒子的位置 position、粒子的适应度值 cost、当前粒子是否满足约束 feasible、当前粒子违反约束的程度 constraint、当前粒子的移动速度 velocity、粒子的历史最优位置 best_position、粒子的历史最优所对应的适应度 best_cost、粒子的历史最优是否满足约束 best_feasible、粒子的历史最优违反约束的程度 best_constraint、粒子是否被支配 IsDominated、初始化网格编号。Python 程序如下所示:

```
class Particle(object):
    position = []; cost = []; velocity = []; constraint = [];
    feasible = []
```

```
best_position = []; best_cost = []; best_feasible = []; best_
constraint = []
IsDominated = []
gridIndex = []; gridSubIndex = []
```

给定目标函数,目标函数数量,约束函数,约束函数数量,设计变量的上、下限与维度,非支配解集的容量。粒子群算法基本参数如下:种群数量、种群迭代轮数、社会因子、个性因子、惯性权重、惯性权重衰减因子。自适应网格原则还需要给定选择种群最优的概率系数、删除非支配解集的选择系数、网格放缩因子。Python 程序如下所示:

```
class Evolution(object):
    def __init__(self, function, constraint, num_of_objectives,
                 num_of_constraint, max_min, inputDim, low_bound,
                 high_bound, generation, num_population, num_pareto,
                 w, self_coef, social_coef, NoGrid = 10):
        self.function_list = function
        self.constraint_list = constraint
        self.nObj = num_of_objectives    # 目标函数数量
        self.nCon = num_of_constraint    # 约束数量
        self.max_min = max_min    # 最大最小化目标函数
        self.nVar = inputDim    # 变量个数
        self.varMin = low_bound    # 变量范围最小值
        self.varMax = high_bound    # 变量范围最大值
        self.maxIt = generation    # 最大迭代轮数
        self.nPop = num_population    # 粒子群数量
        self.nRep = num_pareto    # 外部存档集最大个数
        self.w = w    # 惯性权重
        self.c1 = self_coef    # 个体因子
        self.c2 = social_coef    # 社会因子
        self.NoGrid = NoGrid    # 网格等分数量
        self.wdamping = 0.99    # 权重衰减因子
```

```
self.beta = 1   # 种群最优的选择系数
self.gamma = 1   # 删除粒子的选择系数
self.alpha = 0.1   # 放缩因子
self.costfunction = Fitness(self.function_list, self.
                            constraint _ list, self. nObj,
                            self.nCon, inputDim, max_min)
```

在粒子群迭代算法中：首先，初始化初代粒子群的信息，并更新初代粒子的个体最优以及粒子的被支配情况。其次，创建自适应网格，将不被支配的粒子写入 Pareto 非支配解集中。最后，更新非支配解集中的粒子的网格编号。Python程序如下所示：

```
def evolve(self):
    self.Particles = [Particle() for p in range(self.nPop)]
    # 初始化初代粒子
    for i in range(self.nPop):
        self.Particles[i].position = np.random.uniform(self.varMin,
                                      self.varMax, self.nVar)
        self.Particles[i].velocity = np.zeros(self.nVar)
        self.Particles[i].cost =
        self.costfunction.fitnessfunc(self.Particles[i].position)
        self.Particles[i].feasible, self.Particles[i].constraint =
        self.costfunction.constraintfunc(self.Particles[i].position)
        # 初始化粒子的个体最优
        self.Particles[i].best_position = self.Particles[i].position
        self.Particles[i].best_cost = self.Particles[i].cost
        self.Particles[i].best_feasible = self.Particles[i].feasible
        self.Particles[i].constraint = self.Particles[i].constraint
        self.Particles[i].IsDominated = False
    # 初始化粒子的被支配情况
```

```
self.Particles = DetermineDomination(self.Particles)
# 将初始不被支配的粒子写入非劣解集中
self.Repos = [item for item in self.Particles if item.
            IsDominated = = False]
# 初始化网格
nObj = len(self.Repos[0].cost)
grid = CreateGrid(self.Repos, self.NoGrid, self.alpha,
nobj = nObj)
for r in range(len(self.Repos)):
    self.Repos[r] = FindGridIndex(self.Repos[0], grid)
```

多目标粒子群算法的速度和坐标更新、种群的迭代与单目标粒子群算法的原理相同,不同点在于需要额外根据自适应网格原则选择种群最优粒子、根据Pareto 支配原则选择个体历史最优,从而更新粒子的社会速度和个性速度。与单目标算法的不同还在于,需要控制 Pareto 非支配解集中解的数量,故还需根据拥挤度原则删除较大密度的网格中的非支配解。

在多目标粒子群算法的循环体中,首先确定种群的最优个体,进而更新粒子群速度和位置,以及是否满足约束和违反约束的程度。Python 程序如下所示:

```
for it in range(self.maxIt):
    for i in range(self.nPop):
        leader = SelectLeader(self.Repos, self.beta)
        # 更新粒子群的速度
        self.Particles[i].velocity = self.w * self.Particles[i].
        velocity + self.c1 * np.random.rand(1,self.nVar)[0] *
            (self.Particles[i].best_position - self.Particles[i].
            position) + self.c2 * np.random.rand(1,self.nVar)[0] *
                            (leader.position - self.Particles[i].
                            position)
        # 更新粒子群位置和信息
```

```
self. Particles[i]. position = self. Particles[i]. position +
                              self. Particles[i]. velocity
self. Particles[i]. position = np. maximum(np. minimum(self.
varMax, self. Particles[i]. position), self. varMin)
self. Particles[i]. cost = self. costfunction. fitnessfunc
                          (self. Particles[i]. position)
self. Particles[i]. feasible, self. Particles[i]. constraint =
self. costfunction. constraintfunc(self. Particles[i]. position)
```

接下来判断当前粒子位置是否支配粒子的历史最优。如果支配,则更新个体最优的坐标;如果不能支配,那么由于无法判断两者之间的优劣,因此随机选择一个作为个体最优。将这一代更新完成的粒子群与非支配解集合并,根据Pareto 支配原则重新筛选新一代非支配解,更新粒子所处的网格编号。Python程序如下所示:

```
# 更新粒子的个体最优
if Dominates(self. Particles[i]. cost,
            self. Particles[i]. feasible,
            self. Particles[i]. constraint,
            self. Particles[i]. best_cost,
            self. Particles[i]. best_feasible,
            self. Particles[i]. best_constraint):
    self. Particles[i]. best_position = self. Particles[i]. position
    self. Particles[i]. best_cost = self. Particles[i]. cost
    self. Particles[i]. best_feasible = self. Particles[i]. feasible
    self. Particles[i]. best_constraint =
                              self. Particles[i]. constraint
else:
    if np. random. rand() > 0.5:
        self. Particles[i]. best_position =
                              self. Particles[i]. position
```

```
            self.Particles[i].best_cost = self.Particles[i].cost
            self.Particles[i].best_feasible =
                                self.Particles[i].feasible
            self.Particles[i].best_constraint =
                                self.Particles[i].constraint
# 更新非支配解集
self.Repos = self.Repos + self.Particles
self.Repos = DetermineDomination(self.Repos)
self.Repos = [item for item in self.Repos if item.Is
            Dominated == False]
# 更新网格并对粒子所处的网格序号进行更新
grid = CreateGrid(self.Repos, self.NoGrid, alpha = 0.1, nobj =
            nObj)
for r in range(len(self.Repos)):
    self.Repos[r] = FindGridIndex(self.Repos[r], grid)
# 考察非支配解集是否已满，依据拥挤程度准则删掉多出的粒子
if len(self.Repos) > self.nRep:
    extra = len(self.Repos) - self.nRep
    for e in range(extra):
        self.Repos = deleteOneRepositoryMember(self.Repos,
                                self.gamma)
# 惯性权重衰减
self.w = self.w * self.wdamping
return self.Repos
```

最后，按照设定的非支配解数量上限，依据拥挤度准则删除处在较高网格密度的部分非支配解，得到最终的非支配解集。

至此，完整的基于 Pareto 支配原则的多目标粒子群算法的程序设计全部完成。下面结合具体的数学算例，验证该算法。

（8）算法运行。

求解多目标优化问题

$$\min f_1(x_1, x_2) = x_1^4 - 10x_1^2 + x_1x_2 + x_2^4 - x_1^2x_2^2$$

$$\min f_2(x_1, x_2) = x_2^4 - x_1^2x_2^2 + x_1^4 + x_1x_2$$

$$\text{s. t.} \begin{cases} x_1^2 - x_2^2 \leqslant 2 \\ -3 \leqslant x_1 \leqslant 3 \\ -3 \leqslant x_2 \leqslant 3 \end{cases} \tag{5-81}$$

　　首先初始化多目标优化问题的决策变量、目标函数和约束条件。在优化问题中的决策变量为二维的自变量,有两个目标函数和三个约束条件。观察发现,在三个约束条件中,第一个约束可以转换为约束函数,后两个约束为范围约束。

　　粒子群算法的参数初始化如下:种群个数、迭代轮数、个性因子、社会因子、惯性权重。Pareto 原则的各项参数如下:非支配解集的解的数量限制、每个目标维度上的网格数量。Python 程序如下所示:

```python
function = ["x1 ** 4 - 10 * x1 ** 2 + x1 * x2 + x2 ** 4 - x1 ** 2
            * x2 ** 2","x2 ** 4 - x1 ** 2 * x2 ** 2 + x1 ** 4 +
            x1 * x2"]
constraints = ["x1 ** 2 - x2 ** 2 - 2"]
max_min = [1, 1]
num_of_objectives = 2
inputDim = 2
low_bound = [-3, -3]; high_bound = [3, 3]
generation = 20
num_population = 300
num_pareto = 50
self_coef = 2
social_coef = 1
w = 1
NoGrid = 10
# 目标函数
function_list = []
for func in function:
```

```
    function_list.append(sy.sympify(func))
# 约束函数
constraint_list = []
for constraint in constraints:
    constraint_list.append(sy.sympify(constraint))
# 每个目标函数维度上的网格数
num_of_constraint = len(constraint_list)
evo = Evolution(function_list, constraint_list,
                num_of_objectives, num_of_constraint, max_min,
                inputDim, low_bound, high_bound, generation,
                num_population, num_pareto, w, self_coef,
                social_coef, NoGrid)
Pareto = evo.evolve()
```

实例化粒子群算法并运行,得到 Pareto 前沿如图 5 - 18 所示。

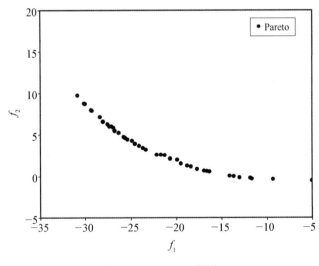

图 5 - 18   Pareto 前沿

5.4.3   多目标遗传算法

1) 原理与步骤

基于遗传算法的原理步骤与程序设计,以及 Pareto 支配原则、自适应网格

原则与拥挤度原则,本节对多目标遗传算法(NSGA－Ⅱ)展开介绍。NSGA－Ⅱ
在原理上与多目标粒子群算法相同,区别在于其种群的迭代原理不遵循粒子群
算法,而为遗传算法。此外,在对支配关系的判断与控制方法上,NSGA－Ⅱ不
再使用自适应网格原则,而是使用非支配排序与拥挤度排序方法,以此确定非支
配解集。

　　非支配排序法根据 Pareto 等级原则,确定不同等级的非支配解,优先保留
Pareto 等级高(0 级为最高,1 级次之)的解。与自适应网格原则相比,非支
排序法能最大限度保留更多的等级更高的非支配解,因此得到的 Pareto 前沿
的性质更佳。具体的方法是,对于每一个解,计算其支配其他解的个数,以支
配该解的其他解的个数,从被其他解支配的数量为 0 的解开始(即 Pareto 等级
为 0),依次确定种群中每个个体的 Pareto 等级。在 NSGA－Ⅱ中进行非支配
排序时需要设定两个参数:种群中所有支配个体 i 的个体数目 n_i,种群中被
个体 i 支配的个体集合 S_i。 NSGA－Ⅱ对种群个体进行非支配排序的步骤
如下:

　　(1) 找出种群中非支配解的个体,即 $n_i = 0$ 的个体,将非支配个体纳入集合
F_1 中。

　　(2) 对于集合 F_1 中的每个个体,找出其所支配的个体集合 S_i,对 S_i 中的
个体 l,令 $n_l = n_l - 1$,若此时 n_l 大小为 0,则将此个体存放在集合 H 中。通
过以上操作能够避免已经挑选出的前沿中个体的影响,方便对剩下的个体进
行排序。

　　(3) 定义集合 F_1 为第一层非支配集合,并为 F_1 中每个个体标记相同的非
支配序列 i_{rank}。

　　(4) 对集合 H 中的个体,按照以上步骤(1)、步骤(2)和步骤(3)继续进行操
作,直至将所有个体分层。

　　对于同一层非支配个体集合,拥挤度排序能够使同一层中的非支配个体具
有多样性,避免了个体都在某一处"聚集",以此保证解的个体能均匀分配在
Pareto 前沿,并获得 Pareto 最优解集。NSGA－Ⅱ采用拥挤度策略,即计算同一
非支配层级中某给定个体与周围其他个体之间的密度。每个个体的拥挤距离通
过计算与其相邻的两个个体在每个子目标函数上的距离差之和获得。以含两个
目标函数的多目标问题为例,个体的拥挤度计算公式如下:

$$D = (f_1^{i+1} - f_1^{i-1}) + (f_2^{i-1} - f_2^{i+1}) \tag{5-82}$$

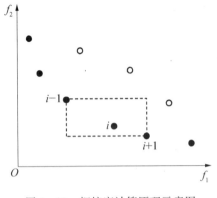

图 5-19   拥挤度计算原理示意图

如图5-19所示,对于个体i,图中虚线四边形的长和宽之和即为拥挤度。

多目标遗传算法流程图如图5-20所示。首先,进行种群初始化,通过快速非支配排序、选择、交叉以及变异操作后得到初始种群;其次,将父代种群和子代种群合并,并通过非支配排序和拥挤度排序得出下一代种群个体;最后,在获得新一代种群后,根据遗传操作继续迭代产生下一代,直至达到最大迭代轮数。

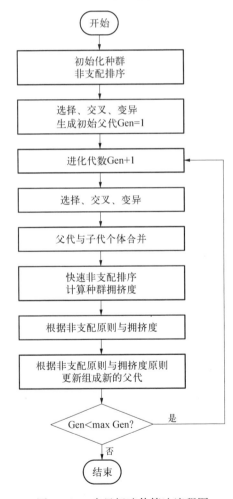

图 5-20   多目标遗传算法流程图

2) 算法程序设计

多目标遗传算法的适应度函数和约束构造方法与多目标粒子群算法的方法相同,因此两种方法的适应度和约束的程序设计保持一致,读者可直接参考5.4.2 节中的程序。下面重点介绍 NSGA-Ⅱ的算法程序,它与单目标遗传算法在构造上有所不同。

(1) 遗传参数初始化与支配判断。

初始化 NSGA-Ⅱ算法类的参数:适应度函数 Fitness,决策变量维度 dim,决策变量上、下限(low-bound、high-bound),迭代轮数 nIter,种群数量 nPop,交叉概率 pc,变异概率 pm,控制交叉程度 etaC,控制变异程度 etaM,并初始化随机种群。Python 程序如下所示:

```python
class NSGA2(object):
def __init__(self, objective, dim, low_bound, high_bound, max_min,
            constraint = None, nIter = 10, nPop = 10, pc = 0.6, pm =
            0.1, etaC = 1, etaM = 1):
        self.fitness = Fitness(objective, dim, max_min, constraint)
        self.dim = dim
        self.num_obj = len(objective)
        self.low_bound = np.array(low_bound)
        self.high_bound = np.array(high_bound)
        self.nIter = nIter
        self.nPop = nPop
        self.pc = pc
        self.pm = pm
        self.etaC = etaC
        self.etaM = etaM
    # 初始化种群
    def init_Population(self):
        pops = np.random.uniform(self.low_bound, self.high_bound,
                                (self.nPop, self.dim))
        return pops
```

判断两个个体之间的支配关系,其判断方法与粒子群算法相同,并将判断函数写入 NSGA - Ⅱ中,该函数将返回两个个体间的支配关系。Python 程序如下所示:

```
def dominates(self, objA, objB, feasibleA, feasibleB,
              OutconstraintA, OutconstraintB):
    if (feasibleA = = True) and (feasibleB = = False):
        return True
    elif (feasibleA = = False) and (feasibleB = = False):
        if OutconstraintA < OutconstraintB:
            return True
        else:
            return False
    elif (feasibleA = = True) and (feasibleB = = True):
        isDom1 = objA < = objB
        isDom2 = objA < objB
        if sum(isDom1) = = self.num_obj and sum(isDom2) > 0:
            return True
        else:
            return False
    else:
        return False
```

(2) 非支配排序。

根据每一代种群中个体的支配与被支配情况,确定每个解的 Pareto 等级。Pareto 等级更高的解集能够支配等级较低的解集,即更高等级的 Pareto 解集的优化性质更好。在算法迭代过程中,要尽可能选择 Pareto 等级更高的个体参与遗传迭代。Python 程序如下所示:

```
def nonDominationSort(self, obj, feasible, Outconstraint):
    population_size = obj.shape[0]
    ranks = np.zeros(population_size, dtype = np.int32)  # 个体等级
```

```
# 每个个体被支配的解的个数
dominated_Num = np.zeros(population_size, dtype = np.int32)
# 每个个体支配的解的集合
domination_P = []
for i in range(population_size):
    iSet = []
    for j in range(population_size):
        if i == j:
            continue
        isDomination = self.dominates(obj[i,:],obj[j,:],
                                      feasible[i],
                                      feasible[j],
                                      Outconstraint[i],
                                      Outconstraint[j])
        isDominated = self.dominates(obj[j,:],obj[i,:],
                                     feasible[j],
                                     feasible[i],
                                     Outconstraint[j],
                                     Outconstraint[i])
        if isDomination: # 如果 i 支配 j
            iSet.append(j)
        if isDominated: # 如果 i 被 j 支配
            dominated_Num[i] += 1
    domination_P.append(iSet)
```

　　根据支配判断函数,确定每个个体所支配的其他个体的集合,同时统计每个个体被支配的解的个数,循环标记每个解的 Pareto 等级,直至所有解都被标记。Python 程序如下所示:

```
r = 0 # 初始化当前判断的 Pareto 等级
indices = np.arange(population_size)
while sum(dominated_Num == 0) != 0:
```

```
    rIndices = indices[dominated_Num = = 0]
    ranks[rIndices] = r  # 将 A 的解的等级设置为 r
    for rIdx in rIndices:
        iSet = domination_P[rIdx]  # A 支配的个体
        dominated_Num[iSet] - = 1
    dominated_Num[rIndices] = -1
    r + = 1
return ranks
```

（3）拥挤度排序。

拥挤度表征了一个个体在设计空间内与其他个体之间的距离,即拥挤距离,具体计算方式可以表述为即任一个体在其所在的 Pareto 等级上和所有相邻个体之间的距离之和。拥挤距离越大,即拥挤度越小。根据拥挤距离的数值大小,为每个 Pareto 等级的个体进行排序,以此作为个体选择算子(锦标赛选择和精英选择)的准则。Python 程序如下所示:

```
def crowdingDistanceSort(self, obj, ranks):
    population_size = obj.shape[0]
    dis = np.zeros(population_size)
    numRanks = ranks.max()  # 最大的等级
    indices = np.arange(population_size)
    for r in range(numRanks + 1):
        rIndices = indices[ranks = =r]  # 当前等级的个体索引
        rObj = obj[ranks = =r]  # 当前等级的个体的适应度
        # 当前等级按照适应度大小排序,得到排序后的序号与适应度
        rSortIndices = np.argsort(rObj, axis = 0)
        rSortObj = np.sort(rObj, axis = 0)
        fMax = rSortObj[-1, :]
        fMin = rSortObj[0, :]
        scale = fMax - fMin  # 适应度最大最小之差
        n = len(rIndices)
        # 计算拥挤距离
```

```
    for i in range(self.num_obj):
        orIndices = rIndices[rSortIndices[:, i]]
        j = 1
        while n > 2 and j < n - 1:
            if scale[i] > 0:
                dis[orIndices[j]] += (rSortObj[j + 1, i] -
                                      rSortObj[j - 1, i]) /
                                     scale[i]
            else:
                dis[orIndices[j]] = np.inf
            j += 1
        # 两个端点的拥挤距离为无穷大
        dis[orIndices[0]] = np.inf
        dis[orIndices[-1]] = np.inf
return dis
```

拥挤度排序实质上是对处在相同 Pareto 等级的个体进行排序。为了能够对每一个给定的个体,确定其在目标空间上相邻的个体,需要先对每个 Pareto 等级按照适应度进行排序,从而得到每个个体在每个目标函数维度上的相邻个体,进而计算拥挤距离。

（4）比较个体优劣。

比较两个个体之间的优劣,作为锦标赛选择算子的判据,Pareto 等级更高的个体优于等级低的个体。当两个个体的 Pareto 等级相同时,根据拥挤度原则确定优劣,拥挤度低(即拥挤距离大)的个体更优,由此判断并选择更优的个体。Python 程序如下所示:

```
def compare(self, idx1, idx2, ranks, distances):
    if ranks[idx1] < ranks[idx2]:
        idx = idx1
    elif ranks[idx1] > ranks[idx2]:
        idx = idx2
    else:
```

```
        if distances[idx1] < = distances[idx2]:
            idx = idx2
        else:
            idx = idx1
    return idx
```

(5) 遗传算法主体。

遗传算法包含遗传算子中的选择、交叉、变异算子。基于多目标 Pareto 支配原则的遗传算法在原始遗传算法的基础上加入优化选择算子,对新产生的种群进行筛选。

在遗传算法中对遗传算子采用一对一锦标赛选择方式以及精英保留策略,即从父代种群中选择并保留更优个体。Python 程序如下所示:

```
def tournament_select(self, pool, pops, obj, feasible,
                      Outconstraint, ranks, distances):
    newPops = np.zeros((pool, self.dim))
    newObj = np.zeros((pool, self.num_obj))
    newFeasible = np.zeros(pool).astype(bool)
    newOutconstraint = np.zeros(pool)
    indices = np.arange(pops.shape[0]).tolist()
    i = 0
    while i < pool:
        idx1, idx2 = random.sample(indices, 2)
        idx = self.compare(idx1, idx2, ranks, distances)
        newPops[i] = pops[idx]
        newObj[i] = obj[idx]
        newFeasible[i] = feasible[idx]
        newOutconstraint[i] = Outconstraint[idx]
        i += 1
    return newPops, newObj, newFeasible, newOutconstraint
```

在遗传算法中遗传算子采用十进制编码的方式对个体之间进行交叉操作。

交叉在不同的目标函数维度之间进行,即将长度为目标函数个数的个体之间的坐标值进行交叉,类比二进制的染色体交叉操作,交叉的长度随机。u 为 $[0,1]$ 之间的随机数,γ 表示交叉部分的倾向性。γ 越大,则交叉部分越多地保留个体的原始信息;反之,越多地保留与之进行交叉操作的个体信息。γ 的表达式如下:

$$\gamma = \begin{cases} (2u)^{\frac{1}{etaC+1}} & (u \leqslant 0.5) \\ \left[\dfrac{1}{2(1-u)}\right]^{\frac{1}{etaC+1}} & (0.5 < u \leqslant 1) \end{cases} \tag{5-83}$$

当进行交叉操作时,交叉部分的更新值由 γ 决定。父代 x_1 交叉部分的值更新为 $0.5[(1+\gamma)x_1 + (1-\gamma)x_2]$,父代 x_2 交叉部分的值更新为 $0.5[(1-\gamma)x_1 + (1+\gamma)x_2]$。Python 程序如下所示:

```python
# 实数编码模拟二进制交叉
def SBX(self, chr1, chr2):
    # 交叉发生的位置
    pos1, pos2 = np.sort(np.random.randint(0, len(chr1),2))
    pos2 += 1 # 避免 pos1 == pos2
    u = np.random.rand()
    if u <= 0.5:
        gamma = (2 * u) ** (1/(self.etaC + 1))
        # etaC 越大,gamma 值越大
    else:
        gamma = (1/(2 * (1-u))) ** (1/(self.etaC + 1))
    x1 = chr1[pos1:pos2]
    x2 = chr2[pos1:pos2]
    chr1[pos1:pos2] = 0.5 * ((1 + gamma) * x1 + (1 - gamma) * x2)
    chr2[pos1:pos2] = 0.5 * ((1 - gamma) * x1 + (1 + gamma) * x2)
    chr1[chr1<self.low_bound] = self.low_bound[chr1<self.low_bound]
    chr1[chr1>self.high_bound] = self.high_bound[chr1>self.high_bound]
```

```
    chr2[chr2<self. low_bound] = self. low_bound[chr2<
    self. low_bound]
    chr2[chr2>self. high_bound] = self. high_bound[chr2>
    self. high_bound]
# 交叉操作
def crossover(self, pops):
    chrPops = pops. copy()
    for i in range(0, chrPops. shape[0], 2):
        if np. random. rand() < self. pc:
            self. SBX(chrPops[i], chrPops[i + 1])
    return chrPops
```

在遗传算法中遗传算子的变异操作,采用多项式变异对待变异位置的坐标值进行调整,调整的变异值为 δ。取 $[0,1]$ 之间的随机数 u,则 δ 的表达式为

$$\delta = \begin{cases} (2u)^{\frac{1}{etaM+1}} - 1 & (u \leqslant 0.5) \\ [1 - 2(1-u)]^{\frac{1}{etaM+1}} & (0.5 < u \leqslant 1) \end{cases} \quad (5-84)$$

变异操作为直接在变异位置(随机选择且任意数量的目标函数维度)加上变异值 δ。适当的变异可以增加种群在遗传过程中的随机性和多样性,避免遗传陷入局部最优解。Python 程序如下所示:

```
def polyMutation(self, chr):
    pos1, pos2 = np. sort(np. random. randint(0, len(chr), 2))
    pos2 += 1
    u = np. random. rand()
    if u < 0.5:
        delta = (2 * u) ** (1/(self. etaM + 1)) - 1
            # etaM 越大, delta 值越大
    else:
        delta = (1 - (2 * (1 - u))) ** (1/(self. etaM + 1))
```

```
        chr[pos1:pos2] += delta
        chr[chr<self.low_bound] = self.low_bound[chr < self.low_bound]
        chr[chr>self.high_bound] = self.high_bound[chr > self.high_bound]
    def mutate(self, pops):
        for i in range(pops.shape[0]):
            if np.random.rand() < self.pm:
                self.polyMutation(pops[i])
        return pops
```

优化选择算子将种群新产生的子代种群与父代种群合并与优选,采用的优选准则是非支配原则和拥挤度原则,因此优化选择算子本质上是多目标遗传算法中的精英保留策略。将父代种群与子代种群合并后,按照精英保留策略保留前 nPop 个个体。Python 程序如下所示:

```
def optSelect(self, pops, obj, feasible, Outconstraint, chrPops,
              chrObj, chrfeasible, chrOutconstraint):
    population_size = pops.shape[0]
    newPops = np.zeros_like(pops)
    newObj = np.zeros_like(obj)
    newFeasible = np.zeros((population_size,))
    newOutconstraint = np.zeros((population_size,))
    # 合并父代种群和子代种群构成一个新种群
    MergePops = np.concatenate([pops, chrPops], axis=0)
    MergeObj = np.concatenate([obj, chrObj], axis=0)
    MergeFeasible = np.concatenate([feasible, chrfeasible], axis=0)
    MergeOutconstraint = np.concatenate([Outconstraint,
                                         chrOutconstraint], axis=0)
    MergeRanks = self.nonDominationSort(MergeObj, MergeFeasible,
                                        MergeOutconstraint)
    MergeDistances = self.crowdingDistanceSort(MergeObj, MergeRanks)
    indices = np.arange(MergePops.shape[0])
```

优化选择分为两步:第一步,选择 Pareto 等级较高的个体,直至无法将一个完整的 Pareto 等级中的个体选入新生种群;第二步,对于最后无法完整被选入新生种群的等级,对该等级进行拥挤度排序,选择拥挤度小(拥挤距离大)的个体,将新生种群填满,得到新种群。需要提醒读者的是,进行优选的对象是父代种群与子代种群合并后的种群,目的是保证每轮迭代后的种群父代与子代结合后,保留 Pareto 等级更高的个体。当 Pareto 等级相同时,依据拥挤度原则保留拥挤度较低的个体。Python 程序如下所示:

```python
r = 0
i = 0
rIndices = indices[MergeRanks = = r]  # 当前等级为 r 的索引
while i + len(rIndices) <= population_size:
    newPops[i:i + len(rIndices)] = MergePops[rIndices]
    newObj[i:i + len(rIndices)] = MergeObj[rIndices]
    newFeasible[i:i + len(rIndices)] = MergeFeasible[rIndices]
    newOutconstraint[i:i + len(rIndices)] = MergeOutconstraint
    [rIndices]
    r += 1
    i += len(rIndices)
    rIndices = indices[MergeRanks = = r]  # 当前等级为 r 的索引
# 前 r - 1 等级的个体数量 + 第 r 等级的个体数量 > nPop
if i < population_size:
    rDistances = MergeDistances[rIndices]
    # 当前等级的个体的拥挤距离
    rSortedIdx = np.argsort(rDistances)[::-1]
    # 取第 r 等级前 population_size - i 个个体
    surIndices = rIndices[rSortedIdx[:population_size - i]]
    newPops[i:] = MergePops[surIndices]
    newObj[i:] = MergeObj[surIndices]
    newFeasible[i:] = MergeFeasible[surIndices]
    newOutconstraint[i:] = MergeOutconstraint[surIndices]
return newPops, newObj, newFeasible, newOutconstraint
```

　　初始化种群的各项参数,包括种群的坐标、种群适应度、是否满足约束以及违反约束的程度。在遗传算法求解循环体中,通过锦标赛法选择算子和选择个体进行交叉、变异,每次完成遗传操作后进行优化算子(精英保留策略)更新种群,确保最优的个体可以被保留下去。Python 程序如下所示:

```python
def solve(self):
    # 种群初始化并计算目标函数和约束
    pops = self.init_Population()
    obj = self.fitness.fitnessfunc(pops)
    feasible, Outconstraint = self.fitness.constraintfunc(pops)
    for i in range(self.nIter):
        ranks = self.nonDominationSort(obj, feasible, Outconstraint)
        distances = self.crowdingDistanceSort(obj, ranks)
        pops, obj, feasible, Outconstraint = self.tournament_select
                                        (self.nPop, pops, obj,
                                        feasible, Outconstraint,
                                        ranks, distances)
        chrPops = self.crossover(pops) # 交叉
        chrPops = self.mutate(chrPops) # 变异
        chrObj = self.fitness.fitnessfunc(chrPops)
        chrFeasible, chrOutconstraint =
                        self.fitness.constraintfunc(chrPops)
        pops, obj, feasible, Outconstraint = self.optSelect
                                        (pops, obj, feasible,
                                        Outconstraint, chrPops,
                                        chrObj, chrFeasible,
                                        chrOutconstraint)
```

　　对于最后一代得到的种群,统计其支配关系、拥挤度,将 Pareto 等级最高的个体作为非支配最优解集。Python 程序如下所示:

```python
ranks = self.nonDominationSort(obj, feasible, Outconstraint)
distances = self.crowdingDistanceSort(obj, ranks)
```

```
paretoPops = pops[ranks = = 0]
paretoObj = obj[ranks = = 0]
paretoFeasible = feasible[ranks = = 0]
paretoOutconstraint = Outconstraint[ranks = = 0]
return paretoPops, paretoObj, paretoFeasible, paretoOutconstraint
```

(6) 算法运行。

求解多目标优化问题

$$\min f_1(x_1, x_2) = x_1^4 - 10x_1^2 + x_1x_2 + x_2^4 - x_1^2x_2^2$$

$$\min f_2(x_1, x_2) = x_2^4 - x_1^2x_2^2 + x_1^4 + x_1x_2$$

$$\text{s. t.} \quad \begin{cases} x_1^2 - x_2^2 \leqslant 2 \\ -3 \leqslant x_1 \leqslant 3 \\ -3 \leqslant x_2 \leqslant 3 \end{cases} \tag{5-85}$$

首先初始化多目标优化问题的决策变量、目标函数、约束条件。设计遗传算法的参数：种群数量 nPop、交叉概率 pc、变异概率 pm、控制交叉概率 etaC、控制变异概率 etaM、迭代上限 nIter。Python 程序如下所示：

```
function = ["x1 * * 4 - 10 * x1 * * 2 + x1 * x2 + x2 * * 4 - x1 * * 2 *
            x2 * * 2",
            "x2 * * 4 - x1 * * 2 * x2 * * 2 + x1 * * 4 + x1 * x2"]
constraints = ["x1 * * 2 - x2 * * 2 - 2"]
nIter = 10
dim = 2
nPop = 100
pc = 0.6
pm = 0.1
etaC = 1
etaM = 1
low_bound = [-3, -3]
high_bound = [3, 3]
```

```
nsga = NSGA2(function, dim, low_bound, high_bound, 1,
    constraints, nIter, nPop, pc, pm, etaC, etaM)
paretoPops, paretoObj, paretoFeasible, paretoOutconstraint = nsga.solve()
```

实例化遗传算法并运行,得到 Pareto 前沿,如图 5-21 所示。

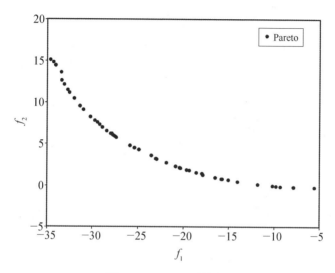

图 5-21　Pareto 前沿图

习题

5-1　使用遗传算法求解优化问题:

$$\max f(x) = 21.5 + x_1 \sin(4\pi x_1) + x_2 \cos(2\pi x_2)$$
$$\text{s. t.} \qquad -3.0 \leqslant x_1 \leqslant 12.1$$
$$4.1 \leqslant x_2 \leqslant 5.8$$

5-2　使用粒子群算法求解优化问题:

$$\max f(x) = x_1^2 + 6x_2^2 - 2x_1 x_2 - x_1 - 2x_2 + 10$$
$$\text{s. t.} \qquad -2.0 \leqslant x_1 \leqslant 10.5$$
$$3.1 \leqslant x_2 \leqslant 4.4$$

5-3　使用差分进化算法求解优化问题:

$$\min f(x) = \sum_{i=1}^{10} x_i^2$$
$$\text{s. t.} \quad -20 \leqslant x_i \leqslant 20 \quad (i = 1, 2, \cdots, 10)$$

5-4 分别用多目标遗传算法/多目标粒子群算法求解多目标优化问题：

$$\min f_1(x) = x_1^4 - 10x_1^2 + x_1 x_2 + x_2^4 - x_1^2 x_2^2$$

$$\min f_2(x) = x_1^4 - x_1^2 x_2^2 + x_1 x_2 + x_2^4$$

$$\text{s. t.} \quad -5 \leqslant x_1 \leqslant 5$$

$$-5 \leqslant x_2 \leqslant 5$$

第6章　飞行器优化设计实例

本章给出前述章节所介绍的传统优化方法和智能优化设计方法在飞行器优化设计中的应用实例。本章主要以一些简单的案例说明如何根据所要解决的实际问题,抽象出优化问题的数学模型,并选择合适的方法进行求解,以及对优化结果进行分析。本章所采用的案例包括火箭发射喷气速度优化、飞机起落架优化设计、飞机升阻比和质量优化设计、机翼阻力系数优化。

6.1　火箭发射喷气速度优化

火箭发射是一个复杂的过程,需要耗费大量的人力、物力成本,单次发射的成本往往需要几千万元,甚至上亿元。因此,在火箭设计的初始阶段,就需对其质量、发射速度、排气速度进行优化设计,使发射收益最大。火箭发射的目的是将载荷送入特定的轨道,其末端速度越大,所能送入的轨道高度也越高,收益也就越大。同时,火箭的结构质量也需在满足强度要求的情况下尽可能的轻,这样所能携带的载荷就更大,所取得的收益也就更高。

6.1.1　问题描述

目前的火箭大多采取齐奥尔科夫斯基提出的"多级火箭"理论,考虑如图 6-1 所示的火箭理想发射过程。

假设火箭的质量为 m_0,在某一时刻火箭的质量为 m,速度为 v,以相对于火箭 v_r 的速度喷出质量为 $-\,\mathrm{d}m$ 的气体。根据动量守恒定律有

$$mv = (m + \mathrm{d}m)(v + \mathrm{d}v) - u\,\mathrm{d}m \tag{6-1}$$

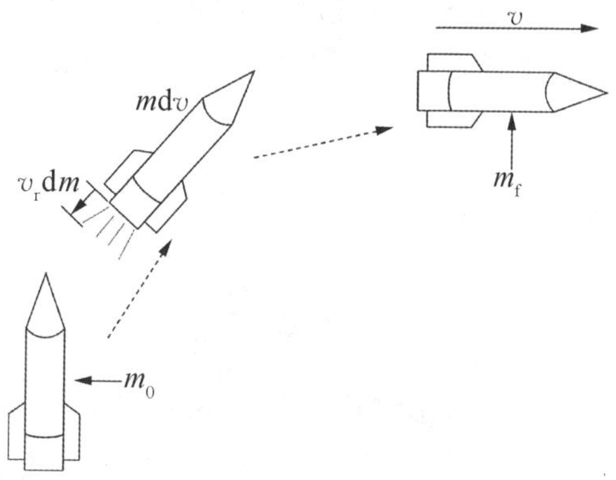

图 6-1　火箭理想发射过程

式中：$u = v - v_r$ 为气体的绝对速度。将式(6-1)展开，并略去二阶小量得

$$-v_r \mathrm{d}m = m \mathrm{d}v \tag{6-2}$$

因此，

$$\mathrm{d}v = -v_r \frac{\mathrm{d}m}{m} \tag{6-3}$$

式(6-3)两边同时积分，得

$$\int_0^v \mathrm{d}v = -v_r \int_{m_0}^{m_d} \frac{\mathrm{d}m}{m} \tag{6-4}$$

$$v = v_r \ln \frac{m_0}{m_d}$$

式中：m_d 为火箭的结构质量，也称干重；m_0 为火箭的初始质量，也称湿重，包含了火箭的结构质量、燃料质量 m_f；v_r 为喷气速度，假设在发射过程中保持恒定；v 为火箭的末端速度。将湿重、干重和喷气速度作为设计变量，优化目标是使发射利润最大，发射利润可由如下公式获得：

$$P = R - C_f - C_d - C_e \tag{6-5}$$

式中：R 为发射的收入，由末端速度决定，末端速度越大收入也越大。假定

$$R = 550v \tag{6-6}$$

$C_f = 4.154(m_0 - m_d)$ 为燃料的成本；C_d 为火箭的制造成本，与火箭的干重有关，假定

$$C_d = 154.36m_d \tag{6-7}$$

C_e 为与喷气速度有关的成本。喷气速度越大，相关的结构成本也越高，因此两者成正比关系，假定

$$C_e = 75v_r \tag{6-8}$$

则

$$P = 550v_r \ln \frac{m_0}{m_0 - m_d} - 4.154(m_0 - m_d) - 154.36m_d - 75v_r \tag{6-9}$$

为了火箭能够安全、有效地完成发射任务，对其结构提出了一定的要求，此例中结构质量必须不低于 20 000 kg。为了满足轨道高度要求，火箭的末端速度范围介于 9 400～20 200 m/s 之间，由于技术的限制，喷气速度介于 2 500～

4 500 m/s 之间。

6.1.2　模型建立

根据上述问题的描述,为了使火箭发射的利润最大,必须对湿重、干重和喷气速度进行合理设计。因此,可将其转化为如下优化问题:

$$\text{obj}\quad \max P$$

$$\text{s. t.}\quad m_\text{d} \geqslant 20\,000$$

$$9\,400 \leqslant v \leqslant 20\,200 \tag{6-10}$$

$$2\,500 \leqslant v_\text{r} \leqslant 4\,500$$

$$m_0 \geqslant 2m_\text{f}$$

式中: P 为所要优化的目标函数,其值越大越好;设计变量总共有 3 个,包括湿重 m_0、干重 m_d、喷气速度 v_r;约束有 4 个。

6.1.3　优化求解

为了便于表示,令 $x_1 = m_0$、$x_2 = m_\text{f}$、$x_3 = v_\text{r}$,则目标函数为

$$f = 550 x_3 \ln \frac{x_1}{x_2} - 4.154(x_1 - x_2) - 154.36 x_2 - 75 x_3 \tag{6-11}$$

约束为

$$x_2 \geqslant 20\,000$$

$$9\,400 \leqslant x_3 \ln \frac{x_1}{x_2} \leqslant 20\,200 \tag{6-12}$$

$$2\,500 \leqslant x_3 \leqslant 4\,500$$

$$2x_2 \leqslant x_1$$

由于该问题中各变量的取值范围差异较大,考虑到差分进化算法的收敛性较好,因此此处采用差分进化算法对该问题进行求解。一般来说,种群数量 $N_\text{p} = (5 \sim 10)N$,其中,$N$ 为设计变量个数。因此,设置种群数量为 20,突变参数设置为 0.6,交叉概率设置为 0.3。由于该问题中未指定 x_1 的范围和 x_2 的上限,因此为了不失一般性,设置 $40\,000 \leqslant x_1 \leqslant 1\,000\,000$,考虑到 $x_1 \geqslant 2x_2$,设置 $20\,000 \leqslant x_2 \leqslant 100\,000$。

算法实现如下:

(1) 步骤 1:定义目标函数和约束条件。由于需要最大化目标函数,因此将计算得到的利润取负值;对于约束条件,将其设置为 $x \leqslant 0$ 的形式。变量的约束

范围定义在种群生成中,故此处不作为约束函数。Python 程序如下所示:

```
def objective(x):
    x1, x2, x3 = x[:, 0], x[:, 1], x[:, 2]
    res = 550 * x3 * np.log(x1 / x2) - 4.154 * (x1 - x2) - 154.36 *
        x2 - 75 * x3
    return - 1 * res


def constraint1(x):
    x1, x2, x3 = x[:, 0], x[:, 1], x[:, 2]
    return x3 * np.log(x1 / x2) - 20200


def constraint 2(x):
    x1, x2, x3 = x[:, 0], x[:, 1], x[:, 2]
    return - x3 * np.log(x1 / x2) + 9400


def constraint 3(x):
    x1, x2 = x[:, 0], x[:, 1]
    return 2 * x2 - x1
```

(2) 步骤 2:设置差分进化算法的求解参数。种群数量为 20,最大迭代轮数为 150。Python 程序如下所示:

```
DE = DE(population_size = 20,
        max_iter = 150,
        dim = 3,
        factor = 0.6,
        CR = 0.3,
        fitness = objective,
        constraints = constraints,
        low = [40000, 20000, 2500],
        high = [1000000, 100000, 4500])
```

（3）步骤 3：初始化种群。Python 程序如下所示：

```
DE.init_Population()
```

（4）步骤 4：执行迭代，求解差分进化算法。Python 程序如下所示：

```
DE.run()
```

程序运行输出示例如下所示：

```
第 1 轮,目标值:  - 359508.643 最优个体:［415351.745 22851.857 3629.723］
第 2 轮,目标值:  - 935689.204 最优个体:［302471.189 20000. 3662.083］
第 3 轮,目标值:  - 2062430.765 最优个体:［598758.769 20000. 4209.369］
第 4 轮,目标值:  - 2062430.765 最优个体:［598758.769 20000. 4209.369］
......
第 149 轮,目标值:  - 2584004.398 最优个体:［595811.269 20000. 4500.0］
第 150 轮,目标值:  - 2584004.398 最优个体:［595811.269 20000. 4500.0］
```

如表 6 - 1 所示，最终的目标函数值为 2 584 004.398，即最大收益为
2 584 004.398。最优设计变量分别为 595 811.269、20 000、4 500。火箭的末端
速度为 15 273.863，满足约束条件。

表 6 - 1　设计变量与目标函数取值

项　　目	名　　称	取　　值
变量	重 m_0/kg	595 811.269
	干重 m_d/kg	20 000
	喷气速度 v_r/(m/s)	4 500
目标函数	发射利润 P	2 584 004.398
	末端速度 v/(m/s)	15 273.863

在差分进化算法运行过程中的迭代收敛曲线如图 6 - 2 所示。从图 6 - 2 中
可以看到，差分进化算法的收敛速度极快，最优目标函数值从第 1 轮中的
- 359 508.643，减小至 - 2 584 004.398（实际优化目标取正值）。同时收敛过程
比较稳定，在第 20 轮迭代时，目标函数便已基本达到收敛。

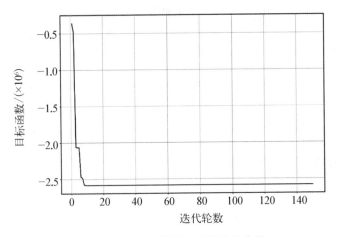

图 6-2 差分进化算法迭代收敛曲线

6.2 飞机起落架优化设计

起落架是飞机下部用于起飞降落或在飞机滑行时支撑飞机,并用于地面移动的装置。飞机在起飞降落过程中,需要承受巨大的冲击载荷,绝大部分能量被起落架吸收。因此,起落架的设计对于飞行器的安全可靠性起着至关重要的作用。飞机起落架的布置形式一般分为前三点式和后三点式两种。现代飞机上使用最广泛的是前三点式起落架,前轮布置于飞机头部的下方,两个主轮分别位于飞机质心稍后处左、右两侧,这样的设计使飞机具有较好的滑跑稳定性。后三点式广泛用于早期的螺旋桨飞机上,其特点是两个主轮布置于飞机的质心之前,尾轮远离质心布置在飞机的尾部。这样的设计可以提高机头的离地高度,因此在螺旋桨飞机上容易配置,但由于其较差的滑跑稳定性在现代飞机上较少采用。其他的布置形式还有自行车式和多支点式,多用于特定类型的飞机。

对于起落架的结构形式,根据承载的不同,可分为梁架式和桁架式。梁架式起落架又可分为简单支柱式、撑杆支柱式、摇臂式、外伸式、混合式和多轮小车式等。桁架式起落架由空间杆系统组成桁架结构,通过承力机构将机轮与机翼或机身相连,但由于难以收放,因此通常只用在速度不大的轻型飞机上。对于支柱式起落架,其主要特点是减震器位于承力柱上,侧方有两个撑杆辅助支撑采用这种形式结构简单、质量轻、易于收放,是现代飞机上广泛采用的形式之一。无论采用何种类型的起落架,均希望在满足强度要求的情况下结构质量尽可能减轻。

6.2.1　问题描述

对于飞机起落架,主要考虑其受外载荷时杆的应力以及形变大小,因此可将其简化为如图 6-3 所示的结构。起落架的支撑杆与机身间的连接可等效为一简支结构,连接点处仅受横向和纵向应力,不受弯矩作用。两个支撑杆与车轮的连接处同样等效为一简支结构。由于起落架主要承受车轮处竖直方向上的冲击载荷,因此将其等效为一竖直方向的外载荷 P。起落架两根支撑杆间的安装距离为 B,车轮距离机身的高度为 H。为了减轻结构质量,并提供更强的抗弯矩能力,支撑杆一般采用中空结构,杆的直径为 d,壁厚为 t。

针对该起落架结构,当其承受外载荷时,对其受力分析如图 6-4 所示。由于该结构为简支结构,因此支撑杆仅受轴向力。在轴向力作用下,其会产生虚线所示微小变形 Δ。为了保证结构的稳定性,杆的轴向应力必须小于临界应力,最大变形不应超过设定范围,否则会产生失稳现象,对起落架的安全可靠运行产生不利影响。

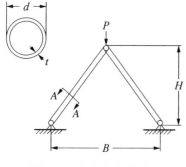

图 6-3　起落架结构简图

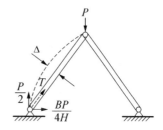

图 6-4　起落架受力分析

由材料力学知识可知,杆所受的轴向应力大小为

$$\sigma = \frac{P \cdot \sqrt{\left(\frac{B}{2}\right)^2 + H^2}}{2t\pi dH} \tag{6-13}$$

由于杆截面为圆环形,因此临界应力为

$$\sigma_p = \frac{\pi^2 EI}{L^2} = \frac{\pi^2 E(d^2 + t^2)}{8\left[\left(\frac{B}{2}\right)^2 + H^2\right]} \tag{6-14}$$

杆的最大挠度为

$$\Delta = \frac{P \cdot \left[\left(\frac{B}{2}\right)^2 + H^2\right]^{\frac{3}{2}}}{2t\pi dH^2 E} \qquad (6-15)$$

假定杆的距离 $B = 60 \times 10^{-2}$ m，直径 $d = 3 \times 10^{-2}$ m，壁厚 $t = 0.15 \times 10^{-2}$ m，弹性模量 $E = 30\,000 \times 10^{-2}$ Pa，密度 $\rho = 0.003 \times 10^{-2}$ kg/m³，外载荷 $P = 66 \times 10^{-2}$ N 保持不变，两个杆的直径保持一致。现需对两个杆的高度 H 和直径 d 进行设计，使总质量最轻。

6.2.2 模型建立

根据上述问题的描述，优化设计的目标是使两个支撑杆的总质量最小；同时，必须满足临界应力和最大变形要求。因此，可将其转化为如下优化设计问题：

$$
\begin{aligned}
&\text{find} \quad H, d \\
&\text{obj.} \quad \min W \\
&\text{s. t.} \quad \sigma \leqslant 100 \\
&\qquad\quad \sigma \leqslant \sigma_p \\
&\qquad\quad \Delta \leqslant 0.25 \\
&\qquad\quad 10 \leqslant H \leqslant 50 \\
&\qquad\quad 1 \leqslant d \leqslant 4 \\
&\qquad\quad W \leqslant 24
\end{aligned}
\qquad (6-16)
$$

式中：W 为所要优化的目标函数，即杆的总重，不超过 24×10^{-2} kg，可由式(6-17)得出；σ 为轴向应力，根据材料力学知识，可由式(6-18)得出；设计变量总共有 2 个，包括高度 H 和直径 d；约束有 6 个。

$$W = 2\rho SL = 2\rho\pi dt\sqrt{\frac{B^2}{4} + H^2} \qquad (6-17)$$

$$\sigma = \frac{F}{S} = \frac{\dfrac{P}{2}\left(\dfrac{\sqrt{\left(\dfrac{B}{2}\right)^2 + H^2}}{H}\right)}{\pi dt} = \frac{P\sqrt{\left(\dfrac{B}{2}\right)^2 + H^2}}{2\pi tdH} \qquad (6-18)$$

为了对该优化问题进行求解，首先对其进行简单的计算分析。假设取 $H = 30 \times 10^{-2}$ m，$d = 3 \times 10^{-2}$ m，计算中设计变量与目标函数取值如表 6-2 所示。

将 H 从 30×10^{-2} m 变为 20×10^{-2} m，从表 6-2 中可见杆的质量下降，但轴向应力和临界应力均有所增大，最大变形相应也增大。这两种设计方案不满足质量约束，因此必须对上述优化问题求解，以获得符合条件且质量最小的设计方案。

表 6-2 设计变量与目标函数取值

项 目	名 称	取值 1	取值 2
变量	高度 $H/(\times 10^{-2}\ \text{m})$	30	20
	直径 $d/(\times 10^{-2}\ \text{m})$	3	3
	壁厚 $t/(\times 10^{-2}\ \text{m})$	0.15	0.15
	距离 $B/(\times 10^{-2}\ \text{m})$	60	60
	弹性模量 $E/(\times 10^{-2}\ \text{Pa})$	30 000	30 000
	密度 $\rho/(\times 10^{-2}\ \text{kg/m}^3)$	0.3	0.3
	载荷 $P/(\times 10^{-2}\ \text{N})$	66	66
目标函数	质量 $W/(\times 10^{-2}\ \text{kg})$	35.98	30.58
	应力 σ	33.01	42.08
	临界应力 σ_p	185.5	256.87
	最大变形 $\Delta/(\times 10^{-2}\ \text{m})$	0.066	0.091

6.2.3 优化求解

为了便于表示,令 $x_1 = H$、$x_2 = d$,则目标函数为

$$f = 2 \times 0.3 \times 0.15 \pi x_2 \sqrt{\frac{60^2}{4} + x_1^2} = 0.09 \pi x_2 \sqrt{900 + x_1^2} \quad (6-19)$$

约束为

$$\frac{220\sqrt{900 + x_1^2}}{\pi x_1 x_2} \leqslant 100$$

$$\frac{22\sqrt{900 + x_1^2}}{\pi x_1 x_2} \leqslant \frac{375\pi^2(x_2^2 + 0.0225)}{900 + x_1^2}$$

$$\frac{11(900 + x_1^2)^{1.5}}{1\,500\pi x_2 x_1^2} \leqslant 0.25 \quad\quad\quad (6-20)$$

$$10 \leqslant x_1 \leqslant 50$$

$$1 \leqslant x_2 \leqslant 4$$

$$0.09\pi x_2 \sqrt{900 + x_1^2} \leqslant 24$$

由于本问题属于带约束的单目标优化问题,目标函数的计算较为简单,因此可采用传统优化算法,对于约束的处理,利用惩罚函数法。本节采用共轭梯度法

结合惩罚函数的方法对该优化问题进行求解。

在共轭梯度法中,若不同变量间的范围差异过大,会导致目标函数变得"扁平",变量之间的梯度差异过大,从而导致目标函数难以收敛。考虑到 x_1 的范围约为 x_2 的 10 倍,令 $x_1' = \dfrac{1}{10}x_1$,则优化问题改写为

$$f = 0.09\pi x_2 \sqrt{900 + 100x_1^2} \tag{6-21}$$

约束条件为

$$\frac{22\sqrt{900 + 100x_1^2}}{\pi x_1 x_2} \leqslant 100$$

$$\frac{2.2\sqrt{900 + 100x_1^2}}{\pi x_1 x_2} \leqslant \frac{375\pi^2(x_2^2 + 0.0225)}{900 + 100x_1^2}$$

$$\frac{11(900 + 100x_1^2)^{\frac{3}{2}}}{150\,000\pi x_2 x_1^2} \leqslant 0.25 \tag{6-22}$$

$$1 \leqslant x_1 \leqslant 5$$

$$1 \leqslant x_2 \leqslant 4$$

$$0.09\pi x_2 \sqrt{900 + 100x_1^2} \leqslant 24$$

设置初始点为区间中点,惩罚函数的系数 $\gamma = 0.5$,收敛精度为 0.01,最大迭代轮数为 100。即当设计变量与前一轮迭代的设计变量间的欧氏距离小于精度且迭代轮数大于最大迭代轮数时,结束迭代。采用黄金分割法搜索最优步长,搜索半径为 0.1,搜索区间精度为 0.01。算法实现如下:

(1)步骤 1:定义目标函数和约束条件。Python 程序如下所示:

```
objective = "0.09 * pi * x2 * sqrt(900 + 100 * x1 * * 2)"
constraint = ["220 * sqrt(900 + 100 * x1 * * 2)/(pi * 10 * x1 * x2) - 100",
        "22 * sqrt(900 + 100 * x1 * * 2)/(pi * 10 * x1 * x2) -
        375 * pi * * 2 * (x2 * * 2 + 0.0225)/(900 + 100 * x1 * * 2)",
        "11 * (900 + 100 * x1 * * 2) * * 1.5/(1500 * pi * x2 * 100 *
        x1 * * 2) - 0.25",
        "x1 - 5",
```

```
            "1 - x1",
            "x2 - 4",
            "1 - x2"]
```

针对约束 $1 \leqslant x_1 \leqslant 5$、$1 \leqslant x_2 \leqslant 4$，在惩罚函数中将其改写为 $x_1 - 5 \leqslant 0$、$1 - x_1 \leqslant 0$、$x_2 - 4 \leqslant 0$ 和 $1 - x_2 \leqslant 0$。

（2）步骤 2：定义惩罚函数系数等参数，此处设置初始点为区间中点。Python 程序如下所示：

```
start_point = [3.0, 2.5]
dim = 2
r = 0.5
threshold = 1e - 2
times = 100
step_range = 0.1
gold_precision = 1e - 2
```

（3）步骤 3：定义惩罚函数，将目标函数与约束相加得到惩罚函数。

（4）步骤 4：执行迭代，只有当两次迭代的距离小于精度或达到最大迭代轮数时退出迭代。为了加强对约束的惩罚效果，每一轮迭代将惩罚系数放大为原来的 1.1 倍。Python 程序如下所示：

```
while (distance > threshold) and (time < times):
    x_last = x[:]
    obj_function = penalty_function(objective, constraint, dim, r)
    target = str(object_function.fitness())
    r *= 1.1
    myalgorithm = conjugate_gradient(target, start_point,
                                     threshold, times,
                                     step_range, gold_precision)
    x = myalgorithm.algorithm_run()
    y = myalgorithm.target_calculate(x)
```

收敛精度涉及的距离定义为相邻两次解的欧式距离,即当解的变化小于精度时,视为算法已达到收敛。Python 程序如下所示:

```
res   = [i – j for i, j in zip(x_last, x)]
error = 0
for item in res:
    error + = item * * 2
distance = sqrt(error)
start_point = x[:]
```

程序运行输出如下所示:在经过两轮迭代之后,相邻两次解的欧式距离即小于设定精度,迭代结束。说明采用共轭梯度法很快能收敛。

第 1 轮,变量:[1.391, 1.665],目标值:15.713,距离:1.813
第 2 轮,变量:[1.387, 1.668],目标值:15.726,距离:0.005

优化运行过程中目标函数取值以及各约束值如下:

目标函数值:15.563,约束值:[0.008, 0.546, 0.012, 0, 0, 0, 0]
目标函数值:15.592,约束值:[0.000, 0.492, 0.012, 0, 0, 0, 0]

可以看出,第二轮迭代时目标函数值有所上升,主要是因为第一轮迭代得到的设计变量超过约束值太多,约束的惩罚程度加大。因此,第二轮迭代后设计变量更加贴近于约束范围。但当惩罚函数的值较小时,目标函数的值占主导地位,算法无法保证最终结果一定严格满足约束条件(见表 6-3)。从表 6-3 中可看出,得到的临界应力和最大变形均略微超出约束。读者也可尝试采用其他方法对该问题求解,或研究改变初始点、惩罚函数系数、收敛域值、最大迭代轮数、一维搜索区间范围和搜索精度对结果的影响。

表 6-3 最优设计变量与目标函数取值

项 目	名 称	取值 1(共轭梯度法)	取值 2(鲍威尔法)
变量	高度 $H/(\times 10^{-2}$ m)	13.873	13.733
	直径 $d/(\times 10^{-2}$ m)	1.668	1.692

项　目	名　　称	取值1(共轭梯度法)	取值2(鲍威尔法)
	壁厚 $t/(\times10^{-2}\ m)$	0.15	0.15
	距离 $B/(\times10^{-2}\ m)$	60	60
	弹性模量 $E/(\times10^{-2}\ Pa)$	30 000	30 000
	密度 $\rho/(\times10^{-2}\ kg/m^3)$	0.3	0.3
	载荷 $P/(\times10^{-2}\ N)$	66	66
目标函数	质量 $W/(\times10^{-2}\ kg)$	15.592	15.788
	应力 σ	99.995	99.416
	临界应力 σ_p	95.071	98.140
	最大变形 $\Delta/(\times10^{-2}\ m)$	0.262	0.263

从以上结果可看出,共轭梯度法收敛速度快,但对不同变量间的梯度要求较高。而作为基于共轭方向的一种方法,鲍威尔法不需要梯度信息,但收敛速度较慢。为了对比不同方法的效果,此处采用鲍威尔法对该问题进行求解分析。目标函数和约束分别按照式(6-19)和式(6-20)设置,起始点设置为 $x_1=30$ 和 $x_2=2.5$。为了加快收敛速度,将一维搜索区间范围设置为$[-0.5,0.5]$,搜索精度设置为0.05。其他参数与共轭梯度法保持一致,程序运行结果如下所示:

```
第 1 轮，  变量：[29.272, 1.572]，目标值：19.263，距离：1.180
第 2 轮，  变量：[17.395, 1.577]，目标值：16.168，距离：11.877
第 3 轮，  变量：[17.311, 1.618]，目标值：16.005，距离：0.094
第 4 轮，  变量：[14.428, 1.655]，目标值：15.773，距离：2.883
第 5 轮，  变量：[14.427, 1.667]，目标值：15.773，距离：0.013
第 6 轮，  变量：[14.329, 1.673]，目标值：15.782，距离：0.100
第 7 轮，  变量：[14.212, 1.678]，目标值：15.791，距离：0.117
第 8 轮，  变量：[14.067, 1.684]，目标值：15.800，距离：0.146
第 9 轮，  变量：[13.921, 1.689]，目标值：15.811，距离：0.146
第 10 轮，变量：[13.681, 1.688]，目标值：15.795，距离：0.240
第 11 轮，变量：[13.705, 1.693]，目标值：15.810，距离：0.0240
第 12 轮，变量：[13.654, 1.691]，目标值：15.805，距离：0.050
第 13 轮，变量：[13.677, 1.691]，目标值：15.810，距离：0.023
```

第 14 轮, 变量: [13.700, 1.691], 目标值: 15.814, 距离: 0.022

第 15 轮, 变量: [13.723, 1.692], 目标值: 15.818, 距离: 0.023

第 16 轮, 变量: [13.733, 1.692], 目标值: 15.822, 距离: 0.010

鲍威尔法目标函数的收敛曲线如图 6-5 所示。由图 6-5 可以看出,鲍威尔法与共轭梯度法相比,速度更慢,经过 16 轮迭代才到达收敛。最终得到的设计变量和目标函数值与共轭梯度法相差较小。从收敛曲线中可看出,在第 2 轮迭代后,目标函数已到达最小值,此后模型朝着惩罚函数减小的方向更新,因此目标函数会略有增大。最优设计变量与目标函数取值如表 6-3 所示,相较于共轭梯度法,其目标函数值略微增大,但对约束的惩罚更小。

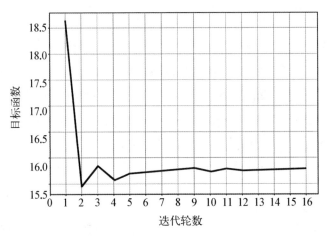

图 6-5 鲍威尔法目标函数的收敛曲线

6.3 飞机升阻比和质量优化设计

本节以载重飞机的升阻比和起飞质量优化设计为例,说明智能优化设计方法在飞机总体设计中的应用。对于飞机总体设计而言,需根据对应的设计要求,如机翼面积、起飞质量、载客数等,对机翼、机身、发动机等尺寸和型号进行设计,使飞机的气动性能更优、结构质量更轻,以降低运营成本、提升经济效益。因此,飞机的总体设计是一个典型的多目标优化设计问题。

以图 6-6 所示的小型载重飞机设计为例,设计要求为保证飞机的结构质量足够轻,飞机能够承载更多的质量,此外升阻比还要尽可能的大,以获得更佳的气动性能。因此,必须对其机翼、机身、水平尾翼和垂直尾翼的尺寸进行合理设计,以获得最优性能。由于加工工艺和运输条件的限制,机翼尺寸也受到一定约束限制,因此优化设计必须在满足一定的约束条件下开展。

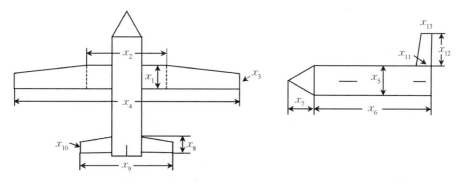

图 6-6　小型载重飞机结构图

6.3.1　问题描述

根据小型载重飞机的设计要求,此处针对图 6-6 所示的 13 个参数进行设计,使飞机的质量最小化,升阻比最大化。载重飞机的机翼一般分为内外两段,内侧为矩形,外侧为梯形翼,水平尾翼和垂直尾翼均采用梯形翼。各设计变量的含义和几何取值范围如表 6-4 所示。

表 6-4　各设计变量的含义和几何取值范围

符号	设计变量	取值范围/m	符号	设计变量	取值范围/m
x_1	机翼内段根弦长	[0.3, 0.5]	x_8	平尾根弦	[0.2, 0.4]
x_2	机翼内段翼展	[0, 3]	x_9	平尾翼展	[1, 1.5]
x_3	机翼外段根梢比	[0.5, 0.7]	x_{10}	平尾根梢比	[0.5, 0.7]
x_4	机翼外段翼展	[0, 4]	x_{11}	垂尾根弦	[0.35, 0.55]
x_5	机身最大直径	[0.1, 0.2]	x_{12}	垂尾翼展	[0.5, 0.75]
x_6	机头长度	[0.4, 0.6]	x_{13}	垂尾根梢比	[0.5, 0.7]
x_7	机身长度	[1.2, 2]			

为了满足设计要求、建立设计变量和目标之间的函数关系,飞机质量定义为飞机起飞质量减去载荷质量和燃油质量后的质量,共包括四个部分:结构质量 W_{struct}、起落架质量 W_{lg}、推进系统质量 W_{prop} 和设备质量 W_{equip}。因此,飞机质量表示为

$$W_{\text{empty}} = W_{\text{struct}} + W_{\text{lg}} + W_{\text{prop}} + W_{\text{equip}} \qquad (6-23)$$

在载重飞机的设计要求中,起落架质量、推进系统质量和设备质量是已知的,即

$$W_{\text{lg}} + W_{\text{prop}} + W_{\text{equip}} = 2(\text{kg}) \qquad (6-24)$$

对于结构质量,此处包括机翼质量与机身质量,因此

$$W_{\text{struct}} = W_{\text{wing}} + W_{\text{ht}} + W_{\text{vt}} + W_{\text{fuse}} \qquad (6-25)$$

式中: W_{wing} 为机翼质量; W_{ht} 为水平尾翼质量; W_{vt} 为垂直尾翼质量; W_{fuse} 为机身质量。由于各个部分的材料和结构有所不同,因此需对各部分的质量进行单独估算。根据历史数据拟合出载重飞机各个部分质量的计算公式如下:

$$
\begin{aligned}
W_{\text{wing}} &= K_{\text{wing}} S_{\text{wing}} \\
W_{\text{vt}} &= K_{\text{vt}} S_{\text{vt}} \\
W_{\text{ht}} &= K_{\text{ht}} S_{\text{ht}} \\
W_{\text{fuse}} &= K_{\text{fuse}} S_{\text{fuse}}
\end{aligned}
\qquad (6-26)
$$

式中: $K_{\text{wing}} = 1.023 \ \text{kg/m}^2$; $K_{\text{vt}} = 0.51 \ \text{kg/m}^2$; $K_{\text{ht}} = 0.58 \ \text{kg/m}^2$; $K_{\text{fuse}} = 37 \ \text{kg/m}^2$。机翼可由根弦长、根梢比和翼展求得,机身等效为圆柱体,机头等效为圆锥形,可由对应的参数分别求出。

全机最大升阻比主要由机翼翼展和机翼浸湿面积两个设计因素决定,其经验公式如下:

$$\left(\frac{L}{D}\right)_{\text{max}} = \frac{1}{2} \sqrt{\frac{\pi(\text{AR})e}{C_{D0}}} \qquad (6-27)$$

式中: AR 为展弦比,展弦比等于翼展的平方除以机翼面积:

$$\text{AR} = b^2 / S_{\text{wing}} \qquad (6-28)$$

e 为奥斯瓦尔德效率因子,此处取 $e = 0.8$; C_{D0} 为零升阻力系数:

$$C_{D0} = C_{\text{friction}} S_{\text{wetted}} / S_{\text{wing}} \qquad (6-29)$$

式中: C_{friction} 为摩擦阻力系数,此处取 $C_{\text{friction}} = 0.001$。

S_{wetted} 为浸湿面积:

$$S_{\text{wetted}} = S_{\text{fuse}} + 2.1 S_{\text{wing}} + 2(S_{\text{vt}} + S_{\text{ht}}) \qquad (6-30)$$

在设计过程中,载重飞机的机翼面积必须大于某一精度,才能满足起飞要求,即 $S_{wing} > S_{threhold}$。此外翼展不能过大,否则不利于运输,即 $x_2 + x_4 < b_{threshold}$。

6.3.2　模型建立

根据上述问题的描述,优化设计的目标是使升阻比最大化,同时飞机质量最小化,且必须满足机翼面积不能过小,翼展不能过大的要求。因此上述问题可转化为如下优化问题:

find $\quad x_1, x_2, \cdots, x_{13}$

obj. $\quad \max (L/D)_{max}, \min(W_{empty})$

s. t. $\quad S_{wing} > 2.1 \, m \quad$ 设计变量 $\quad x_i^{min} \leqslant x_i \leqslant x_i^{max} \quad (i=1, 2, \cdots, 13)$

$\qquad x_2 + x_4 < 6 \, m$

$$(6-31)$$

各设计变量及设计要求的取值范围如表 6-4 所示,其中设计变量共有 13 个,约束有 2 个,目标函数有 2 个。由机翼根弦长、翼展和根梢比可求得机翼、水平尾翼和垂直尾翼的面积;由机身直径、机身长度和机头长度可求得机身面积,并进一步求出 W_{empty};由机翼面积和展弦比可求得最大升阻比,由此建立了各设计变量和目标函数以及约束之间的关系。

6.3.3　优化求解

上述建立的优化问题是一个多目标带约束优化问题,本节采用第二代非支配排序遗传算法(NSGA - II)求解。采用实数编码,通过选择、交叉、变异过程不断更新 Pareto 前沿,直至满足结束条件。算法实现如下:

(1)步骤 1:定义目标函数,计算升阻比和飞机质量。根据式(6-26)~式(6-30)计算机翼、平尾、垂尾和机身面积,进一步得到机身各部分质量,飞机总重为各部分质量相加。Python 程序如下所示:

```
Swing = x1 * x2 + 0.5 * (x1 + x3 * x1) * x4  # 机翼面积
Sht = 0.5 * (x8 + x10 * x8) * x9   # 平尾面积
Svt = 0.5 * (x11 + x13 * x11) * x12   # 垂尾面积
Sfuse = np.pi * x5 * x7 + 0.5 * np.pi * x5 * np.sqrt(x6 * * 2 + x5 * * 2/4)
# 机身面积
Wwing = 1.023 * Swing   # 机翼质量
```

```
Wht = 0.58 * Sht  # 平尾质量
Wvt = 0.51 * Svt  # 垂尾质量
Wfuse = 37 * Sfuse  # 机身质量
Ws = Wwing + Wht + Wvt + Wfuse  # 结构质量
We = Ws + 2.0  # 飞机质量
```

根据式(6-26)～式(6-30)计算得到最大升阻比。Python 程序如下所示：

```
AR = (x2 + x4) × × 2/(Swing)  # 机翼展弦比
e = 0.8  # 奥斯瓦尔德效率因子
f = 0.001  # 摩擦系数
Swet = Sfuse + 2.1 * Swing + 2.0 * (Svt + Sht)  # 浸湿面积
CD0 = Cf * Swet / Swing  # 零升阻力系数
L_D = 0.5 * np.sqrt(np.pi * AR * e/CD0)  # 升阻比
```

(2) 步骤 2：计算约束值，判断是否为可行解。采用可行性法则处理约束条件，约束条件表达为目标函数 $\leqslant 0$ 的形式，因此分别计算 $g_1 = 2.1 - S_{wing}$ 和 $g_2 = x_2 + x_4 - 6$ 的值，判断 g_1 和 g_2 是否均满足小于等于 0。若满足，则该解为可行解；否则，为不可行解。对于不可行解，计算每个目标函数超出约束的程度并求和，该值越大，代表解的质量越差。为了保证两个约束值的量级统一，对其分别除以约束上限，分别进行归一化处理。Python 程序如下所示：

```
Constraint = np.empty((x.shape[0], 2))
Constraint[:,0] = (2.1 - Swing)/2.1
onstraint[:,1] = (x2 + x4 - 6)/6
constraintCondition = np.zeros_like(Constraint)  # 约束条件值
# 判断是否满足约束
Constraint[Constraint <= constraintCondition] = 0
Outconstraint = np.sum(Constraint, axis = 1)
feasible = (Outconstraint == 0)
```

(3) 步骤 3：设置相关参数。此处设置 NSGA-Ⅱ的迭代次数为 20、交叉概率为 0.8、变异概率为 0.1、种群数量为 200。Python 程序如下所示：

```
nIter = 20
dim = 13
nPop = 200
pc = 0.8
pm = 0.1
etaC = 1
etaM = 1
low_bound = [0.3,0.001,0.5,0,0.1,0.4,1.2,0.2,1,0.5,0.35,0.5,0.5]
high_bound = [0.5,3,0.7,4,0.2,0.6,2,0.4,1.5,0.7,0.55,0.75,0.7]
```

（4）步骤 4：执行迭代。由于需要最大化最大升阻比，计算得到的目标函数
值需取相反数。在多目标优化中不存在最优值，因此绘制优化过程中的 Pareto
前沿如图 6 - 7 所示。随着优化过程的进行，Pareto 前沿逐渐向左下角移动，表
明升阻比和飞机质量均朝着更优的方向进行。

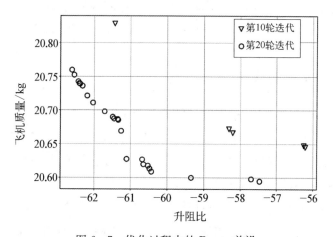

图 6 - 7 优化过程中的 Pareto 前沿

由于载重飞机升阻比为最大值优化，为了表示方便，在图 6 - 8 中将其取相
反数。最终得到升阻比和飞机重量优化 Pareto 前沿如图 6 - 8 所示。在 200 个
个体中共生成了 120 个 Pareto 最优解，并且全部满足约束条件。Python 程序如
下所示：

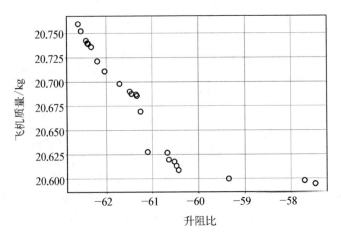

图 6-8 载重飞机升阻比和飞机质量优化 Pareto 前沿

```
nsga = NSGA2(dim, low_bound, high_bound, np.array([1, -1]), nIter, nPop,
            pc, pm, etaC, etaM)
paretoPops,paretoObj,paretoFeasible,paretoOutconstraint = nsga.solve()
```

6.4 机翼阻力系数优化

在飞机的设计过程中,机翼对整体的升力和阻力特性影响最大,而机翼的性能主要由翼型决定,因此翼型的设计是飞机气动设计中关键的一环。对翼型来说,其主要有升力系数和阻力系数两个指标。升力系数越大,飞机的载重也就越大;阻力系数越小,飞机所需推力越小,越节省燃料。

为了对翼型进行优化,必须对其进行参数化,找到能描述该翼型的关键参数,并且通过此参数能够还原出原始翼型上、下缘曲线。常用的翼型参数化方法主要有如下三种:

(1) 第一种是经典的 NACA 4 数字或 NACA 5 数字表示法。如 NACA MPXX,第一位数字表示最大弯度占弦长的百分比;第二位数字代表最大弯度距前缘的位置占弦长的十分之几;后两位数字代表了最大厚度占弦长的百分比。例如,NACA 2412 翼型的最大弯度为弦长的 2%,位于 40% 弦长位置;最大厚度为弦长的 12%。这 4 位数字唯一决定了翼型曲线,将弦长归一化,对于最大弯度前后的部分,其中心线方程分别如表 6-5 所示。

表 6-5　NACA 4 数字翼型中心线方程

项　目	前($0 \leqslant x < P$)	后($P \leqslant x < 1$)
中心线	$y_c = \dfrac{M}{P^2}(2Px - x^2)$	$y_c = \dfrac{M}{(1-P)^2}(1 - 2P + 2Px - x^2)$
中心线梯度	$\dfrac{\mathrm{d}y_c}{\mathrm{d}x} = \dfrac{2M}{P^2}(P - x)$	$\dfrac{\mathrm{d}y_c}{\mathrm{d}x} = \dfrac{2M}{(1-P)^2}(P - x)$

厚度的分布公式为

$$y_t = \frac{T}{0.2}(a_0 x^{0.5} + a_1 x + a_2 x^2 + a_3 x^3 + a_4 x^4) \tag{6-32}$$

式中: $a_0 = 0.2969$, $a_1 = -0.126$, $a_2 = -0.3516$, $a_3 = 0.2843$, $a_4 = -0.1015$ 或 -0.1036(闭合后缘)。对于中心线上任意一点,其对应的上、下翼面点的坐标分别为

$$\theta = \arctan\left(\frac{\mathrm{d}y_c}{\mathrm{d}x}\right)$$
$$\text{上翼面:} \quad x_u = x_c - y_t \sin(\theta) \quad y_u = y_c + y_t \cos(\theta) \tag{6-33}$$
$$\text{下翼面:} \quad x_l = x_c + y_t \sin(\theta) \quad y_l = y_c - y_t \cos(\theta)$$

为了使点的分布尽可能均匀,在生成上、下翼面的点时,可将中心线上的点按式(6-34)变化。

$$x = \frac{1 - \cos \beta}{2} \quad (0 \leqslant \beta \leqslant \pi) \tag{6-34}$$

对于 NACA 5 数字表示法,其形式为 NACA LPSTT。其中,第一位数字 L 表示在理想攻角下的理论最大升力系数为 $C_L = 0.15L$;第二位数字 P 表示最大弯度的横坐标占弦长百分比($x = 0.05P$);第三位数字 S 表示中心线的形状,简单型取 0,有拐点取 1;第四位数字表示最大厚度占弦长的百分比。如 NACA

23112 表示设计升力系数为 0.3,最大弯度位置为 15% 弦长处;有拐点,最大厚度为弦长的 12%。

（2）第二种是翼型参数化方法 PARSEC。其利用 11 个基本参数来控制翼型形状,如图 6-9 所示。

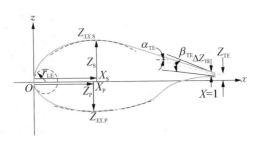

图 6-9 PARSEC 参数化法

基本参数包括前缘半径 r_{LE}、上顶点位置 (X_S, Z_S)、上表面曲率 $Z_{XX,S}$、下顶点位置 (X_P, Z_P)、下表面曲率 $Z_{XX,P}$、尾缘偏移 Z_{TE} 和厚度 ΔZ_{TE},方向 A_{TE}、楔角 β_{TE}。将以上参数用 $\boldsymbol{p} = [p_1 \quad p_2 \quad \cdots \quad p_{11}]^{T}$ 表示,翼型形状用形状函数的线性组合来表示,与 NACA 4 数字翼型类似,形状函数采用 6 阶多项式描述:

$$
\begin{aligned}
z_P &= \sum_{n=1}^{6} a_{P,n} x^{n-\frac{1}{2}} \\
z_S &= \sum_{n=1}^{6} a_{S,n} x^{n-\frac{1}{2}}
\end{aligned}
\tag{6-35}
$$

式中:z_P、z_S 分别表示上、下表面形状函数,a_P 和 a_S 为对应的系数,可由式(6-36)~式(6-38)获得,将 $\boldsymbol{C}_P$ 中的 p_2 替换为 p_5 得到 $\boldsymbol{C}_S$。

$$
\boldsymbol{C}_P \boldsymbol{a}_P = \boldsymbol{b}_P \quad \boldsymbol{C}_S \boldsymbol{a}_S = \boldsymbol{b}_S
\tag{6-36}
$$

$$
\boldsymbol{b}_P = \begin{bmatrix} p_8 - p_9/2 \\ p_6 \\ \tan(p_{10} + p_{11}/2) \\ 0 \\ p_7 \\ -\sqrt{2p_1} \end{bmatrix} \quad
\boldsymbol{b}_S = \begin{bmatrix} p_8 + p_9/2 \\ p_3 \\ \tan(p_{10} - p_{11}/2) \\ 0 \\ p_4 \\ \sqrt{2p_1} \end{bmatrix}
\tag{6-37}
$$

$$C_S = \begin{bmatrix} 1 & 1 & 1 & 1 & 1 & 1 \\ p_2^{\frac{1}{2}} & p_2^{\frac{3}{2}} & p_2^{\frac{3}{2}} & p_2^{\frac{7}{2}} & p_2^{\frac{9}{2}} & p_2^{\frac{11}{2}} \\ \dfrac{1}{2} & \dfrac{3}{2} & \dfrac{5}{2} & \dfrac{7}{2} & \dfrac{9}{2} & \dfrac{11}{2} \\ \dfrac{1}{2}p_2^{-\frac{1}{2}} & \dfrac{3}{2}p_2^{\frac{1}{2}} & \dfrac{5}{2}p_2^{\frac{3}{2}} & \dfrac{7}{2}p_2^{\frac{5}{2}} & \dfrac{9}{2}p_2^{\frac{7}{2}} & \dfrac{11}{2}p_2^{\frac{7}{2}} \\ -\dfrac{1}{4}p_2^{-\frac{3}{2}} & \dfrac{3}{4}p_2^{-\frac{3}{2}} & \dfrac{15}{4}p_2^{\frac{1}{2}} & \dfrac{35}{4}p_2^{\frac{3}{2}} & \dfrac{63}{4}p_2^{\frac{5}{2}} & \dfrac{99}{4}p_2^{\frac{7}{2}} \\ 1 & 0 & 0 & 0 & 0 & 0 \end{bmatrix} \qquad (6-38)$$

（3）第三种翼型参数化方法是基于三次样条曲线的 NURBS 法。三次样条曲线形式由 James Ferguson 于 1964 年提出，因此也被称为 Ferguson 样条，其原理与贝塞尔曲线等方法类似。该方法的目的是设计一条三次曲线 $r(u)$（$u \in [0, 1]$），来连接点 $r(0) = A$ 和 $r(1) = B$，并且每个端点的切线方向等于给定值：$\dfrac{\mathrm{d}r}{\mathrm{d}u}\Big|_{u=0} = T_A$ 和 $\dfrac{\mathrm{d}r}{\mathrm{d}u}\Big|_{u=1} = T_B$，该曲线表示为

$$r(u) = \sum_{i=0}^{3} a_i u^i \qquad (u \in [0, 1]) \qquad (6-39)$$

根据上述约束可求得

$$r(u) = A(1 - 3u^2 + 2u^3) + B(3u^2 - 2u^3) + \\ T_A(u - 2u^2 + u^3) + T_B(-u^2 + u^3) \qquad (6-40)$$

写成矩阵形式为

$$r(u) = \begin{bmatrix} 1 & u & u^2 & u^3 \end{bmatrix} \begin{bmatrix} 1 & 0 & 0 & 0 \\ 0 & 0 & 1 & 0 \\ -3 & 3 & -2 & -1 \\ 2 & -2 & 1 & 1 \end{bmatrix} \begin{bmatrix} A \\ B \\ T_A \\ T_B \end{bmatrix} \qquad (6-41)$$

基于 Ferguson 样条曲线，NURBS 参数化翼型如图 6-10 所示。前缘和尾缘的坐标分别为（0，0）和（1，0）。上、下翼面曲线 $r^u(u)$ 和 $r^l(u)$ 前缘的切线分别为 T_A^u 和 T_A^l，方向沿竖直方向，数值大小代表曲线的曲率。α_c 为弯度角，决定了下翼面尾缘切线 T_B^l 的方向；α_b 为上、下翼面尾缘夹角，决定了 T_B^u 的方向；T_B^u 和 T_B^l 大小为尾缘的曲率。上翼面的 x 和 y 坐标均满足

Ferguson 样条曲线,因此 x 坐标的样条曲线 $r^x(u)$ 满足 $r^x(0) = 0$、$r^x(1) = 1$、$\left.\dfrac{\mathrm{d}r^x}{\mathrm{d}u}\right|_{u=0} = 0$、$\left.\dfrac{\mathrm{d}r^x}{\mathrm{d}u}\right|_{u=1} = T_B^u\cos(\alpha_b + \alpha_c)$;$y$ 坐标的样条曲线 $r^y(u)$ 满足 $r^y(0) = 0$,$r^y(1) = 0$,$\left.\dfrac{\mathrm{d}r^x}{\mathrm{d}u}\right|_{u=0} = T_A^u$,$\left.\dfrac{\mathrm{d}r^x}{\mathrm{d}u}\right|_{u=1} = -T_B^u\sin(\alpha_b + \alpha_c)$。下翼面同理。采用 NURBS 法可将设计变量的个数减少到 6 个,采用这种方法生成的翼型能够满足大多数工程优化的需要,但缺点是降低了设计人员对翼型局部形状的控制。

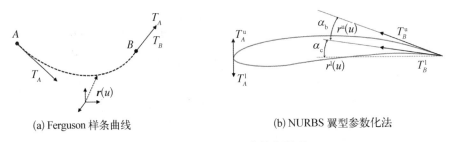

(a) Ferguson 样条曲线　　　　(b) NURBS 翼型参数化法

图 6-10　NURBS 参数化翼型

6.4.1　问题描述

在给定雷诺数和攻角的情况下,通过优化机翼形状,使机翼的阻力系数最小化。为了优化算法的有效进行,必须采用高效的求解器对不同翼型的阻力系数进行评估,此处采用工程中常用的 XFOIL 软件。XFOIL 是一款免费开源的多变量空气动力学分析软件,以机翼形状的坐标点文本文件为输入,对升力系数和阻力系数进行快速求解,并可通过 Python 命令行执行的方式进行调用。本节针对亚声速机翼进行设计,固定攻角 α 和雷诺数 Re,采用有粘修正面源法求解流场,并计算阻力系数。

6.4.2　模型建立

根据上述问题的描述,优化设计的目标是最小化阻力系数。不同的翼型参数化方法,设计变量也有所不同。对于 PARSEC 参数化法,由于优化参数过度难以收敛,因此本节考虑对称翼型情况,弦长为 1,尾缘厚度为 0。以图 6-11 所示的翼型为初始翼型,其参数为 $r_{LE} = 0.399\,7$、$X_s = 0.245\,3$、$Z_s = 0.300\,9$、$Z_{XX,s} = 2.335\,9$、$\beta_{TE} = 36°$。假设各参数变动范围为 ± 0.02,雷诺数为 38 000,马赫数为 0.03,攻角为 0°,优化问题 1 定义为

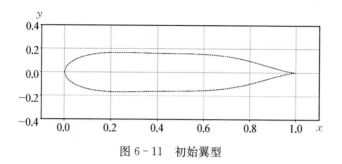

图 6-11　初始翼型

$$\text{find}\quad r_{\text{LE}}, X_{\text{S}}, Z_{\text{S}}, Z_{XX,\text{S}}, \beta_{\text{TE}}$$
$$\text{obj.}\quad \min C_D$$
$$\text{s. t.}\quad 0.379\,7 \leqslant r_{\text{LE}} \leqslant 0.419\,7$$
$$0.225\,3 \leqslant X_{\text{S}} \leqslant 0.265\,3$$
$$0.280\,9 \leqslant Z_{\text{S}} \leqslant 0.320\,9 \qquad (6-42)$$
$$2.315\,9 \leqslant Z_{XX,\text{S}} \leqslant 2.355\,9$$
$$0.598 \leqslant \beta_{\text{TE}} \leqslant 0.638$$

设计变量共有 5 个,即 r_{LE}、$X_{\text{S}}(X_{\text{P}}=X_{\text{S}})$、$Z_{\text{S}}(Z_{\text{P}}=Z_{\text{S}})$、$Z_{XX,\text{S}}(Z_{XX,\text{P}}=Z_{XX,\text{S}})$、$\beta_{\text{TE}}$,各设计变量的范围见式(6-42)。其他参数 $Z_{\text{TE}}=\Delta Z_{\text{TE}}=\alpha_{\text{TE}}=0$。

对于 NURBS 参数化法,固定 $T_B^{\text{u}}=2.124\,1$ 和 $\alpha_{\text{c}}=3.827$,雷诺数为 38 000,马赫数为 0.03,攻角为 0°。优化问题 2 定义为

$$\text{find}\quad T_A^{\text{u}}, T_A^{\text{l}}, T_B^{\text{l}}, \alpha_{\text{b}}$$
$$\text{obj.}\quad \min C_D$$
$$\text{s. t.}\quad 0.1 \leqslant T_A^{\text{u}} \leqslant 0.4$$
$$0.1 \leqslant T_A^{\text{l}} \leqslant 0.4 \qquad (6-43)$$
$$0.1 \leqslant T_B^{\text{l}} \leqslant 2$$
$$1 \leqslant \alpha_{\text{b}} \leqslant 10$$

6.4.3　优化求解

本节分别针对优化问题 1 和优化问题 2 进行求解,考虑到粒子群算法良好的收敛性,此处采用粒子群算法。其翼型优化的求解流程图如图 6-12 所示。

1) 优化问题 1

对于优化问题 1,需采用 PARSEC 参数化法生成翼型形状。根据 11 个参数

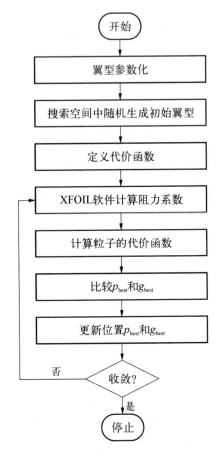

图 6-12   基于粒子群优化算法的翼型优化的求解流程图

计算对应的矩阵 C 和矢量 b，通过求解线性方程组 $Ca = b$ 得到上、下曲线的系数，并由式(6-35)计算上、下翼面曲线，将坐标点写入文本文件中。算法实现如下：

（1）步骤 1：定义目标函数。为了计算每个翼型的阻力系数，采用多进程的方式调用 XFOIL 软件，对输入的坐标文件进行求解。

首先定义翼型参数化方法，生成上、下翼面坐标点。定义坐标点写入文本文件方法，定义命令行窗口调用 XFOIL 方法。Python 程序如下所示：

```
def construct_airfoil(x):… ♯ 生成参数化翼型上下翼面坐标
def fn2data(file, up, down):… ♯ 将翼型坐标写入文件


class XFOIL():… ♯ 命令行调用 XFOIL
```

对于每个设计方案,生成翼型坐标文件。Python 程序如下所示:

```
def objective(x):
    obj = np.zeros((x.shape[0],))
    for i in range(x.shape[0]):
        # 将翼型坐标写入文件,随机生成翼型坐标文件名称,防止覆盖
        filename = "evaluation{}.dat".format
                    (random.randrange(10 ** 20) % (10 ** 15))
        airfoil = construct_airfoil(x[i, :]) # 生成翼型坐标
        fn2data(filename, airfoil.Z_up(), airfoil.Z_lo())
```

在翼型优化过程中,并非任意给定的参数都能生成符合要求的形状,因此会存在计算无法收敛的情况。对于这种翼型将阻力系数设置为一个较大值,此处设置 0.2。目标函数的 Python 程序如下所示:

```
    # 调用 XFOIL 计算阻力系数
    metrics = XFOIL.evaluate(filename, angles, Re, Mach = Mach,
                            iters = iters, gen_naca = False)
    # 若不收敛,阻力系数设置为 0.2
    if metrics is None:
        alpha, CL, CD, CDp, CM = 0.2, 0.2, 0.2, 0.2, 0.2
    else:
        alpha, CL, CD, CDp, CM = metrics
        CD = CD[0]
    obj[i] = CD
    os.remove(filename)
return obj
```

(2)步骤 2:定义相关参数。设置雷诺数、马赫数和攻角;初始化翼型参数,设计变量上、下界,XFOIL 程序计算的最大迭代次数。对于粒子群算法的设置,由于阻力系数的计算较为耗时,因此粒子群数量较常规设置有所减少。个性权重此处设置为 0,社会权重此处设置为 2.8。Python 程序如下所示:

```
Re = 38000  # 雷诺数
Mach = 0.03  # 马赫数
angles = [0]  # 攻角
x0 = np.array([[0.3997, 0.2453, 0.3009, 2.3359, 0.618]])  # 初始翼型
constraints_low = [i - 0.02 for i in x0]
constraints_high = [i + 0.02 for i in x0]
iters = 80  # XFOIL 计算最大迭代次数
num_runs = 12  # 粒子群迭代次数
popsize = 12  # 种群数量
c1 = 0
c2 = 2.8
```

(3) 步骤 3：定义粒子群算法，并执行迭代。Python 程序如下所示：

```
pso = PSOKW(population_size = popsize, c1 = c1, c2 = c2,
            max_iter = num_runs, dim = 5, fitness = objective,
            constraints = None,
            low = constraints_low,
            high = constraints_high)
```

为防止粒子群算法陷入局部最优，在每一轮迭代结束后，重新对粒子群进行初始化。因此程序中共有两层循环，在粒子群算法内部执行速度更新与位置更新的循环，并保留个体最优和全局最优；在单轮迭代结束后重新初始化，继续迭代操作，直至满足收敛条件。Python 程序如下所示：

```
for _ in range(num_runs):
    # 初始化种群
    pso.init_Population()
    # 求解
    pso.solve()
```

程序运行结果为

$$x = [0.420, 0.228, 0.281, 2.342, 0.633]$$
$$y = 0.053\ 4$$

(6-44)

原始翼型的阻力系数为 0.063 2,在初始化生成的粒子中阻力系数最优值为 0.057 1。经过 1 轮迭代后最优值为 0.053 4,此后又经过 11 轮迭代,最终得到的目标函数最优值为 0.053。优化过程的收敛曲线如图 6-13 所示,算法在第一轮迭代之后便已基本达到收敛,说明粒子群算法在翼型优化上具有良好的收敛性。最终得到的最优翼型如图 6-14 所示,可以看出,优化后的翼型相较于初始翼型仅有微小的改动,但阻力系数却大大降低。

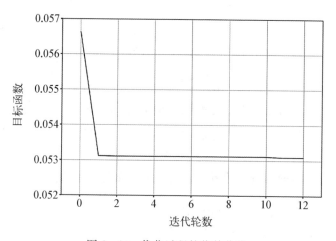

图 6-13　优化过程的收敛曲线

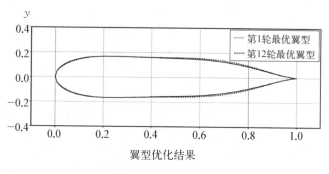

图 6-14　最优翼型

2) 优化问题 2

对于优化问题 2,需采用 NURBS 参数化法生成翼型形状。根据 6 个参数分别计算上、下翼面的 x 坐标 Ferguson 样条曲线和 y 坐标 Ferguson 样条曲线,从而得到翼面坐标点。算法实现如下：

(1) 步骤 1：定义目标函数，与优化问题 1 一致。

(2) 步骤 2：定义相关参数。此处仍设置种群数量和最大迭代轮数为 12，个性权重为 0，社会权重为 2.8。上、下界约束的 Python 程序如下所示：

```
constraints_low = [0.1, 0.1, 0.1, 1]
constraints_high = [0.4, 0.4, 2, 10]
```

(3) 步骤 3：定义粒子群算法并执行迭代，与优化问题 1 中一致。程序运行结果为

$$
\begin{aligned}
x &= [0.1, 0.1, 1.762, 1] \\
y &= 0.015\,31
\end{aligned}
\tag{6-45}
$$

在初始化生成的粒子中阻力系数最优值为 0.018 82，其形状如图 6-15 所示。经过第一轮迭代之后最优阻力系数变为 0.015 33，经过 12 轮迭代之后，最终得到的目标函数最优值为 0.015 31，其形状如图 6-16 所示，可以看出，优化后的翼型较初始翼型有较大改动，并且阻力系数大幅降低。优化过程收敛曲线如图 6-17 所示。

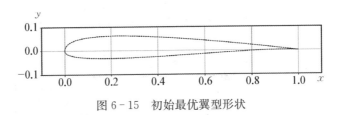

图 6-15 初始最优翼型形状

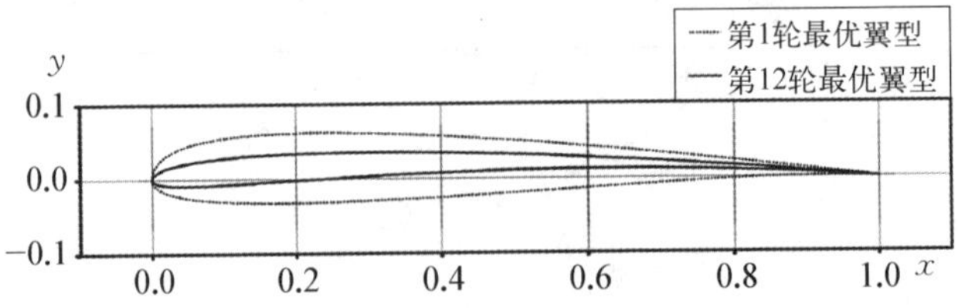

图 6-16 优化翼型形状

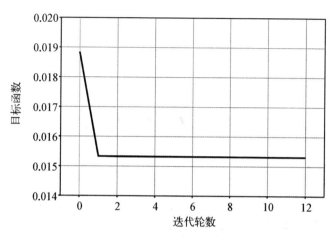

图 6-17　优化过程收敛曲线

参 考 文 献

[1] 黄平,孟永钢.最优化理论与方法[M].北京：清华大学出版社,2009.

[2] 孙靖民.机械优化设计[M].哈尔滨：哈尔滨工业大学,2005.

[3] 徐文涛,苗同臣,赵军.结构优化设计方法[M].北京：中国建筑工业出版社,2018.

[4] 李为吉,宋笔锋,孙侠生,等.飞行器结构优化设计[M].北京：国防工业出版社,2005.

[5] 周明,孙树栋.传算法原理及应用[M].北京：国防工业出版社,1999.

[6] 余俊,廖道训.优化方法及其应用[M].武汉：华中理工大学出版社,1984.

[7] 李炳威.结构的优化设计[M].北京：科学出版社,1979.

[8] 邓乃扬.无约束最优化计算方法[M].北京：科学出版社,1983.

[9] 胡毓达.实用多目标最优化[M].上海：上海科学技术出版社,1990.

[10] 马履中.机械优化设计[M].南京：东南大学出版社,1993.

[11] 刘夏石.工程结构优化设计[M].北京：科学出版社,1984.

[12] 蔡宜三.最优化与最优控制[M].北京：清华大学出版社,1983.

[13] 江爱川.结构优化设计[M].北京：清华大学出版社,1986.

[14] 袁亚湘,孙文瑜.最优化理论与方法[M].北京：科学出版社,1997.

[15] 乌力吉.最优化算法与理论[讲义].呼和浩特市：内蒙古工业大学,2000.

[16] 华一村,刘奇奇,郝矿荣,等.非规则 Pareto 前沿面多目标进化优化算法研究综述[J].郑州大学学报(工学版),2021,42(1)：1-8.

[17] 李敏强,寇纪淞,林丹,等.遗传算法的基本理论与应用[M].北京：科学出版社,2002.

[18] 赵知辛,王琨,汪杰,等.飞机起落架的动力学分析与拓扑优化研究[J].机械设计与制造,2021(10)：81-85.

[19] 王和平,王正平,张亚锋,等.载重飞机总体参数的多目标优化设计方法[J].航空计算技术,2006,36(3)：122-124.

[20] 李润泽,张宇飞,陈海昕.超临界机翼多目标气动优化设计的策略与方法[J].航空学报,2020,41(5)：165-175.

[21] 王维军.NACA0012 二维翼型空化流动控制研究[J].武汉大学学报(工学版),2022,55(5)：525-530.

[22] 莫书帆.基于 XFOIL 的 DU 型风电翼型气动特性仿真分析[J].时代农机,2017,44(7)：110-111.

[23] DUAN H B, LUO Q N. New progresses in swarm intelligence-based computa-tion[J]. International Journal of Bio-Inspired Computation, 2015, 7 (1)：26-35.